高职高专“十一五”规划教材

甲醇生产技术

张子锋　张凡军　主编
刘建卫　主审

化学工业出版社
·北京·

本书主要阐述甲醇的生产方法、基本原理、工艺条件的选取、工艺流程及主要设备，并对各工序的操作要点、生产中经常出现的问题及处理方法作了简单介绍，并以煤炭为主要原料的甲醇工艺和常规流程为主编写；按甲醇传统生产工序，分别介绍了甲醇的基本知识、甲醇原料气制备、变换和脱碳、甲醇合成及甲醇精馏、安全生产等。

本书作为高职高专化工技术类、煤炭综合利用专业教材，也可作为相关生产企业技术人员以及甲醇生产企业职工培训使用。

图书在版编目（CIP）数据

甲醇生产技术/张子锋，张凡军主编. —北京：化学工业出版社，2007.10（2025.2重印）
高职高专“十一五”规划教材
ISBN 978-7-5025-9510-4

Ⅰ. 甲… Ⅱ. ①张…②张… Ⅲ. 甲醇-生产-高等学校：技术学院-教材 Ⅳ. TQ223.12

中国版本图书馆CIP数据核字（2007）第153927号

责任编辑：张双进　　装帧设计：张　辉
责任校对：周梦华

出版发行：化学工业出版社（北京市东城区青年湖南街13号　邮政编码100011）
印　　装：大厂回族自治县聚鑫印刷有限责任公司
787mm×1092mm　1/16　印张13¼　字数323千字　　2025年2月北京第1版第16次印刷

购书咨询：010-64518888　　售后服务：010-64518899
网　　址：http://www.cip.com.cn
凡购买本书，如有缺损质量问题，本社销售中心负责调换。

定　　价：39.00元

前　　言

本书是在世界燃油日趋紧张，甲醇产能逐年增加的形势下，根据国家发改委编制的《煤化工产业发展规划》要求，以及高职高专教学改革的要求编写而成的，用以作为高职高专院校的化工类专业教材以及职工培训使用。

本书主要阐述甲醇的生产方法、基本原理、工艺条件的选取、工艺流程及主要设备，并对各工序的操作要点、生产中经常出现的问题及处理方法作了简单介绍。本书共分八章，按中国国情，以煤炭为主要原料的甲醇工艺和常规流程为主编写；按甲醇传统生产工序，分别介绍了甲醇基本知识、甲醇原料气制备、变换和脱碳、甲醇合成及甲醇精馏、安全生产等。本书为了突出甲醇生产技术，省略了与合成氨生产中一般相同技术（气体的净化以及压缩），使读者能重点掌握甲醇技术。力求做到层次清楚，重点突出，理论联系实际和通俗易懂。为了提高学生和职工的安全意识，本书在第八章详细讲述了安全知识和预防措施。

为了培养有创新能力的高素质、应用型化工人才，本书作为化学工程及工艺专业的授课教材，与传统教材最大的区别在于加入了更多的实践内容。建议富有经验的任课教师，根据自身的教学实践，妥善利用本教材安排教学和学生自学。

本书由张子锋和张凡军任主编，马迎丽任副主编。张子锋编写绪论、第一章、第八章，李志荣编写第二章、田海玲编写第三章、王琪编写第四章，张凡军编写第五章、第六章，王齐编写第七章，化学工业第二设计院副总工程师刘建卫任主审。

此外在编写过程中曾得到山西兰花集团、山西化肥厂、化学工业第二设计院、山西省化工设计院、山西焦化厂甲醇分厂等单位和同志热情支持与大力帮助，在此我们表示衷心的感谢。

由于我们的水平有限，加之时间仓促，书中一定还会有不少疏漏和不妥之处，希望使用本书的读者和同行批评指正。

编者

2007 年 7 月

目　录

第一章　绪　　论

第一节　概　　述

甲醇，分子式 CH_3OH，是饱和醇中最简单的一元醇，因为它最早是由木材和木质素干馏制得，故俗称“木醇”、“木精”。但用 60～80kg 的木材来分解蒸馏只获得大约 1kg 的甲醇，产量甚低。20 世纪 30 年代初，几乎全部由木材蒸馏制造甲醇，世界的甲醇产量约 4.5 万吨。

1923 年，德国巴登苯胺-纯碱公司（Badische Anilin and Soda Fabrik-BASF）的两位科学家米塔许（Mittash）和施耐德（Schneider）试验了用一氧化碳和氢气，在 300～400℃的温度和 30～50MPa 的压力下，通过锌铬催化剂的催化作用合成甲醇，并于当年首先实现了甲醇合成的工业化，建成年产 300t 甲醇的高压合成法装置，这比合成氨工业生产迟了约十年。从 20 世纪 20 年代至 60 年代中期，所有甲醇装置均采用高压法，采用锌铬催化剂。1966 年英国帝国化学工业公司（I.C.I）研制成功铜基催化剂，并开发了低压工艺，即 I.C.I 工艺。1971 年，德国鲁奇公司开发了另一种低压合成甲醇工艺，简称 Lurgi 工艺。20 世纪 70 年代中期以后，世界上新建和扩建的甲醇装置几乎都采用低压法。甲醇合成与氨合成的过程有许多相似之处，氨合成中所获的高压操作的经验无疑对甲醇催化过程的发展是有帮助的。这一人工合成方法得到很快的发展，50 多年来，几乎成为工业上生产甲醇的唯一方法，生产工艺不断地得到改进，生产规模日益增大，扩大了甲醇的消费范围。

甲醇工业的迅速发展，是由于甲醇是多种有机产品的基本原料和重要的溶剂，广泛用于有机合成、染料、医药、涂料和国防等工业。甲醇在有机合成工业中，是仅次于烯烃和芳烃的重要基础有机原料。近年来，随着技术的发展和能源结构的改变，甲醇又有了许多新的用途。甲醇是较好的人工合成蛋白的原料，蛋白转化率较高，发酵速度快，无毒性，价格便宜。甲醇是容易输送的清洁燃料，可以单独或与汽油混合作为汽车燃料，因此汽车制造业将成为耗用甲醇的主要领域。甲醇作为汽油添加剂可起节约芳烃，提高辛烷值的作用；由甲醇转化为汽油方法的研究成果，开辟了由煤转换为汽车燃料的途径。甲醇是直接合成乙酸的原料，孟山都法实现了在较低压力下甲醇和一氧化碳合成乙酸的工业方法。甲醇可直接用于还原铁矿（甲醇可以预先分解为 CO、H_2，也可以不作预分解），得到高质量的海绵铁。特别是近年来碳一化学工业的发展，甲醇制乙醇、乙烯、乙二醇、甲苯、二甲苯、乙酸乙烯、乙酐、甲酸甲酯和氧分解性能好的甲醇树脂等产品，正在研究开发和工业化中。甲醇化工已成为化学工业中一个重要的领域。

目前，甲醇的消费已超过其传统用途，潜在的耗用量远远超过其化工用途，渗透到国民经济的各个部门。特别是随着能源结构的改变，甲醇有未来主要燃料的候补燃料之称，需用量十分巨大。今后甲醇的发展速度将更为迅速。

第二节　甲醇的物理化学性质

一、甲醇的物理性质

甲醇的分子式为 CH_3OH，相对分子质量为 32.04。常温常压下，纯甲醇是无色透明、易流动、易挥发的可燃液体，具有与乙醇相似的气味。其一般性质列于表 1-1。

表 1-1　甲醇的一般性质

性质	数　据	性质	数　据
密度(0℃)	0.8100g/mL	热导率	2.09×10^{-3}J/(cm·s·K)
相对密度	0.7913(d_4^{10})	表面张力	22.55×10^{-3} N/cm(22.55dyn/cm)(20℃)
沸点	64.5～64.7℃		
熔点	−97.8℃	折射率	1.3287(20℃)
闪点	16℃(开口容器),12℃(闭口容器)	蒸发潜热	35.295kJ/mol(64.7℃)
自燃点	473℃(空气中),461℃(氧气中)		
临界温度	240℃	熔融热	3.169kJ/mol
临界压力	79.54×10^5Pa(78.5atm)	燃烧热	727.038kJ/mol(25℃液体),742.738kJ/mol(25℃气体)
临界体积	117.8mL/mol		
临界压缩系数	0.224	生成热	238.798kJ/mol(25℃液体),201.385kJ/mol(25℃气体)
蒸气压	1.2879×10^4Pa(98.6mmHg)(20℃)	膨胀系数	0.00110(20℃)
比热容	2.51～2.63J/(g·℃)(20～25℃液体),45J/(mol·℃)(25℃气体)	腐蚀性	在常温无腐蚀性,对于铅、铝例外
		爆炸性	6.0%～36.5%(体积分数)(在空气中爆炸范围)
黏度	5.945×10^{-4}Pa·s(0.5945cP)(20℃)		

甲醇的密度、黏度和表面张力随温度改变如下：

温度/℃	0	10	20	30	40	50	60
密度/(g/cm³)	0.8100	0.8008	0.7915	0.7825	0.7740	0.7650	0.7556
黏度/cP	0.817	0.690	0.597	0.510	0.450	0.396	0.350
表面张力/(dyn/cm)	24.5	23.5	22.6	21.8	20.9	20.1	19.3

甲醇的电导率，主要决定于它含有的能电离的杂质，如胺、酸、硫化物和金属等。工业生产的精甲醇都含有一定量的有机杂质，其一般比电导率为 $1\times10^{-6}\sim7\times10^{-7}$s/cm。

甲醇可以和水以任何比例互相溶解，但不与水形成共沸混合物，因此，可以用分馏方法来分离甲醇和水。甲醇能溶解多种树脂，因此是一种良好的有机溶剂，但不溶解脂肪。它易于吸收水蒸气、二氧化碳和某些其他物质，因此，只有用特殊的方法才能制得完全无水的甲醇。同样，也难以从甲醇中清除有机杂质，产品甲醇总含有有机杂质约 0.01%以下。

甲醇比水轻，是易挥发的液体，具有很强的毒性；内服 5～8mL 有失明的危险，30mL 能使人中毒死亡，故操作场所空气中允许最高甲醇蒸气浓度为 0.05mg/L。甲醇蒸气与空气能形成爆炸性混合物，爆炸范围为 6.0%～36.5%，燃烧时呈蓝色火焰。

在标准状况下，甲醇的饱和蒸气压力并不高，但是随着温度的升高却急剧增高。一般文献报道的甲醇的蒸气压，大部为计算值。文献报道了不同的计算方法，如常用的 Cox-Antine 方程计算法，当已知二或三个温度下的蒸气压，即可算出其他温度的蒸气压 p(mmHg)。

$$\lg p=\frac{A-B}{T-C}$$

式中　A、B、C——常数；

　　T——温度，K。

当已知三点数据，即可确定 A、B、C，如此所得结果误差在 5%以内。

由于计算方法不同，不同的文献报道的甲醇蒸气压数据间的差值有时达 10%。表 1-2 为不同温度下的甲醇蒸气压。

许多气体在甲醇中具有良好的溶解性，工业上广泛利用气体在甲醇中高的溶解性，利用甲醇作为吸收剂，除去工艺气体中的杂质。例如，用低温甲醇（−20～−60℃）洗涤合成气中硫化氢和二氧化碳。在高压下，常温甲醇对硫化氢也有很高的吸收能力。

表 1-2　甲醇的蒸气压

温度/℃	蒸气压①/mmHg	温度/℃	蒸气压①/mmHg	温度/℃	蒸气压①/mmHg
−67.4	0.102	20	96.0	130	6242
−60.4	0.212	30	160	140	8071
−54.5	0.378	40	260.5	150	10336
−48.1	0.702	50	406	160	13027
−44.4	0.982	60	625	170	16292
−44.0	1	54.7	760	180	20089
−40	2	70	927	190	24615
−30	4	80	1341	200	29787
−20	8	90	1897	210	35770
−10	15.5	100	2521	220	42573
0	29.6	110	3561	230	50414
10	54.7	120	4761	240	59660

① 1mmHg=133.322Pa。

二、甲醇的化学性质

甲醇不具酸性，其分子组成中虽然有碱性极微弱的羟基，但也不具有碱性，对酚酞和石蕊均呈中性。

① 甲醇可在银催化剂上，在 600～650℃下进行气相氧化，或脱氢生成甲醛。这是工业上生产甲醛的主要方法。

$$CH_3OH+1/2O_2 \xlongequal{} HCHO+H_2O \qquad \Delta H=-159kJ/mol$$

$$CH_3OH \xrightarrow{-H_2} HCHO \qquad \Delta H=83.68kJ/mol$$

或用其他固体催化剂如铜、铁钼等。甲醇在铁钼催化剂上的氧化温度为 320～350℃。

② 甲醇分子羟基中的氢可以被碱金属钠取代而生成甲醇钠。

$$2CH_3OH+2Na \longrightarrow 2CH_3ONa+H_2$$

甲醇钠在没有水的条件下才稳定，因为水可以使它水解生成甲醇和水。工业上生产甲醇钠的方法，是将甲醇和氢氧化钠在 85～100℃下连续反应脱水制得。

$$CH_3OH+NaOH \longrightarrow CH_3ONa+H_2O$$

③ 高温下，在催化剂上进行甲醇的脱水，可以制得二甲醚。

$$2CH_3OH \longrightarrow (CH_3)_2O+H_2O$$

二甲醚再脱水生成乙烯。

④ 加压下，在 370～400℃有脱水催化剂存在时，甲醇与氨生成甲胺。

$$NH_3 \xrightarrow[-H_2O]{+CH_3OH} \underset{(一甲胺)}{CH_3NH_2} \xrightarrow[-H_2O]{+CH_3OH} \underset{(二甲胺)}{(CH_3)_2NH} \xrightarrow[-H_2O]{+CH_3OH} \underset{(三甲胺)}{(CH_3)_3N}$$

然后，经萃取、精馏、将一、二、三甲胺进行分离。

⑤ 在硫酸存在下，甲醇与芳胺作用生成甲基胺。例如，在 200℃和 30.40×10^5Pa (30atm) 下，它与苯胺反应生成二甲基苯胺。

$$C_6H_5NH_2+2CH_3OH \longrightarrow C_6H_5N(CH_3)_2+H_2O$$

⑥ 酸与甲醇反应时，甲醇分子中的甲基易为取代，在有强无机酸存在时反应加快。如甲酸与甲醇生成甲酸甲酯。

$$HCOOH+CH_3OH \longrightarrow HCOOCH_3+H_2O$$

氯乙酸与甲醇在90℃以上进行酯化反应，生成氯乙酸甲酯。

$$CH_2ClCOOH+CH_3OH \longrightarrow CH_2ClCOOCH_3+H_2O$$

丙烯酸与甲醇在离子交换树脂催化剂存在下，在沸点下进行酯化反应生成丙烯酸甲酯。

$$CH_2=CHCOOH+CH_3OH \longrightarrow CH_2=CHCOOCH_3+H_2O$$

甲醇与三氧化硫作用很容易生成硫酸二甲酯。

$$2CH_3OH+2SO_3 \longrightarrow (CH_3)_2SO_4+H_2SO_4$$

⑦ 甲醇与氢卤酸反应得到甲基卤化物。

$$CH_3OH+HCl \longrightarrow CH_3Cl+H_2O$$

甲醇与亚硝酸作用生成烈性炸药硝基甲烷。

$$CH_3OH+HNO_2 \longrightarrow CH_3NO_2+H_2O$$

⑧ 在20.27×10^5Pa（20atm）下，150～170℃时，在碱金属的醇化物存在下，甲醇与乙炔作用生成甲基乙烯基醚。

$$CH_3OH+CH\equiv CH \longrightarrow CH_3OCH=CH_2$$

⑨ 在30.40×10^5Pa（30atm）下，150～220℃时，在铑催化剂的存在下，一氧化碳和甲醇可以合成乙酸。

$$CH_3OH+CO \longrightarrow CH_3COOH$$

⑩ 以离子交换树脂做催化剂，在100℃以上，甲醇与异丁烯进行液相反应，生成甲基叔丁基醚，加在汽油里可以提高辛烷值而取代有害的烷基铅。

$$CH_3OH+CH_3-\underset{\underset{CH_3}{|}}{C}=CH_2 \longrightarrow CH_3O-\overset{\overset{CH_3}{|}}{\underset{\underset{CH_3}{|}}{C}}-CH_3$$

⑪ 在常温下，甲醇是稳定的，在350～400℃和常压下，在催化剂上甲醇分解成一氧化碳和氢。

甲醇在工业上的用途远不止这些，还有许多重要的工业用途正在研究开发中。例如，甲醇可以裂解制氢用于燃料电池，甲醇通过ZSM-5分子筛催化剂转化为汽油已经工业化，甲醇加一氧化碳加氢可以合成乙醇，甲醇可以裂解制烯烃等。随着科学技术的发展，以甲醇为原料生产各种有机化工产品的新应用领域正在不断地被开发出来，其地位将会更加重要。

第三节 甲醇的生产方法

生产甲醇的方法有多种，早期用木材或木质素干馏法制甲醇的方法，今天在工业上已经被淘汰。氯甲烷水解法也可以生产甲醇，其水解反应如下。

$$CH_3Cl+H_2O \xrightarrow{NaOH} CH_3OH+HCl$$

但因水解法价格昂贵。虽然水解法在一百多年前就被发现了，但在工业上没有得到应用。

甲烷部分氧化法也可以生成甲醇，其反应式如下。

$$2CH_4+O_2 \longrightarrow 2CH_3OH$$

这种制甲醇的方法工艺流程简单，建设投资节省，且将便宜的原料甲烷变成贵重的产品甲醇。但是，这种氧化过程不易控制，常因深度氧化生成碳的氧化物和水，而使原料和产品受到很大损失，致使甲醇的总收率不高。由于甲醇收率不高（30%），虽然已有运行的工业试验装置，甲烷部分氧化制甲醇的方法仍未实现工业化。但它具有上述优点，国外在这方面的研究一直没有中断，应该是一个很有工业前途的制取甲醇的方法。

目前工业上几乎都是采用一氧化碳、二氧化碳加压催化氢化法合成甲醇。碳的氧化物与氢合成甲醇的反应式如下。

$$CO+2H_2 \rightleftharpoons CH_3OH$$

$$CO_2+3H_2 \rightleftharpoons CH_3OH+H_2O$$

以上反应是在铜系催化剂或锌铬催化剂存在下，在$(50.66\sim303.98)\times10^5$Pa（50～300atm），温度240～400℃下进行的。显然，一氧化碳与氢合成仅生成甲醇，而二氧化碳与氢合成甲醇需多消耗一分子氢，多生成一分子水。但两种反应都生成甲醇，工业生产过程中，一氧化碳和二氧化碳的比例要视具体工艺条件而定。

碳的氧化物与氢合成甲醇的生产过程，不论采用怎样的原料和技术路线，大致可以分为以下几个工序。

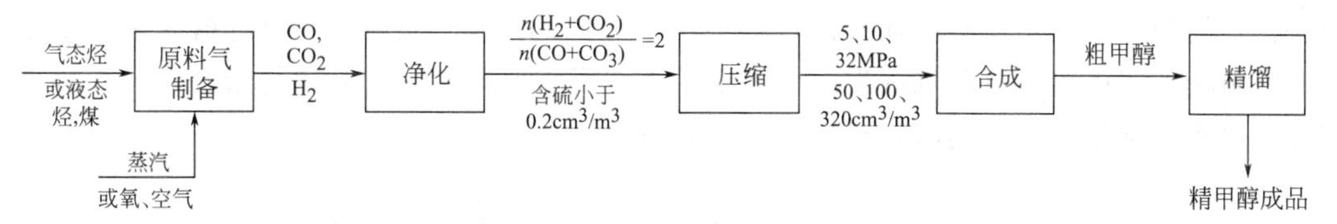

1. 原料气的制备

合成甲醇，首先是制备含有氢和碳的氧化物的原料气。由合成甲醇反应式可知，若以氢和一氧化碳合成甲醇，其摩尔比应为$n(H_2):n(CO)=2:1$。氢与二氧化碳反应则为$n(H_2):n(CO_2)=3:1$。一般合成甲醇的原料气中含有氢，一氧化碳和二氧化碳，所以应满足$\frac{n(H_2-CO_2)}{n(CO+CO_2)}=2$。

天然气、石脑油、重油、煤、焦炭和乙炔尾气等含碳氢或含碳的资源均可作为生产甲醇合成气的原料。天然气、石脑油在高温，催化剂存在下，在转化炉中进行烃类蒸气转化反应，重油在高温气化炉中进行部分氧化反应，以固体燃料为原料时，可用间歇气化或连续气化制水煤气，使其生成主要由氢、一氧化碳和二氧化碳组成的混合气体。根据原料不同，原料气中一般还含有少量有机和无机硫的化合物。

2. 原料气的净化

原料气的净化有两方面的内容。

一是脱除对甲醇合成催化剂有毒害作用的硫的化合物。甲醇生产中所使用的多种催化剂都易受硫化物毒害而失去活性，必须将硫化物除净。经过脱硫后使进合成塔气体中的硫含量降至小于$0.2cm^3/m^3$。脱硫的方法一般有湿法和干法两种。脱硫工序在整个制甲醇工艺流程中的位置，要视所采用的原料和原料气的制备方法而定。如以管式炉蒸汽转化的方法，因硫对转化用镍催化剂亦有严重毒害作用，脱硫工序需设置在原料气制备之前，其他制原料气方法，则脱硫工序设置在后面。

二是调节原料气的组成。为了满足氢碳比例，使氢碳比例达到前述甲醇合成的比例要求，当原料气中氢多碳少时（如以甲烷为原料），则在制造原料气时，还要补充二氧化碳，与原料同时进入转化设备；如果原料气中一氧化碳含量过高（如水煤气、重质油部分氧化气），则采取蒸汽部分变换的方法，使其形成如下变换反应：$CO+H_2O \rightleftharpoons H_2+CO_2$。这样增加了有效组分氢气，若是二氧化碳显得多余，也比较容易脱除；如果原料气中二氧化碳含量过多，使氢碳比例过小，可以采用脱碳方法除去部分二氧化碳。脱碳方法一般均采用溶液吸收，有物理和化学两种方法。

3. 压缩

通过往复式或透平式压缩机，将净化后的气体压缩至合成甲醇所需要的压力，压力的高低主要视催化剂的性能而定。

4. 甲醇的合成

甲醇的合成是在高温、高压、催化剂的存在下进行碳的氧化物与氢的合成反应，由于受催化剂选择性的限制，生成甲醇的同时，还有许多副反应伴随发生，所以得到的产品是以甲醇为主和水以及多种有机杂质混合的溶液，称为粗甲醇。甲醇合成与氨合成类似，合成工序采用循环流程，但甲醇从循环气中分离比氨的分离容易，只需水冷即可，无需多级氨冷。

5. 粗甲醇精馏

粗甲醇中含有水分、高级醇、醚、酮等杂质，需要精制。精制过程包括精馏和化学处理。化学处理主要是用碱破坏在精馏过程中难以分离的杂质，并调节 pH。精馏主要是除去易挥发组分如二甲醚，以及难挥发组分乙醇、高级醇、水等，从而制得符合一定质量标准的较纯的甲醇，称精甲醇。同时，可能获得少量副产物。

第四节　合成甲醇的生产技术发展

甲醇的生产技术发展很快，近年来，以碳的氧化物与氢合成甲醇的方法，在原料路线、工艺技术，节能降耗、生产规模、过程控制与优化等方面都有新的突破与进展。

1. 原料路线

甲醇生产的原料大致有煤、石油、天然气和含 H_2、CO（或 CO_2）的工业废气等。20 世纪 50 年代，甲醇生产所用的原料主要是煤、焦炭、焦炉气。到 20 世纪 60 年代，天然气逐步成为制造甲醇的主要原料，因为它简化了流程，便于输送，降低了成本。从甲醇生产的实际情况核算，采用天然气为原料要比采用煤为原料投资降低 35%，成本降低 50%。目前国际上甲醇总产量中约有 70%左右是以天然气为原料的。另外，采用烃类加工副产气（如乙炔尾气或乙烯裂解废气）则经济效果更显著，但数量有限，使其使用受到限制。

以不同原料制取甲醇的经济效果，可以简单地对比如下（以褐煤为 100）。

	褐煤	焦炉气	天然气	乙炔尾气
投资	100	70～85	65	35
成本	100	80	50～55	40

可见，以煤为原料制取甲醇的投资和成本最高。但是，随着能源的紧张，今后以煤为原料生产甲醇的比例将会上升，因为从世界能源结构来看，世界煤的贮藏量远远超过天然气和石油，中国情况更是如此。煤不能直接作为汽车、柴油机的燃料，煤加工为甲醇后就可作为汽车、柴油机的燃料。甲醇作为液体燃料将成为其主要用途。由煤生成甲醇被称为煤的间接液化，这也是煤炭利用重要的发展方向。另外，煤气化技术发展迅速，除传统的固定床 UGI 气化炉外，固定床鲁奇气化炉、流化床温克勒气化炉、气流床 K-T 炉、气流床德士古气化炉的开发均实现了工业化。

2. 合成方法

工业上合成甲醇的方法，有高压法 19.6～29.4MPa[200～300kgf/cm^2(at)]、中压法 9.8～19.6MPa[100～200kgf/cm^2(at)]和低压法 4.9～9.8MPa[50～100kgf/cm^2(at)]三种。

(1) 高压法 这是最初生产甲醇的方法，高压工艺流程一般指采用锌铬催化剂，在 300～400℃，30MPa 高温高压下合成甲醇的流程。大概有 50 年的时间，世界上合成甲醇生产都沿用这种流程。由于脱硫技术的进展，高压法也有采用活性强的铜催化剂，以改善合成条件，达到提高能效率和增产甲醇的效果。

(2) 低压法 ICI 低压甲醇法为英国 ICI 公司在 1966 年研究成功的甲醇合成方法，从而打破了甲醇合成的高压法的垄断，这是甲醇生产工艺上的一次重大变革。它采用 51-1 型铜系催化剂，合成压力为 5MPa。铜系催化剂的活性高于锌系，其反应温度 240～300℃，因此在较低压力下即获得相当的甲醇产率。铜系催化剂不仅活性好，且选择性好，因此减少了副反应，改善了粗甲醇质量，降低了原料的消耗。显然，由于压力低，工艺设备的制造比高压法容易得多，投资少，能耗约降低 1/4，成本亦降低，显示了低压法的优越性。

(3) 中压法 中压法是在低压法研究基础上进一步发展起来的，随着甲醇工业规模的大型化，已有日产 2000t 的装置，甚至更大的规模，如采用低压法，将导致工艺管路和设备体积相当庞大，且不紧凑，因此发展了压力为 10MPa 左右的甲醇合成中压法。它能更有效地降低建厂费用和甲醇的生产成本。中压法仍采用高活性的铜系催化剂，反应温度与低压法相同，具有与低压法相似的优点，且由于提高了合成压力，相应提高了甲醇的合成效率。出反应器气体中的甲醇含量由低压法的 3%提至 5%。

中国所独创的联醇工艺，实际上也是一种中压法合成甲醇的方法。所谓联醇即与合成氨联合生产甲醇，这是一种合成气的净化工艺，以替代合成氨生产中用铜氨液脱除微量碳氧化物而开发的一种新工艺。联醇生产是在压缩机五段出口与铜洗工段进口之间增加一套甲醇合成装置，包括甲醇合成塔、循环机、水冷器、分离器和粗甲醇贮槽等有关设备。压缩机五段出口气体先进入甲醇合成塔，使大部分原先要在铜洗工段除去的一氧化碳和二氧化碳在甲醇合成塔中与氢气反应生成甲醇，联产甲醇后进入铜洗工段的一氧化碳的含量明显降低，减轻了铜洗的负荷；同时变换工序的一氧化碳的指标可适当放宽，降低了变换的蒸汽消耗，而且压缩机前几段汽缸输送的一氧化碳成为了有效气体，使压缩机的电耗降低。

国外近年也建设了甲醇与氨和羰基合成气联合生产的大型装置，日产甲醇 600t。

据不完全统计，中低压法装置的合计能力约占目前世界甲醇装置总能力的 80%以上，其余为各式各样的高压法装置。以天然气为原料制甲醇，高、中、低压法的综合比较参见表1-3。

3. 生产规模

甲醇生产技术发展趋势之一是单系列、大型化。由于高压设备尺寸的限制，20 世纪 50 年代以前，甲醇合成塔的单塔生产能力一般不超过 100～200t/d，20 世纪 60 年代不超过 200～300t/d，但近几十年来单系列大型甲醇合成塔不断地被开发，并在工业生产中使用。Lurgi 管壳型甲醇合成塔的单塔能力可达 1000～1500t/d，ICI 多段冷激型甲醇合成塔的单塔能力可达 2500t/d。随着由汽轮机驱动的大型离心压缩机研制成功，为合成气压缩机，循环机的大型化提供了条件。

由于大型装置设备利用率和能源利用率较好，可以节省单位产品的投资和降低产品的成本，见表 1-4。但随生产能力的增加，装置的单位产品投资和成本递减缓慢，因此对生产规模的选择亦不宜过大。

表 1-3 以天然气为原料制甲醇，高、中、低压法的综合比较

方 法	高压法(UKW)①(300at②,350℃)	中压法		低压法	
		ICI(100at②)	MGC(129at②,270℃)	ICI(500at②,270℃)	Lurgl(50at②260℃)
单系列/(t/d)	1000	1200	600	1000	600
投资③	(仅 300t/d 的装置总投资就比低压法高 70 万美元)	3250 万美元	设备投资可能与 ICI 法接近	3760 万美元	1200 万美元
每吨精甲醇消耗指标(均补加 CO_2)					
天然气(原料及燃料)/$\times 10^4$kcal④	8.8	8	8.1	8	7.6
电/(kW·h)	63	53	40～50	56	70
锅炉水/t	0.72	0.88	2.4	0.9	0.72
冷却水/m^2	57	—	170	250	50
年开工率/%	80～85	90	85	95	90～95
相对成本	—	比 ICI 50at 法节省 1 美元左右	—	比高压法降低约 25%(或降低 5～7 美元)	比 ICI 法还低 10%左右
反应器出口甲醇/%	5.5	6	2.5	3.0	5
产品质量					
粗甲醇中：					
甲醇/%	86～90	99.85	93.3	99.65	99.9
二甲醚/cm^3/m^3	5000～10000	＜20	约 2000	20～150	≤20
醛酮酸/cm^3/m^3	80～2000	乙醇＜1000 }	～5000,还含水较多	10～35	≤10
高级醇/cm^3/m^3	8000～15000	异丁醇＜10 }		100～2000	＜10
最终甲醇产品/%	99.85(AA 级)	99.95	99.95	99.95	99.95

① UKW 为 Unlon Rbeinische Breunkoblen-Kraftstoff AG Wessoling 之简称（德国）。

② 1at（工程大气压）＝1kgf/cm^2＝9.80666×10^6Pa。

③ 当时的投资较低，目前日产 1000t 低压法甲醇装置总固定投资约 11000 万美元。天然气制甲醇，其工厂成本约 180 美元左右——编者注。

④ 1kcal＝4.1868kJ。

表 1-4 甲醇装置的规模与投资和产品成本的关系

指 标	装置生产能力/(1000t/a)						
	100	200	300	400	500	800	1000
单位产品投资/%	100	76	69	63	59	52	49
产品成本/%	100	67	60	67	54	51	50

4. 节能降耗

甲醇成本中能源费用占有较大的比重，降低甲醇制造过程的能量消耗，这是新建甲醇装置普遍重视解决的课题，旧有的甲醇装置也极重视这方面的技术改进工作。如热能的充分利用，原料气制备的工艺改进，采用透平压缩机，使用高活性催化剂等，都取得了显著的节约能量消耗的效果。研究进一步提高碳的氧化物与氢合成甲醇单程转化率的新工艺，在强化生产的同时，实质也是节约能量的重要手段。

如美国最近报道了正在开发的甲醇新工艺，通过液相催化剂的 H_2、CO 转化率达到 90%。因此原料天然气可用空气部分氧化法，不必用纯氧部分氧化法或蒸汽转化法制取甲醇原料气。而节省了大量投资、能量与成本费用。合成气与催化剂约在 100℃反应，反应液在器外循环冷却，移热很方便。估计投资约降低 37%，生产成本降低 21%。

日本报道了开发成功在常压常温下将一氧化碳转化成甲醇的新方法。其工艺特点如下。

① 能量消耗少。

② 甲醇转化率可达100%。所用催化剂是金属络合物埃弗立特盐($K_2Fe[Fe(CN)_6]$)。

又如美国报道了由一氧化碳和水生成甲醇的新技术，该方法用以铅为基础的催化剂，反应条件为10.13×10^5Pa和300℃，合成率较高。

这些研究开发工作，对于改进甲醇技术和发展生产具有非常重要的意义。

5. 过程控制

甲醇生产是连续操作，技术密集的工艺。目前正向高度自动化水平发展。化工过程优化控制在甲醇生产中得到推广和应用。

国内甲醇装置的过程控制水平还停留在仪表显示和单参数控制的水平，采用数学模拟方法对系统进行分析，也取得了初步成果。引进国外先进控制技术，进一步提高控制水平，对发展中国甲醇工业具有非常重要的意义。

第二章　甲醇原料气的制取

中国甲醇生产原料比较复杂，目前已经形成煤、油、气并存的局面。含氢气、一氧化碳、二氧化碳及少量惰性气的甲醇合成原料气是碳一化学中合成气的一种，可从生产合成气的原料中取得。工业上合成甲醇原料气的来源与碳一化学中制备合成气的来源是相同的，主要原料有天然气、石脑油、重油、煤或焦炭等。

最初制备合成气采用固体燃料，如焦炭、无烟煤，固体燃料在常压或加压下气化，用水蒸气（或空气、氧气）为气化剂，生产水煤气供甲醇合成；或生产半水煤气供氨合成。当用固体燃料生产甲醇时，需要通过除尘、脱硫等手段净化气体，再通过变换和脱碳调节气体组成。最初用固体燃料制水煤气成为甲醇生产的唯一工艺途径。

20 世纪 50 年代以后，原料结构发生了变化，用气体、液体为原料生产甲醇原料气，无论从投资、生产成本、能耗来看都有明显的优势，很快便得到发展。于是甲醇生产由固体燃料为主逐渐转移到以气体、液体燃料为主，其中天然气为原料的比重增长最快。随着石脑油蒸汽转化时，抗析炭反应催化剂的开发，天然气贫乏的国家和地区建立了石脑油制甲醇的生产工艺。在重油部分氧化制气工艺成熟后，来源广泛的重油也成为甲醇生产的重要原料。

选用何种原料生产甲醇，取决于多种因素，包括原料的储量和成本，投资费用与技术水平。目前，以固体、液体、气体为燃料生产甲醇的多种方法都得到了广泛应用。本书主要讲述煤焦固定床间歇常压气化法和天然气蒸汽转化法，简单介绍重油部分氧化法和煤加压连续气化法。

第一节　甲醇原料气的要求

甲醇由一氧化碳、二氧化碳与氢气在一定温度、压力和催化剂条件下反应生成，反应式如下。

$$CO+2H_2 \longrightarrow CH_3OH \qquad \Delta H=-90.56kJ/mol \tag{2-1}$$

$$CO_2+3H_2 \longrightarrow CH_3OH+H_2O \qquad \Delta H=-49.43kJ/mol \tag{2-2}$$

甲醇合成反应在不同压力（低压、中压、高压）下进行，当使用铜基催化剂时，反应温度为 220～290℃；当使用锌-铬催化剂时，反应温度为 350～420℃。根据上述反应方程式，确定对甲醇原料气的组成要求。

一、合理调配氢碳比例

氢与一氧化碳合成甲醇的物质的量比为 2，与二氧化碳合成甲醇的物质的量比为 3，当一氧化碳与二氧化碳都存在时，对原料气中氢碳比（M 值）用下式表达。

$$M=n(H_2)/n(CO+1.5CO_2)=2\sim2.05 \tag{2-3}$$

采用不同原料和不同工艺所制得的原料气组成，往往偏离上述 M 值。例如，用天然气（主要含 CH_4）为原料，采用蒸汽转化法制得的原料气，氢气过多，需要在转化前（或转化后）加入二氧化碳、或加氧气部分氧化来调节合理氢碳比。而用重油或煤为原料制得的原料气，氢含量太低，需要设置变换工序使过量的一氧化碳变换为氢气，再设置脱碳工序将过量的二氧化碳除去。

生产中合理的氢碳比例应比化学计量比稍高一些，按化学计量比值，M 值约为 2，实际生产中控制得略高于 2，即通常保持略高的氢含量。原料气中的氢碳比略高于 2，在合成塔中氢与一氧化碳、二氧化碳是按化学计量比例生成甲醇的，所以甲醇合成回路中循环气体的氢就高得多，例如 Lurgi（鲁奇）合成流程中，甲醇合成塔入口气含 CO 为 10.53%、含 CO_2 为 3.16%、含 H_2 为 76.4%，Topsøe（托普索）合成流程中，合成循环气含 CO 为 5%、含 CO_2 为 5%、含 H_2 为 90%。过量的氢气可抑制羰基铁与高级醇的生成，并对延长催化剂寿命起着有益的作用。

甲醇分子式中碳氢比为 0.5，从表 2-1 所列总反应式中可以看出，当反应物中碳氢比小于 0.5 时，如天然气蒸汽转化，会造成氢过剩，需补充二氧化碳。反应物中碳氢比大于 0.5 时，要将二氧化碳从系统中脱除，因而使用重油与煤、焦为原料的甲醇装置中，必须设置变换与脱碳工序。

表 2-1　各种原料合成甲醇总反应式

原料名称	C/H_2		总反应式	工艺要求
	原料	反应物系		
天然气	0.5	0.33	$\mathrm{CH_4+H_2O = CH_3OH+H_2}$	氢过剩，需在转化前或转化后补二氧化碳
天然气加二氧化碳	0.5	0.5	$\frac{3}{4}\mathrm{CH_4}+\frac{1}{4}\mathrm{CO_2}+\frac{1}{2}\mathrm{H_2O = CH_3OH}$	
天然气加氧气	0.5	0.5	$\mathrm{CH_4}+\frac{1}{2}\mathrm{O_2 = CH_3OH}$	采用一、二段串联转化工艺
重油气化	2	0.75	$\frac{3}{2n}\mathrm{(CH)}_n+\frac{5}{4}\mathrm{H_2O}+\frac{3}{8}\mathrm{O_2 = CH_3OH}+\frac{1}{2}\mathrm{CO_2}$	二氧化碳过剩，需部分变换和脱碳
煤气化	4	0.86	$\frac{6}{7n}\mathrm{(C_2H)}_n+\frac{11}{7}\mathrm{H_2O}+\frac{3}{7}\mathrm{O_2 = CH_3OH}+\frac{5}{7}\mathrm{CO_2}$	

二、合理控制二氧化碳与一氧化碳比例

甲醇合成原料气中应保持一定量的二氧化碳，一定量二氧化碳的存在，能促进锌-铬催化剂与铜基催化剂上甲醇合成反应速率的加快，适量二氧化碳可使催化剂呈现高活性，此外，在二氧化碳存在下，甲醇合成的热效应比无二氧化碳时仅由一氧化碳与氢合成甲醇的热效应要小，催化床层温度易于控制，这对防止生产过程中催化剂超温及延长催化剂寿命是有利的。但是，二氧化碳含量过高，会造成粗甲醇中含水量增加，增加气体压缩，降低压缩机生产能力，同时增加精馏粗醇的动力和蒸汽消耗。

二氧化碳在原料气中的最佳含量，应根据甲醇合成所用的催化剂量与甲醇合成操作温度相应调整。在使用锌-铬催化剂的高压合成装置中，原料气含二氧化碳 4%～5%时，催化剂的使用寿命与生产能力不受影响，合成设备操作稳定而且可以自热，但是粗甲醇含水量为 14%～16%。因此，对于锌-铬催化剂上甲醇合成的反应，原料气中二氧化碳低于 5%为宜。在采用铜基催化剂时，原料气中二氧化碳可适当增加，可使塔内总放热量减少，以保护铜基催化剂温度均匀、稳定，不致过热，延长催化剂使用寿命。

某厂以轻油为原料，采用蒸汽转化法生产甲醇的装置，合成用铜基催化剂，转化气中一氧化碳含量约 12%，二氧化碳含量为 15%～16%，进入甲醇合成系统后，转化气与循环气混合，入塔气体中一氧化碳含量为 4%～5%，二氧化碳含量为 5%～7%；英国 ICI 公司所设计的中低压甲醇合成装置，合成系统补充气的一氧化碳含量为 15%，二氧化碳含量控制在 3%～15%，即 $\varphi(CO_2)/\varphi(CO)=0.2\sim1.0$，操作指标范围很大。

一般认为，原料气中二氧化碳最大含量实际上决定于技术指标与经济因素，最大允许二氧化碳含量为12%～14%，通常在3.0%～6.0%的范围内，此时单位体积催化剂可生成最大量的甲醇。

三、原料气对氮气含量的要求（甲醇流程）

氮气是固体原料低压间歇气化过程中的必然产物，因为在生产中用的气化剂是空气。氮气含量的高低是甲醇原料气和氨合成原料气要求的最大不同之处。合成氨时氮气是参与化学反应的，要求原料气中：$\varphi(H_2)/\varphi(N_2)\approx3.0$；而合成甲醇时氮气和甲烷都是惰性气体，它对生产过程的影响与甲烷相同，因为氮气和甲烷不参与甲醇合成过程的化学反应，在系统中循环积累，含量越来越多，只得被迫放空，以维持正常有效气体含量。因此，甲醇生产时要求造气工段要设法降低氮气含量，以降低气体输送和压缩做功、同时减少放空造成的气体损失。

四、原料气对毒物与杂质的要求

原料气必须经过净化工序，清除油水、粉尘、羰基铁、氯化物及硫化物、氨等，其中最为重要的是清除硫化物。它对生产工艺、设备、产品质量都有影响。

① 原料气中硫化物可使催化剂中毒。如锌-铬催化剂，耐硫性能较好，合成新鲜气含硫低于5×10^{-5}。而铜基催化剂，对硫的要求非常严格。国内甲醇合成铜基催化剂使用说明指出，合成气含硫应低于2×10^{-7}，如含有10^{-6}，运转半年，催化剂中硫化物含量就会高达4%～6%。无论是硫化氢，还是有机硫都会与催化剂中金属活性组分产生金属硫化物，使催化剂丧失活性，产生永久性中毒，故需除净，指标越低越好。

② 原料气中硫化物含量长期高，会造成管道、设备发生羰基化反应而出现腐蚀。硫化物破坏金属氧化膜，使设备、管道被一氧化碳腐蚀生成羰基化合物，如羰基铁、羰基镍等。

③ 硫化物在甲醇合成反应过程中生成许多副产品，硫带入合成系统，生成硫醇、硫二甲醚等杂质，影响粗甲醇质量，而且带入精馏岗位，引起设备管道的腐蚀，降低了精醇成品质量。

④ 除硫化物外，原料气中粉尘、焦油、氯离子对生产影响也很大，在生产过程中，要严格控制和清除。

由上可见，甲醇合成原料气的要求是：合理的氢碳比例，合适的二氧化碳与一氧化碳比例，且需降低甲烷和氮气（单醇生产）含量，并净化气体，清除有害杂质。无论以哪种原料制甲醇原料气都需满足这些要求。

第二节　以固体燃料为原料制甲醇原料气

固体燃料主要指煤、焦炭，以空气（氧气、富氧空气）和水蒸气为气化剂，在高温条件下，与固体燃料发生气化反应，统称煤气化。煤气化制得的可燃气称为煤气。进行煤气化的设备称为煤气发生炉。

目前，中国甲醇生产有单醇流程（新建项目）、联醇流程（铜洗前设置）和双甲工艺。技术都比较成熟，只是对原料气的组成要求不同。本书主要讲述固定床间歇法制水煤气生产工艺及单醇生产。

一、对固体燃料性能的要求

1. 水分

固体原料中水分以三种形式存在：游离水、吸附水、结合水。游离水是在开采、运输和储存时带入的水分，也叫外在水分；吸附水是以吸附的方式与原料结合的水分，也叫内在水分；化合水是指原料中的结晶水。工业中只分析游离水和吸附水，两者之和为总水。

原料中水分含量高，不仅降低有效成分，而且水分汽化带走大量热量，直接影响炉温，降低发气量，增加煤耗。因此，造气要求入炉煤水分要低，一般水分<5%。

2. 挥发分

挥发分是半焦或煤在隔绝空气的条件下，加热而挥发出来的碳氢化合物，在氢化过程中能分解变成氢气、甲烷和焦油蒸气等。原料中挥发分含量高，则产生的半水煤气中甲烷和焦油含量高。其影响如下。

① 甲烷含量高，降低了外送有效气体含量，增加合成放空量，直接影响原料消耗定额和甲醇的合成能力。

② 焦油含量高，煤粒相互黏结成焦拱，破坏透气性，增大床层阻力。妨碍气化剂均匀分布，炉况会逐步恶化，严重时灭炉打疤。

③ 焦油含量高，易沉积在管道、设备填料和罗茨机转子和机内壳上，更严重时，会沉积在一段压缩机入口管边和活门上，影响输气量，给生产带来极大不利。因此，生产中要求挥发分要低，一般挥发分<6%（固定床）。

3. 灰分

灰分是固体燃料完全燃烧后所剩余残留物。一般要求灰分<15%。

① 灰分高，相对降低固定碳含量，降低煤气发生炉的生产能力；

② 灰分太高，增加排灰次数，增加运费和管理费；

③ 灰分太高，由于排灰量大，增加排灰设备磨损；

④ 灰分太高，除灰所排出碳增加，消耗会增大；

⑤ 灰分高，燃料层移动快，工况不稳定，生产不稳定。

4. 硫含量

指煤焦中硫化物的总和。煤中硫含量约50%～70%进入水煤气中，20%～30%的硫随着灰渣，一起排出炉外。其中煤气中的硫90%左右呈硫化氢，10%左右呈有机硫存在。硫化氢存在不仅腐蚀设备管道，而且会使后序工段的催化剂中毒，因此要求含量<1%。

5. 固定碳

指煤焦中除去水分、挥发分、灰分和硫分以外，其余可燃的物质——碳。它是煤焦中的有效成分，其发热值又分为高位发热值和低位发热值。为了比较煤的质量，便于计算煤的消耗，国家规定低位发热值为29270kJ/kg的燃料为标准煤，其固定碳含量约为84%。

6. 灰熔点

由于灰渣的构成不均匀，因而不可能有固定的灰熔点，只有熔化范围。通常灰熔点用三种温度表示，即t_1为变形温度；t_2为软化温度；t_3为熔融温度，生产中灰熔点一般指t_2，它是决定炉温控制高低的重要指标，灰熔点低，容易结疤，严重时影响正常生产。灰分中，$n(SiO_2+Al_2O_3)/n(Fe_3O_4+CaO+MgO)$=酸/碱，比值越大，灰熔点越高，硫含量越高，灰熔点越低，一般无烟煤的灰熔点约为1250℃。故气化层温度一般小于1200℃。

7. 粒度

固体原料粒度大小和均匀性也是影响气化指标的重要因素之一。

① 粒度小，与气化剂（蒸汽、空气）接触面积大，气化效率和煤气质量好。但粒度太

小，会增加床层阻力，不仅增加电耗，而且煤气带走煤渣也相应增多，这样会使煤气管道、分离器和换热器受到的机械磨损加大，同时煤耗也会增加。

② 粒度大，则气化不完全，当原料表面已反应完全时，内部还未必开始反应，所以灰渣中碳含量会增多，消耗定额增加，易使气化层上移，严重时煤气中氧含量会增高。

③ 粒度不均匀，由于气流分布不均匀，会发生燃料局部过热，结疤或形成风洞等不良影响，一般无烟煤不超过120mm，焦炭不超过75mm，生产中最好将煤焦分成三档，小15～30mm，中30～50mm，大50～120mm，分别投料，并根据不同粒度调节吹风强度。

8. 机械强度

固体原料的机械强度指原料抗破碎能力。机械强度差的燃料，在运输、装卸和入炉后易破碎成小粒和煤屑，造成床层阻力增加，工艺不稳定，发气量下降，而且因煤气夹带固体颗粒增多，加重管道和设备磨损，降低了设备的使用寿命，也影响废热的正常回收，因此应选用机械强度高的固体燃料。

9. 热稳定性

固体原料热稳定性是指燃料在高温作用下，是否容易破碎的性质。热稳定性差的原料，加热易破碎，增加床层阻力，难气化，碳损大，设备磨损也大，最好选热稳定性较好的原料。

10. 化学活性

固体原料的化学活性是指其与气化剂如氧、水蒸气、二氧化碳反应的能力。化学活性高的原料，有利于气化能力和气体质量的提高。

总之，选用什么固体原料制取水煤气，要与本厂实际情况紧密结合，应考虑原料的来源、风机的性能、工艺配套和操作技术等诸多因素。

二、固定床间歇法制水煤气的原理

固定床间歇法制水煤气是指，以无烟煤、焦炭或各种煤球为原料，在常压煤气发生炉内，高温条件下，与空气（富氧空气）和水蒸气交替发生一系列化学反应，维持热量平衡，生成可燃气体，回收水煤气，并排出残渣的生产过程。

1. 化学平衡

① 以空气为气化剂时，碳和氧之间的独立化学反应方程式有两个。

$$C+O_2 \longrightarrow CO_2 \qquad \Delta H=-393.777\text{kJ/mol} \tag{2-4}$$

$$C+CO_2 \longrightarrow 2CO \qquad \Delta H=172.284\text{kJ/mol} \tag{2-5}$$

这两个反应的平衡常数见表2-2。

由空气中$n(N_2)/n(O_2)=3.76$，而O_2平衡含量很低（可忽略），可简化仅用第二个反

表2-2 反应式(2-4)和式(2-5)的平衡常数

温度/K	$C+O_2=CO_2$	$C+CO_2=2CO$	温度/K	$C+O_2=CO_2$	$C+CO_2=2CO$
	$K_{p4}=p_{CO_2}/p_{O_2}$	$K_{p5}=p^2_{CO}/p_{CO_2}$		$K_{p4}=p_{CO_2}/p_{O_2}$	$K_{p5}=p^2_{CO}/p_{CO_2}$
298	1.233×10^{69}	1.101×10^{-21}	1000	4.751×10^{20}	1.898
600	2.516×10^{34}	1.867×10^{-6}	1100	6.345×10^{18}	1.22×10
700	3.182×10^{29}	2.673×10^{-4}	1200	1.737×10^{17}	5.696×10
800	6.708×10^{25}	1.489×10^{-2}	1400	6.048×10^{14}	6.285×10^{2}
900	9.257×10^{22}	1.925×10^{-1}	1500	1.290×10^{13}	1.622×10^{3}

应来计算碳和氧反应的平衡组成见表 2-3。

$$K_{p5}=\frac{p_{2CO}}{p_{CO_2}}=p\times\frac{4X^2}{(4.76+X)(1-X)} \tag{2-6}$$

表 2-3　总压 1.01×10^5 Pa 时空气煤气的平衡组成

温度/℃	$\varphi(CO_2)$	$\varphi(CO)$	$\varphi(N_2)$	$X=\varphi(CO)/\varphi(CO+CO_2)$
650	10.8	16.9	72.3	61.0
800	1.6	31.9	66.5	95.2
900	0.4	34.1	65.5	98.8
1000	0.2	34.4	65.4	99.4

从上表可看出，随着温度的升高，CO 平衡含量上升，而 CO_2 平衡含量下降；当温度高于 900℃，反应气相中 CO_2 含量很少，碳与氧反应的主要产物是 CO。

② 以水蒸气为气化剂时，碳与水蒸气反应的独立化学反应方程式有以下三个。

$$C+H_2O(g)\longrightarrow CO+H_2 \qquad \Delta H=131.390\text{kJ/mol} \tag{2-7}$$

$$CO+H_2O(g)\longrightarrow CO_2+H_2 \qquad \Delta H=-41.19\text{kJ/mol} \tag{2-8}$$

$$C+2H_2\longrightarrow CH_4 \qquad \Delta H=-74.898\text{kJ/mol} \tag{2-9}$$

各反应平衡常数见表 2-4。

表 2-4　反应式(2-7)、式(2-8)及式(2-9)的平衡常数

温度/K	$C+H_2O=CO+H_2$	$CO+H_2O=CO_2+H_2$	$C+2H_2=CH_4$
	$K_{p7}=p_{CO}\cdot p_{H_2}/p_{H_2O}$	$K_{p8}=p_{CO_2}\cdot p_{H_2}/p_{H_2O}\cdot p_{CO}$	$K_{p9}=p_{CH_4}/p_{H_2}^2$
298	1.001×10^{-16}	9.926×10^4	7.916×10^8
600	5.05×10^{-5}	27.08	1.00×10^2
700	2.407×10^{-3}	9.017	8.972
800	4.398×10^{-2}	4.038	1.413
900	4.248×10^{-1}	2.204	3.25×10^{-1}
1000	2.619	1.374	9.829×10^{-2}
1100	1.157	0.944	3.677×10^{-2}
1200	3.994	0.697	1.608×10^{-2}
1400	2.7951×10^2	0.441	4.327×10^{-3}
1500	6.48×10^2	0.3704	2.557×10^{-3}

计算系统平衡组成时，用以下五个平衡关系式来求解。

$$(a)\ K_{p7}=p_{CO}\cdot p_{H_2}/p_{H_2O} \tag{2-10}$$

$$(b)\ K_{p8}=p_{CO_2}\cdot p_{H_2}/p_{CO}p_{H_2O} \tag{2-11}$$

$$(c)\ K_{p9}=p_{CH_4}/p_{H_2}^2 \tag{2-12}$$

$$(d)\ p_{H_2}+2p_{CH_4}=p_{CO}+2p_{CO_2} \tag{2-13}$$

$$(e)\ p_{H_2}+p_{CH_4}+p_{H_2O}+p_{CO}+p_{CO_2}=p \tag{2-14}$$

1.01×10^5 Pa 下，碳-水蒸气反应的平衡组成见图 2-1；2.03×10^6 Pa 下，碳-水蒸气反应的平衡组成见图 2-2。

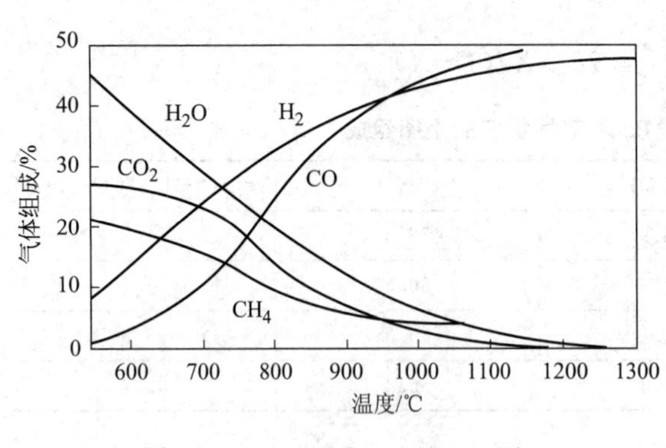

图 2-1 1.01×10^5 Pa（1atm）下，碳-水蒸气反应的平衡组成

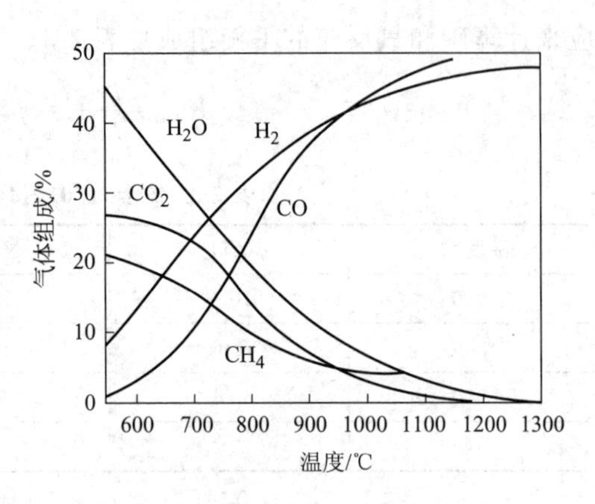

图 2-2 2.03×10^6 Pa（20atm）下，碳-水蒸气反应的平衡组成

由 1.01×10^5 Pa(1atm) 下，碳-水蒸气反应的平衡组成图 2-1 和 2.03×10^6 Pa(20atm) 下，碳-水蒸气反应的平衡组成图 2-2 可有以下结论。

① 1.01×10^5 Pa(1atm) 下，温度高于 900℃，水蒸气与碳反应的平衡中，含有等量的 H_2 和 CO，其他组分含量则接近于 0。随着温度的降低，H_2O、CO_2 及 CH_4 等平衡的平衡含量逐渐增加，故在高温下进行水蒸气与碳的反应，平衡时残余水蒸气量较少。这说明水蒸气分解率高，水煤气中 H_2 和 CO 的含量高，水煤气质量好。(低压气化法)

② 2.03×10^6 Pa(20atm) 下碳-水蒸气反应的平衡组成与①相似。(加压气化法)

③ 比较两图，在相同温度下，随着压力的升高，气体中 H_2O、CO_2 及 CH_4 含量增加，而 H_2 及 CO 的含量减少。所以欲制得 CO 和 H_2 含量高的优质煤气，从化学平衡的角度分析，应在高温、低压下进行；要生产 CH_4 含量高的高热值煤气，则应在低温、高压下进行。

2. 反应速率

① 气化剂与碳在煤气发生炉中进行的反应，属于气固相系统的多相反应。多相反应的速率不仅与碳和气化剂间的化学反应速率有关，而且还受气化剂向炭层表面扩散的速度影响。

研究表明，碳和氧按式(2-4) 反应，反应速率 r_c 大致可表示为

$$r_c = k \cdot y_{O_2}$$

式中 y_{O_2} 为氧的浓度，即气化反应可认为是 O_2 的一级反应。反应速率常数 k 与温度及活化能的关系符合阿累尼乌斯方程式。对于一定量的气化剂，反应的活化能取决于燃料的种类，同时与燃料的结构及杂质含量有关。反应活化能的数值一般按无烟煤、焦炭、褐煤的顺序递减，即燃料的反应活性按此顺序递增。

如果在高温下进行反应，k 值相当大，此时反应属扩散控制，总的反应速率取决于传质速度。

$$r_c = \left(\frac{D}{Z}\right) F(y_0 - y_s) = k_g F \Delta y \qquad (2\text{-}15)$$

式中 D——扩散系数；

Z——气膜厚度；

F——气固相接触表面；

y_s、y_0——分别为碳表面及气流中气化剂浓度；

k_g——气膜传值系数，等于 D/Z。

凡是有利于增大传质系数、增加接触表面与提高浓度差的措施，均可增加物质的传递量，从而加快反应速率。一般来说，气流速度对 k_g 有较大的影响，所以，提高气流速度，是强化以扩散控制为主的反应的有效措施。碳氧化时，颗粒表面的厚度 Z（对颗粒表面而言）为

$$Z=adRe^{-0.8} \tag{2-16}$$

式中　a——常数；

d——颗粒当量直径；

Re——雷诺系数。

对于颗粒组成的固体床，k_g 可表示为：

$$k_g=\frac{D}{Z}=\frac{0.23Re0.863\cdot D}{Z}=\frac{0.23v_d^{0.863}D}{v^{0.863}d^{0.137}} \tag{2-17}$$

式中　v_d——气体流速；

v——气体的轴向黏度。

由式(2-17) 可知，在扩散控制范围内，增加气流速度与减少固体燃料的颗粒直径，可增大气膜传质系数。其中以提高气流速度最为有效。

根据对碳与氧反应的研究表明，这一反应在775℃以下时，属于动力学控制。在高于900℃时，属于扩散控制。在775～900℃范围内，可认为处于过渡区。

根据固定层气化过程的特点，可以认为碳、氧之间首先进行式(2-4) 的燃烧反应，然后产物中的CO与床层上部的碳进行式(2-5) 的二氧化碳还原反应。一般认为，碳与二氧化碳之间的反应速率比碳的燃烧速度慢得多，在2000℃以下，基本上属于动力学控制，反应速率也视为 CO_2 一级反应。不同种类的燃料反应活性的大小次序，基本上与碳氧反应相同。

② 碳与水蒸气之间的反应式（2-7）在400～1100℃反应速率较慢，是动力学控制；温度超过1100℃，反应速率大大加快，开始为扩散控制。不同种类的燃料与水蒸气反应，其活性大小次序也与碳氧反应基本相同。

③ 由碳与气化剂的气固相多相反应速率来看，煤气炉在温度较低时，不能采取增加风速的办法来快速提温，只得缓慢升温，当温度达到900℃时，才可加大风速，投入生产；当温度达到1100℃时，方可加大蒸汽用量来提高发气量，从而转入正常生产。

三、固定床间歇法（常压）制水煤气的方法

1. 水煤气生产的特点

固定床间歇法制水煤气，因为气化剂空气和水蒸气交替与碳反应，故燃料层温度随着空气的加入而逐渐升高，随着水蒸气的加入而逐渐降低，呈周期性变化，并在一定范围内波动，所以生成煤气的组成和数量也呈周期性变化（见表2-5）。这就是固定床间歇法制气的最大特点。

2. 煤气炉内燃料层的分区

（1）固定床煤气发生炉　固定床煤气发生炉简图见图2-3。

（2）煤气炉内燃料层的分区　燃料从煤气炉顶部加入，先预热升温，并随着灰盘的转动慢慢向下移动，到气化层时温度达到最高，与不同阶段的入炉气化剂发生化学反应，直至反应趋于完全，以灰渣的形式排出炉外。所以严格地说，固定床并不是燃料层在炉内不移动，而是说每时每刻，随着时间的推移，稳定运行的煤气炉内，燃料层均可从上到下分为四个区

表 2-5 制气各阶段中水煤气组成的变化

煤气的组成	一次上吹制气阶段	下吹制气阶段	二次上吹制气阶段
$\varphi(CO_2)$	6.97	5.77	8.84
$\varphi(H_2O)$	0.43	0.43	0.43
$\varphi(O_2)$	0.20	0.20	0.20
$\varphi(CO)$	38.38	39.31	34.33
$\varphi(H_2)$	49.31	50.39	56.31
$\varphi(CH_4)$	0.64	0.54	0.70
$\varphi(N_2)$	4.07	3.36	4.99
煤气高热值/(MJ/m^3)	11.5	11.7	11.2
煤气低热值/(MJ/m^3)	10.5	10.7	10.3

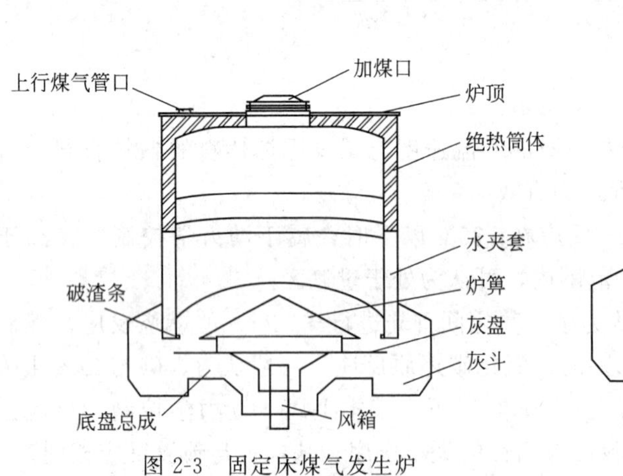

图 2-3 固定床煤气发生炉

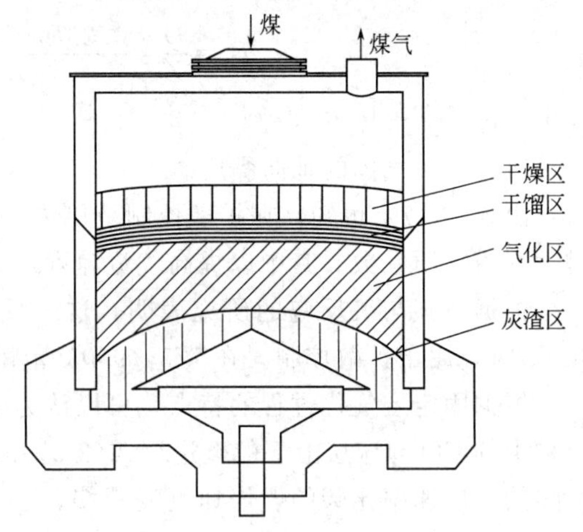

图 2-4 煤气炉内燃料层分区

域，分别是：干燥层、干馏层、气化层（吹风时可细分为还原层和氧化层）、灰渣层。实际生产中，煤气炉的操作往往很难控制好这几个区域，炉况恶化时，各区域杂乱无节，必须从头开始养炉，使燃料层恢复正常分布。燃料层分区见图 2-4。

3. 水煤气生产的工作循环

固定床间歇法制水煤气时，从上一次送入空气开始，到下一次再送入空气为止，称为制气的一个工作循环。一个工作循环所用的时间叫做循环周期。

从安全生产的角度考虑，应避免煤气和空气在炉内相遇，避免爆炸性混合气体的形成；从维持煤气炉长期稳定运行的技术角度考虑，应尽可能的稳定燃料层中气化层的温度、厚度和位置。所以把每个工作循环分为以下六个阶段。

① 吹风阶段。用配套的鼓风机（风量和风压合适）从煤气炉底部吹入空气，气体自下而上通过燃料层，提高燃料层温度，炉上出口产生的吹风气放空或送入吹风气回收工段回收其潜热和显热后排入大气。此阶段用时一般占循环周期的 25%～30%。目的是提高炉温并蓄积热量，为下一步水蒸气与碳的气化吸热反应提供条件。

② 蒸汽吹净阶段。从炉底送入满足要求的水蒸气，自下而上流动，发生一定的化学反应，生成一定的水煤气放空或送入吹风气回收工段。此阶段用时一般占循环周期的 1%。目的是将吹风阶段末期炉上残余的含氮气很高的吹风气赶出系统，降低水煤气中氮气含量，提高有效气体质量。（注：此阶段在制取合成氨原料气-半水煤气时，不必设置，应设吹风气回

收程序，以补充氮气)。

③ 一次上吹制气阶段。从炉底送入满足工艺要求的水蒸气，自下而上流动，在灼热的燃料层（即气化层）中发生气化吸热反应，产生的水煤气从炉上送出，回收至气柜。燃料层下部温度降低，上部温度则因气体的流动而升高。此阶段一般用时占循环周期的25%。目的是制取高质量的水煤气。

④ 下吹制气阶段。在上吹制气一段时间后，低温水蒸气和反应本身的吸热，使气化层底部受到强烈的冷却，温度明显下降。而燃料层上部因煤气的通过，温度越来越高，煤气带走的显热逐步增加，考虑热量损失，要在上吹一段时间后，改变水蒸气的流动方向，自上而下通过燃料层，发生气化反应，产生的水煤气经灰渣层后，从炉底引出，回收至气柜。此阶段用时一般占循环周期的40%。目的是制取水煤气，稳定气化层，并减少热损失。

⑤ 二次上吹制气阶段。在下吹制气一段时间后，炉温已降到低限，为使炉温恢复，需再次转入吹风阶段，但此时炉底是残余的下行煤气，故要用水蒸气进行置换，从炉底送入水蒸气，经燃料层后，从炉上引出，回收至气柜。此阶段用时一般为循环周期的7%～10%。目的是置换炉底水煤气，避免空气与煤气在炉内相遇而发生爆炸，为吹风做准备，同时生产一定的水煤气。

⑥ 空气吹净阶段。从炉底吹入空气，气体自下而上流动，将炉顶残余的水煤气和这部分吹风气一并回收至气柜。此阶段用时一般为循环周期的1%～2%。目的是回收炉顶残余的水煤气，并提高炉温。

4. 吹空气和吹水蒸气过程的操作条件

① 吹空气过程。此过程的作用是使料层温度提高，以蓄积尽可能多的热量。由于生成二氧化碳的反应能释放出最多的热量，因此，为了在吹空气过程中能得到更多的热量，希望尽可能按完全燃烧反应生成二氧化碳的过程进行。

但料层温度的升高与二氧化碳生成量之间有矛盾，随着料层温度升高，生成一氧化碳的量增加，二氧化碳的生成量则减少。

吹空气过程的效率 η_1 为料层蓄积的热量与在该过程中所消耗的热量之比，即

$$\eta_1=\frac{Q_A}{H_C G_A}\times 100\% \tag{2-18}$$

式中　Q_A——料层蓄积的热量，kJ；

H_C——原料的热值，kJ/kg；

G_A——吹空气过程中的原料消耗量，kg。

η_1 随生成气中二氧化碳的浓度和气体出口温度而变化。随着料层温度的升高，吹出气的温度升高，二氧化碳的含量减少，一氧化碳含量增加，也就是说，料层温度越高，吹风气带走的化学热（潜热）和显热越多。当料层温度达到1600℃时，吹风气的温度也几乎达到此值。此时，吹风气中二氧化碳的浓度几乎为零。当料层温度为1700℃时，吹空气过程所放出的热量几乎全部用于吹风气的加热，没有热量用于料层加热。这时吹空气过程的效率为零。由此可看出，料层温度越低，吹空气过程的效率越高，当料层温度在700～750℃时，吹空气过程的效率在62%～72%之间。然而，料层温度越高，水蒸气的分解率越高。因此，只有综合考虑了吹空气过程和吹水蒸气过程的效率之后，才能确定料层最适宜的温度。

② 吹水蒸气过程。此过程的作用是制造水煤气。它是利用吹空气过程蓄积在料层中的热量维持水蒸气与碳的吸热反应的。

吹水蒸气过程的效率 η_2 为生成水煤气的总化学热与消耗于生成水煤气的原料热量和料层释放出的热量总和之比。亦可用单位体积的热量关系来表示。

$$\eta_2=\frac{Q}{H_C\times G_C+Q_a}=\frac{H_g^h\times V_g}{G_c\times H_C+Q_A} \tag{2-19}$$

式中 Q——水煤气总化学热，kJ；

H_g^h——水煤气高热值，kJ/m³；

V_g——水煤气产率，m³；

G_c——吹水蒸气过程所耗煤量，kg；

Q_a——生产水煤气时，料层释出的热量，kJ，设过程稳定时，$Q_a=Q_A$。

两个过程的总效率为所得水煤气热量与两个过程中原料提供的全部热量之比。

$$\eta=\frac{Q}{H_CG_C+H_CG_A}=\frac{Q}{H_CG_C+\frac{Q_A}{\eta_1}} \tag{2-20}$$

生产水煤气过程的效率取决于料层温度，当料层温度很低时，总效率为零，因为料层温度太低不能生产水煤气。而当料层温度高达 1700℃时，空气吹风阶段的效率为零，过程总效率也将为零。当吹空气过程结束时，料层温度在 850℃左右时，过程的总效率最高。

③ 气流速度。吹空气过程在水煤气制造过程中是非生产过程。因此，希望在尽可能短的时间内蓄积更多的热量。为此目的，需要提高鼓风速度。当发生炉的气化强度小于 500～600kg/(m²·h)，氧化反应在 1000℃左右时，基本上达到了扩散区，提高气流速度可以强化氧化反应。通常采用的空气速度为 0.5～1.0m/s，吹风气中一氧化碳含量为 6%～10%，二氧化碳含量大于 14%。气化强度超过 1500m³/(m²·h) 时，煤气质量将变坏。吹水蒸气过程的速度减慢时，不仅对水煤气生成有利，而且使过程的总效率有所提高。但过低的速度会降低设备的生产能力，水蒸气流速一般保持在 0.05～0.15m/s 之间。

为了提高水煤气制造过程的生产能力，缩短非生产时间，常采用高吹空气速度 1.5～1.6m/s。因此，选用的鼓风机应具有较高的鼓风量，同时选用焦炭或热稳定性高的无烟煤为原料，粒度控制在 25～75mm。在这种情况下，燃烧层温度迅速升高，而二氧化碳来不及充分还原，吹风气中的一氧化碳含量仅为 3%～6%，与此相应可采用高水蒸气速度（如 0.25m/s 左右）。

当吹入水蒸气的速度一定时，随着料层温度的升高，水煤气中二氧化碳的含量降低，水蒸气的分解率增加。而当料层温度一定时，随着水蒸气速度的增加，煤气中未分解的水蒸气和二氧化碳的含量也增加。在水蒸气速度相同时，水蒸气的分解率还与原料的反应能力有关。因此，对不同的原料都有其各自最适宜的水蒸气流速。

④ 气化原料的选择。间歇法生产水煤气时，气化原料必须具有低的挥发分产率。为了避免在吹风煤气中造成大量的热量损失，以及由于焦油等在阀座上的沉积，引起阀门关闭不严，给水煤气生产可能造成危险，所以，最早使用焦炭为原料，后来为降低生产成本和扩大资源的利用，扩大使用无烟煤或将煤粉成型为煤球作为原料。

当使用无烟煤时，由于它的性质和焦炭不同，主要是无烟煤的反应性差，往往要求适当提高操作温度；其次，无烟煤的机械强度比焦炭差，含有水分和吸附性，容易夹带碎煤或煤沫，故入炉前应注意筛尽煤屑。尤其需要注意的是，无烟煤的热稳定性比焦炭差，入炉后，受热易爆裂，造成带出物多、吹风阻力大和气流分布不均等问题。因此，必须选用热稳定性好的无烟煤为原料，而不是任何无烟煤都适用。

用无烟煤粉制成工业用煤球，制造工艺可分为无黏结剂成型、黏结剂成型和热压成型三种，目前中国普遍采用黏结剂成型的方法。尤其用得较多的是石灰碳化煤球，即将生石灰加水消化，再按一定比例与粉煤混合，在压球机上压制成生球。将生球用二氧化碳气体处理，使氢氧化钙转化成碳酸钙，在煤球中形成坚固的网络骨架。

由于石灰碳化煤球的机械强度高、粒度均匀及反应性较好，即使这种煤球的固定碳含量较低和灰分含量较高，只要在操作上采取相应措施，足以弥补上述两个缺点，达到良好的稳产节能效果。

5. 工艺流程

(1) 吹风和制气流程（分阶段叙述）

① 吹风阶段。同时开启吹风阀、上行阀A、放空阀（或吹风气回收阀），（其他阀门均关闭）由鼓风机从煤气炉底部送入空气，自下而上经过燃料层，发生气化反应，提高燃料层温度，蓄积热量，为下一步制气做准备。炉上产生的吹风气先经上行阀，后经放空阀（或回收阀）后，放空（或送吹风气回收工段回收潜热和显热）。吹风完毕，关闭相关阀门。

② 蒸汽吹净阶段。同时开启总蒸汽阀、上吹蒸汽阀、上行阀A、放空阀（或吹风气回收阀），自下而上吹入水蒸气，发生一定的气化反应，生成水煤气置换前面吹风结束时残余的吹风气，气体经上行阀A和放空阀（或吹风气回收阀）后放空（或回收）。吹净完毕，关闭相关阀门。

③ 一次上吹阶段。同时开启总蒸汽阀、上吹蒸汽阀、上行阀B、煤气总阀，自下而上吹入水蒸气，在气化层与灼热的碳发生充分的化学反应，制出高质量的水煤气，经上行阀B、煤气总阀、检修水封，后进入联合废热锅炉副产水蒸气，降温，再进入洗气塔降温和除尘后，送入气柜。上吹完毕，关闭相关阀门。

④ 下吹阶段。同时开启总蒸汽阀、下吹蒸汽阀、下行阀、煤气总阀，自上而下送入水蒸气，通过气化层与灼热的碳进一步发生气化反应，制取水煤气，经过下行阀、煤气总阀、检修水封，进入联合废热锅炉副产水蒸气并降温，再进入洗气塔降温和除尘后，送入气柜。下吹完毕，关闭相关阀门。

⑤ 二次上吹阶段。下吹结束后，炉温降到最低，需要再次吹风来提高炉温，但此时炉底是水煤气，为避免空气和煤气相遇混合而发生爆炸事故，必须将炉底煤气用蒸汽置换。故从下而上送入水蒸气，做二次上吹。阀门开关与上吹完全相同。

⑥ 空气吹净阶段。同时开启吹风阀、上行阀B、煤气总阀，由鼓风机从煤气炉底部送入空气，自下而上经过燃料层，炉出口气体经上行阀B、煤气总阀、检修水封后，进入废热锅炉、洗气塔降温和除尘后，回收至气柜。吹净完毕，关闭相关阀门，转入下一个工作循环，依次程序重复进行制气。

(2) 水汽系统流程　造气过程中所用的水蒸气要求是，压力要低，温度要高，用量要足。为此，许多厂家已改用过热蒸汽代替饱和蒸汽，既减少了蒸汽入炉后升温吸收的热量，又有效的防止了入炉前的蒸汽带水问题，炉温波动小，提高了蒸汽分解率，提高了发气量，对生产非常有利。目前，生产较好的企业，在吹风气回收投运后，甲醇生产基本达到蒸汽自给的目的，只需设一台小的开工锅炉，以备开停车用，生产正常时，不需另开锅炉，将“两煤一电”消耗变为“一煤一电”消耗，大大降低生产成本。所以水蒸气流程不尽相同，一般厂家是：外来软化水（或更好的脱盐水、反渗透水）加入煤气炉夹套锅炉的汽包或联合废热锅炉饱和段的汽包，分别产生饱和蒸汽，汇合后一并进入联合废热锅炉的过热段进行加热提温，形成过热蒸汽，再进入蒸汽缓冲罐，与外来的蒸汽混合，以供煤气炉使用。

（3）高压油流程　造气油压系统工作原理及工作概况如下。

动力泵站是油压系统的动力源。泵站的液压油经过齿轮泵加压，通过主管道送至换向阀站的各电磁换向阀。当电磁换向阀在控制机的操纵下，通过通电和断电，以一定的程序及规定的时间进行换向（左右运动）时，便将高压油输送到各工艺阀门的油缸有杆腔或无杆腔，各工艺阀门在油缸活塞杆的带动下，改变启闭动作。

系统高压油的压力，由泵站的溢流阀调节，其大小一般控制在4.5MPa左右，在泵站上的压力表上可直接读出压力大小。

系统流量由泵站的节流阀来实现调节，（一般调整为全开），这个变化是整个系统的流量变化，而不是指每个油缸的流量变化。当要调节每个油缸的运行速度时，可在油缸管路上加装节流阀门。

油缸是系统中的执行机构。油缸回路在系统中有两种接法。

第一种为普通接法，它的特点如下。

① 油缸上、下进油口的油压为高、低压互逆，无杆腔活塞上的推力大于有杆腔的拉力。

② 空载无杆腔进油时，活塞运动速度小于有杆腔进油时活塞的速度。

第二种为差动接法，这种接法的特点是：油缸有杆腔为常高压，利用无杆腔高、低压油的变化来使油缸起落动作，其速度比为1∶2，油缸上、下两腔活塞上的推力与拉力基本相等。

③ 差动常开：没电信号时，工艺阀门处于开启状态，烟囱阀采用这种接法，能保证突然停电时阀门打开。

④ 差动常闭：没电信号时，工艺阀门处于关闭状态，只有在有电信号的情况下，工艺阀门才打开。

（4）造气循环水流程　造气循环水流程简述：冷水池的冷水约25℃，经冷水泵加压到0.5MPa，送到造气各洗气塔，与水煤气直接接触，逆流换热后温度升高至约40℃，热水经地沟流入热水池，停留足够长的时间进行重力沉淀。然后通过热水泵加压到0.4MPa，送入澄清池底部，进行两次折流而再次沉淀，清水从塔的上部流到低1m的冷却塔上部，在冷却塔均匀分布，自上而下流动，与冷却塔顶部引风机吸入的冷空气逆流接触，水经冷却后进入冷水池，循环使用。操作中要定期向热水池投加药品，如混凝剂和絮凝剂，以加快沉淀速度；同时要定期从热水池中挖走池底污泥，或用压滤机压制干燥后送锅炉使用。

澄清池设备简图见图2-5；造气循环水流程见图2-6。

（5）固定床间歇法制水煤气工艺流程图（见图2-7）

6. 正常操作要点

（1）任务　采用间歇式固定床气化法，即无烟煤或焦炭为原料，在高温条件下，交替与空气和蒸汽进行气化反应，制得合格的水煤气。

（2）正常操作要点

① 提高产气能力，保证有效气体含量。

a. 根据原料煤的灰熔点，尽可能提高气化层温度，以降低水煤气中二氧化碳含量，提高有效气体含量。

b. 根据原料煤质量、吹风强度等变化情况，及时调整循环时间及其百分数。

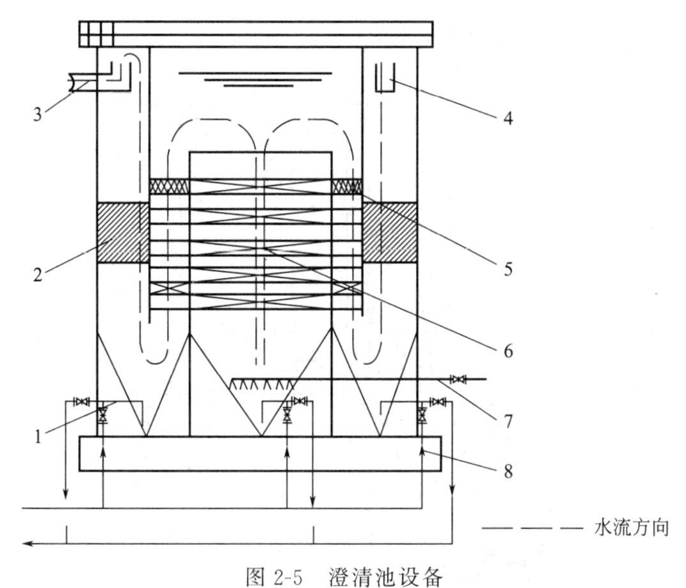

图 2-5　澄清池设备

1—污泥管；2—填料；3—出水口；4—集水槽；5，6—填料；7—进水口；8—清洗水管

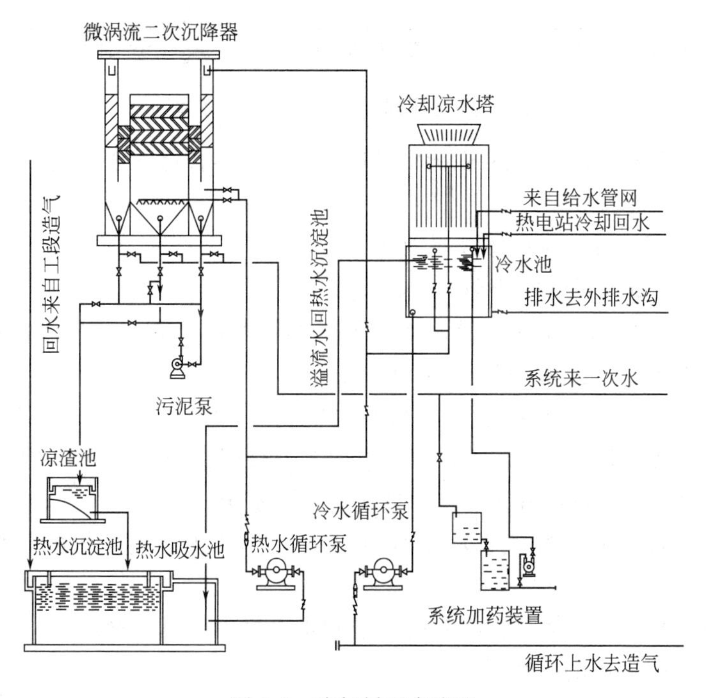

图 2-6　造气循环水流程

c. 按时加炭、出灰、探火，根据煤气发生炉内炭层分布情况及灰渣含碳量，调节排灰装置转速，使气化层厚度及所处位置相对稳定，保持煤气发生炉始终处于良好的运行状态，控制炉顶、炉底的出口气体温度，使其符合工艺指标。

d. 根据蒸汽压力和蒸汽分解率情况，调节上吹和下吹的蒸汽用量，并及时排放。

e. 经常检查入炉原料煤质量，要求做到“煤干、粉净、粒度均匀”，发现问题及时与有关岗位联系。

② 氢碳比的调节。

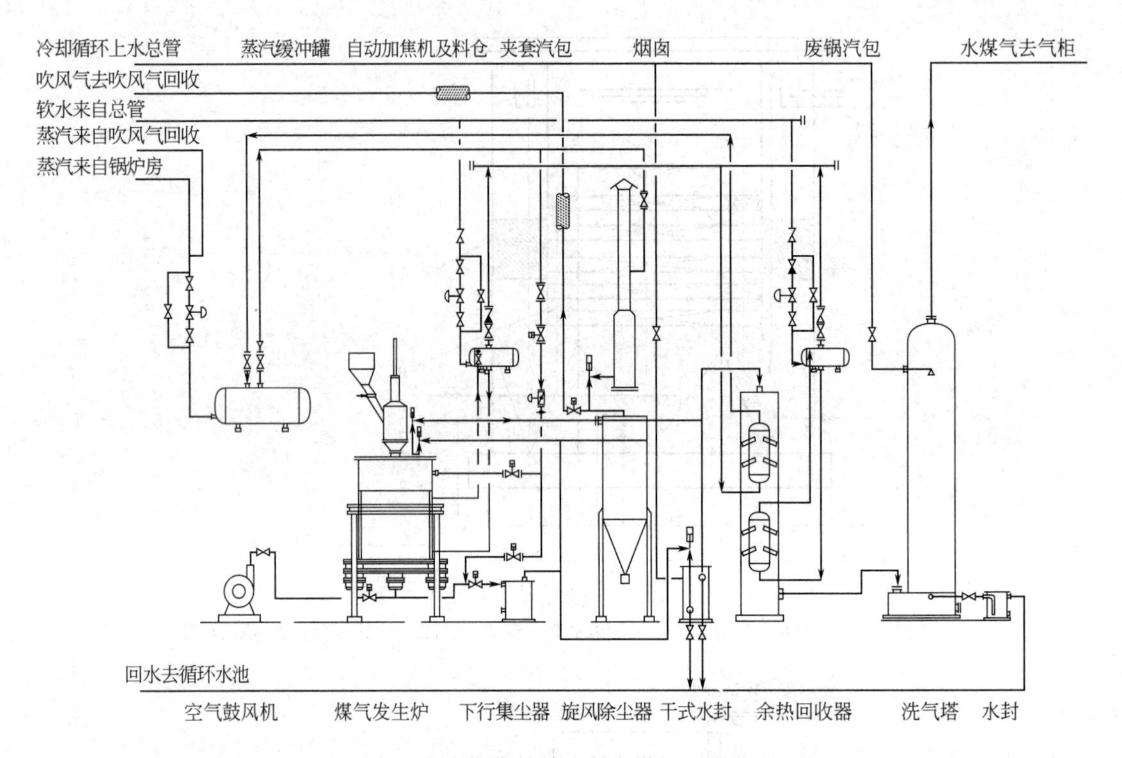

图 2-7 固定床间歇法制水煤气工艺流程

a. 根据水煤气和合成循环气的成分及其变化趋势，结合煤气发生炉的负荷及运行情况，及时调节，使其符合工艺指标。

b. 倒换空气鼓风机时，应注意鼓风机出口空气压力的变化。防止由于空气压力的变化而引起炉况和气体质量大幅度的波动。

③ 氮气的控制。氮气含量在单醇生产中要求非常严格，关系到甲醇生产的整体效益和能耗。根据生产情况，通过以下措施降低氮气含量。

a. 工艺流程在设计时，减少吹风气（即空气煤气）和水煤气共用的空间，如缩短煤气炉与吹风阀、下行阀、上行阀安装的距离；设两个上行阀在炉顶一出口便将吹风气和水煤气分开，避免氮气含量极高的吹风气过多的进入水煤气系统。

b. 稳定工艺，提高单炉发气量和水煤气有效气体体积含量，相应降低固有氮气体积含量。

c. 适当调整空气吹净和蒸汽吹净时间来控制水煤气中氮气含量。

④ 严格控制水煤气中的氧含量。

a. 经常检查吹风空气阀和下行煤气阀关闭是否严密，并定期检修更换，严防系统漏入空气。

b. 煤气发生炉下灰时，疤块要除尽，炉面要拔平，以防止炭层阻力不均匀形成风洞，空气偏流。

c. 开车时，煤气炉应缓慢升温，使气化层逐步趋于稳定。

d. 开停车过程中，水封排水，防止煤气系统形成负压。

⑤ 防止跑气和漏气。

a. 经常检查洗气塔溢流水封的溢流情况，防止跑气。

b. 经常检查煤气炉炉盖及灰门，各油压阀门填料函及压盖等处的密封情况，防止漏气。

⑥ 保证良好润滑。

经常检查煤气炉炉条机，炉底各润滑点及阀杆的润滑情况，应定期向各润滑点，阀杆加油，保证良好的润滑。

⑦ 巡回检查

a. 根据操作记录表，按时检查并记录。

b. 经常检查夹套锅炉及汽包的蒸汽压力和液位高度。

c. 每 1h 检查一次系统各点压力和温度。

d. 每 1h 检查一次空气鼓风机、煤气炉炉条机的齿轮箱及齿轮、各油压阀、油泵运转情况。

e. 每 1h 检查一次洗气塔水封的溢流情况。

f. 每 4h 气柜进口水封排水一次，排水时需二人，并位于上风向操作，同时检查气柜水槽溢流情况和环形水封的密封情况。

g. 每 4h 炉条机注油一次。

h. 每 4h 夹套锅炉、废热锅炉排污一次。

i. 每 4h 洗气塔排污一次（吹风、停炉时不宜排放）。

j. 每 4h 煤气炉卸灰一次，集尘器清灰一次。

k. 每 8h 各油压阀阀杆涂油一次。

l. 每 8h 检查一次系统设备、管道等泄漏情况。

m. 每周（白班）检查一次气柜导轮、导轨吻合情况，并对导轮、导轨加油。

7. 常见事故及处理

(1) 水煤气中氧含量高的原因　造成水煤气中氧含量高的原因如下。

① 吹风阀和下行阀关闭不到位，使空气漏入系统内；

② 炉内温度低，氧在燃料层内燃烧不完全；

③ 燃料层太薄或吹风强度大，造成燃料层吹翻或形成风洞，入炉空气残余氧高，当回收吹风气时，进入系统；

④ 开停车过程中，因煤气系统管道、设备庞大，密封后易形成负压，使空气漏入系统。

处理方法如下。

检查吹风阀、下行煤气阀，动作是否到位，分别取样分析下吹、上吹制气时的煤气成分，提高燃料层厚度，减慢下灰速度，逐渐提高燃料层温度，如炉内结疤或形成风洞，要降低负荷使其恢复正常，如阀门动作不到位，停炉检修阀门，另外在开停车过程中要按规程进行系统置换。

(2) 判断煤气发生炉内结疤、原因及处理　判断煤气发生炉内结疤的方法是：在停炉加煤时，用探火棒插炭层时比较难插，炭层软化，有时黏结产生挂壁，炉上温度偏高，有时炉下温度也偏高，下灰难度较大，炉顶炉底压差大，发气量降低，供气不足，气体质量差。

造成的原因：当原料质量发生变化时，如粒度细小、杂质多、机械强度和热稳定性差，工艺操作条件未能及时调节，吹风强度大，蒸汽用量少，都易造成炉内温度超过燃料的灰熔点温度而结疤。

处理方法：首先分析引起炉内结疤的原因，针对原因，适当加大蒸汽用量，减少吹风气量和吹风时间，加快炉条机转速排渣，如结疤严重难以处理时，停炉组织人工打疤。

(3) 判断煤气发生炉内出现空洞、原因及处理　当出现水煤气成分中氧含量高，严重时会影响安全生产，被迫减量或停车；水煤气中有效气体成分降低，二氧化碳含量升高；产气量降低，供气不足，燃料消耗增加时，则可判断煤气发生炉内出现空洞。

原因：主要是由于燃料层太薄；燃料粒度不均匀，在炉内分布不均；吹风压力大，空间速度大；炉内温度过高形成结块或结疤，都造成煤气发生炉内出现空洞。

当发现煤气发生炉内出现空洞时，找出原因，然后根据找出的原因，加以处理，如果是燃料层太薄，提高燃料层高度，适当降低吹风压力和空速，并清除炉内的结块或结疤，使炉况恢复正常。

(4) 炉口爆炸的原因、预防和处理　原因：燃料含水分过高，入炉后产生煤气；燃料的挥发分含量高，停炉时炉上温度偏低；停炉加炭时，蒸汽吸引阀内漏，打开炉盖吸入空气；炉内燃料层有结块现象，残余煤气未能吹净；加炭时，原来炉内火苗，使燃料中馏分和水煤气得不到燃烧；长时间停炉，炉内空气煤气得不到排除，也得不到燃烧而在炉内上部空间形成爆炸性气体，并达到爆炸范围。

预防的方法是：在停炉时尽可能将炉上温度控制的高一点，稳定炉况，经常检查蒸汽吸引阀是否内漏，停炉后，打开炉盖点火引燃炉口处的煤气，并打开蒸汽吸引阀。

(5) 炉底爆炸的原因　二次上吹时间短或蒸汽量少；二次上吹开始时，上吹蒸汽阀未开或阀门动作慢，造成炉底煤气未吹净；吹风阀漏气，下吹时煤气与空气混合发生爆炸。

预防和处理的办法：合理的控制二次上吹时间，保持蒸汽压力，注意二次上吹蒸汽阀动作是否到位，如不到位，应及时检修阀门；检查吹风阀是否漏气，如漏气检修调整阀门。

(6) 煤气发生炉炉箅烧坏的原因及预防　造成炉箅烧坏的原因是：炉箅结构不合理，风量分布不均匀，局部通风量过大；炉箅存在质量问题，制作质量不合格或安装不符合要求；操作不当，下吹时间过长或蒸汽量过大，造成燃料气化层下移，炉下温度过高；炉内燃料层内有结块，炉箅四周局部漏炭。

预防措施：选用合理的炉箅，按规范安装，严格控制气化层的温度和位置，防止结疤，并保持一定的灰渣层厚度。

(7) 停炉时炉口大量喷火的原因及处理　停炉时炉口大量喷火的主要原因是：在停炉点火后未开蒸汽吸气阀；吹风阀内漏或上吹蒸汽阀内漏；洗气塔缺水，单炉煤气总阀内漏，煤气倒回炉内。

处理的办法是：首先分析原因，开启蒸汽吸引阀；检查吹风阀或上吹蒸汽阀，如漏气，停车检修阀门；加大洗气塔的水量避免倒回水煤气。

(8) 炉条机打滑的原因及处理　炉条机打滑的主要原因如下。

① 炉气发生炉下部有大块炉渣，将炉条机卡住，灰盘停止转动，排灰无法正常进行；

② 炉条机的小齿轮箱内积满灰尘，使齿轮无法进行运转；

③ 炉条机的棘轮沾上油污或淋洒上水而造成打滑；

④ 炉条机带动拉盘的三角铁经长期滑动被棘轮齿磨损；

⑤ 炉条机的宝塔弹簧松动。

处理方法如下：当发现炉条机停止转动或打滑时，应及时分析造成的原因进行处理。

① 清除炉内大块炉渣；

② 清理小齿轮箱内的灰尘；

③ 将棘轮上的油污或水擦干，撒些石棉灰增加摩擦；

④ 更换或焊补拉盘的三角铁；

⑤ 压紧宝塔弹簧；

⑥ 定时冲洗炉条机的小齿轮或大齿轮。

在实际生产中，炉条机长时间打滑造成排灰不正常，炉内灰层增高，使炉况逐渐恶化。因此，当发现炉条机打滑，除采取以上处理措施外，还应加大炉条机转速，待炉内灰层的厚度恢复正常后，将炉条机控制在正常转速运行。

（9）气柜猛升猛降的原因及处理　造成气柜猛升的原因如下。

① 罗茨鼓风机跳闸，脱硫岗位大减量或因突发事故紧急停车；

② 吹风时阀门动作失误，吹风气进入气柜；

③ 气柜出口水封槽积水过多，产生液封，气体送不出去；

④ 洗气塔冷却水中断，高温气体送入气柜。

气柜猛升的处理办法如下。

① 与有关岗位联系，注意气柜高度，以放空控制气柜高度在安全标志之内；

② 检查吹风阀，放空阀，如阀门故障，停炉检修阀门，如电磁阀故障，检修电磁阀；

③ 及时排放气柜出口水封的积水；

④ 当洗气塔断水时，首先采取停炉，查清断水的原因，排除故障，待供水正常后，再开车。

气柜猛降的原因如下。

① 后岗位用气量加大，未及时联系；

② 洗气塔下部水封液位过低，气体从溢流管排出；

③ 洗气塔断水，煤气倒流；

④ 气柜入口水封槽积水过多，产生液封，使气体封住而不能进入气柜；

⑤ 煤气发生炉出现结块和结疤现象，影响产气量；

⑥ 吹风气回收阀关闭不严，煤气泄漏入吹风气回收系统。

气柜猛降的处理办法如下。

① 加强与后岗位的联系，及时调节气量；

② 提高洗气塔下部水封的液位，防止跑气；

③ 查出洗气塔断水的原因，及时处理，保证供水正常；

④ 排气柜入口水封积水；

⑤ 及时处理煤气发生炉内的结块或结疤，尽快恢复正常制气，提高气量；

⑥ 检查吹风回收阀到位情况，必要时停炉检修阀门。

8. 节能降耗的具体措施

（1）提高吹风强度　提高吹风强度不仅可以提高反应速率，缩短吹风时间，增加有效制气时间，而且还能抑制副反应生成 CO 的发生，减少热损失，降低消耗。提高吹风强度的具体措施如下。

① 选用风压较高、风量较大的风机，如 DN400 风机或串联加压风机，使吹风总管风压提到 26.7～28kPa（200～210mmHg）。

② 将入炉风管及阀门加大，使吹风阻力下降。

③ 选用布风均匀，通风面积大，气体阻力小，破渣能力强的炉箅。

④ 根据气温及相对湿度的变化，及时调整吹风时间，保证吹风强度。

⑤ 控制合理的燃料层高度，选用机械强度和热稳定性好的均匀燃料。

(2) 合理控制炉上、炉下温度，提高气化质量　炉上、炉下温度的高低，能间接反映炉内气化层状况，如果温度过高，则热损失较大，且易结疤；控制太低，则气化层温度低，气化质量差。只有炉上、炉下温度控制合理，才能获得较厚、较稳定的气化层，使气化质量提高。根据有关单位的经验，以白煤为原料，中块炭一般控制炉上温度 300～350℃，炉下温度 200～250℃；小块炭一般控制炉上温度 250～300℃，炉下温度 220～250℃。

(3) 降低系统阻力，合理控制入炉蒸汽压力　在制气过程中，降低压力，则有利于反应向生成一氧化碳和氢气的方向进行，可制得质量较高的半水煤气。降低压力，必须从降低系统阻力入手，进而适当控制入炉蒸汽压力。具体应采取下列措施。

① 将上下行煤气管道及阀门加大。

② 加大废热锅炉的通气量和换热面积，使其在提高热回收效率的同时，加大气体通道面积。

③ 适当降低洗气塔入口管插入水封深度，根据有关单位经验，当气柜压力在 2.5～4.5kPa（250～450mmH_2O）时，洗气塔入口管插入水封深度 100mm 即可。

④ 将洗气塔由填料塔改为空塔喷淋。

⑤ 在系统阻力降低的基础上，应适当降低入炉蒸汽压力，根据有关单位经验，入炉蒸汽压力可控制 0.07～0.1MPa。

(4) 适当提高炭层高度　炭层高度主要是根据吹风强度确定的，适当提高炭层，可以增加蒸汽分解率和提高气体质量，但应根据吹风强度的变化及时调整。根据有关单位经验，在吹风强度较大的情况下，一般空程高度控制在 1.7～2.0mm 为宜。

(5) 采用行之有效的新技术、新设备　目前已成功使用的新技术、新设备如下。

① 吹风气回收系统；

② 微机油压自动控制系统；

③ 入炉蒸汽自调系统；

④ 温度、流量、气体成分检测系统；

⑤ 油压阀位检测系统；

⑥ 炭层自动检测；

⑦ 设置先进的合理的吹风气回收工艺，既不影响炉况，又副产水蒸气，实现生产蒸汽自给。

(6) 严把入炉煤质量关，加强煤场管理　稳定煤质，分类储存，严格筛选，使入炉煤干燥、粉净、矸石少、粒度均匀。

(7) 严格控制半水煤气中的氧含量　既减少变换系统的蒸汽消耗和温度骤升，保护催化剂，又使生产安全。

(8) 制定严格的管理、考核办法，并坚决实施

① 制定完善各项管理制度，如设备管理、工艺管理、安全管理、交接班、奖惩制度等，使操作人员有节可循，精心操作。做到炉上、炉下温度起点、终点一条线，灰仓温度一条线，两侧灰仓温度差小于 50℃，炉条机转速 1r/h，制气循环时间炉温波动小，以稳定炉况。

② 严格执行考核奖惩制度。根据炉温的波动、发气量、半水煤气质量、原料煤消耗、蒸汽消耗、造气炉运行状况以及是否发生事故，定期总结评比，奖优罚劣。同时运行班之间

多开技术交流会，协调平衡，提高造气管理人员、操作人员的积极性和责任心，杜绝各类事故的发生，实现高产、稳产、低耗、安全、长周期稳定运行。

四、环保节能设施——吹风气余热回收装置

1. 任务

利用燃烧炉内高温格子砖，使造气工段的吹风气进行二次燃烧，热量不足时，补充后工段送来的废气来保持热量平衡，维持炉温稳定，既回收热能，副产过热蒸汽送造气或其他工段使用，又达到处理废气环保的目的。

2. 工艺原理

吹风气回收主要是利用合成闪蒸气、驰放气及精馏不凝气中的可燃成分，与空气反应放出热量，加热燃炉的格子砖，使其温度在750℃以上，再用炽热的格子砖点燃吹气中的可燃成分，放出热量，加热水产生蒸汽，其主要反应如下。

$$2H_2+O_2 \longrightarrow 2H_2O \qquad \Delta H_{298}^0=-12684kJ/mol$$

$$2CO+O_2 \longrightarrow 2CO \qquad \Delta H_{298}^0=-10710kJ/mol$$

$$CH_4+2O_2 \longrightarrow 2H_2O+CO_2 \qquad \Delta H_{298}^0=-35910kcal$$

注：以上反应式燃烧温度均在640～650℃，因此，装置在运行过程中低于此温度易发生爆炸。

由于吹风气温度一般都在250℃以上，所以吹风气回收装置即可回收吹风潜热，同时还可以回收其显热，效果比较明显。

3. 流程简述

吹风气回收工艺流程见图2-8。

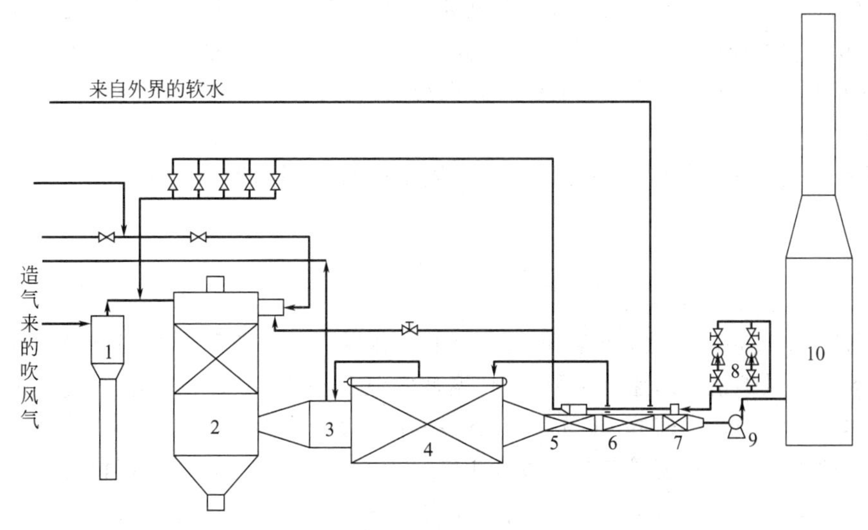

图2-8 吹风气回收工艺流程

1—旋风分离器；2—燃烧炉；3—蒸汽过热器；4—余热锅炉；5—第二空气预热器；6—水加热器；7—第一空气预热器；8—鼓风机；9—引风机；10—烟囱

(1) 吹风气流程 吹风气由吹风气总管进入吹风气回收岗位的旋风除尘器进行除尘，然后进入燃烧炉喷燃器和来自高空预热器的助燃空气混合沿径向进入燃烧炉上部。

(2) 驰放气流程 自提氢工段来的合成驰放空气经缓冲罐进入组合水封，进入燃烧炉喷燃器与来自低空气预热器的助燃空气混合后，沿切线方向进入燃烧炉上部。

(3) 合成闪蒸气 自合成闪蒸槽来闪蒸气经过组合水封，进入燃烧炉喷燃器与来自低温

空气预热器的助燃空气混合后沿径向进入燃烧炉上部。

（4）不凝气流程　自精馏工段来的不凝气与水封出口气汇合，经过燃烧炉喷燃器与来自低温空气预热器的助燃空气混合后沿径向进入燃烧炉上部。

（5）助燃空气流程　助燃空气自鼓风机来，在低温、高温空气预热器中分别被高温烟气加热后，与合成驰放气、闪蒸气、不凝气及吹风气混合后进入燃烧炉。

（6）高温烟气流程　吹风气与闪蒸气、合成驰放气、不凝气同时在燃烧炉上部燃烧，生成高温烟气在炉内下行穿过蓄热层格子砖及其托拱，并在拱下空间沉淀分离出部分粉末后，由燃烧炉出口依次经过热器、水管锅炉、第二空气预热器、软水加热器、第一空气预热热器，最后由引风机引出经烟囱排入大气。

（7）蒸汽流程　水管锅炉产生的蒸汽进过热器产生的蒸汽供造气或其他工段使用。

（8）软水流程　各厂水系统流程不尽相同，来源不同，但外来水均经水加热器加热。

4. 原始开车

（1）开车前准备工作

① 对照安装及工艺施工图，检查各阀门、盲板、人孔、分析取样点、仪表及电器等是否正确好用。

② 通知送脱盐水或除氧水，对锅炉进行试漏、试压、打开给水阀，水封加到规定水位，燃烧炉下淹住炉下口。

③ 对鼓风机、引风机进行盘车。

④ 与供电联系，准备启动风机。来电后，启动鼓风机，开鼓风机出口，开配风调节阀，对系统进行吹净 10～15min，然后再开引风机，30min 吹净结束后，停鼓风机、引风机。

⑤ 打开驰放气或吹风气总阀，关入炉阀，打开放空阀，对驰放气或吹风气管线分离设备进行置换 10～20min，由放空处取样，分析 O_2 含量≤0.5%（体积分数）为合格。然后关掉放空阀。

⑥ 安装点火枪用的软管，并把点火枪垂到地面打开阀门置换 2～3min，关闭阀门，准备烘炉用。

（2）烘炉

① 打开燃烧炉的上下人孔。

② 开启驰入气阀，点燃火枪，从燃烧炉下人孔插入，调节手轮控制火枪的大小，以保证燃烧炉温度按烘炉指标的速度烘炉。（炉温从常温升至 350℃）在炉温升至 150℃左右时，向汽包上水至低液位，加药 Na_2CO_3 150kg（稀释后从上锅炉处加）。

③ 当炉温在 350℃恒温结束后，关闭上、下人孔，启动鼓风机、引风机。调至最小量，开驰放气配风阀，从点火孔点燃驰放气，按烘炉各阶段的工艺要求调节配风量和引风量。（同时进行煮炉）

④ 当炉温（蓄热层温度）到 800℃时，与造气联系，先送一台吹风气，调节鼓风出口阀，观察炉温变化，分析烟气成分，保证燃烧充分，正常后陆续送第二台、第三台直至全送。

烘炉操作按表 2-6 进行。燃烧炉烘炉曲线见图 2-9。

5. 正常操作

① 炉内温度（3、4 点）在 900～1050℃，当低于 750℃时停送吹风气，低于 650℃重新点火升温。

表 2-6　烘炉操作升温计划

序号	阶段	温度/℃	速率/(℃/h)	时间/h	介质	备注
1	升温	常温-150	5～6	24	驰放气	
2	恒温	150	0	48	驰放气	
3	升温	150～350	8～10	20	驰放气	
4	恒温	350	0	24	驰放气	开始煮炉
5	升温	350～600	15～16	17	驰放气	
6	恒温	600	0	12	驰放气	
7	升温	600～800	20	11	驰放气	800℃送吹风气

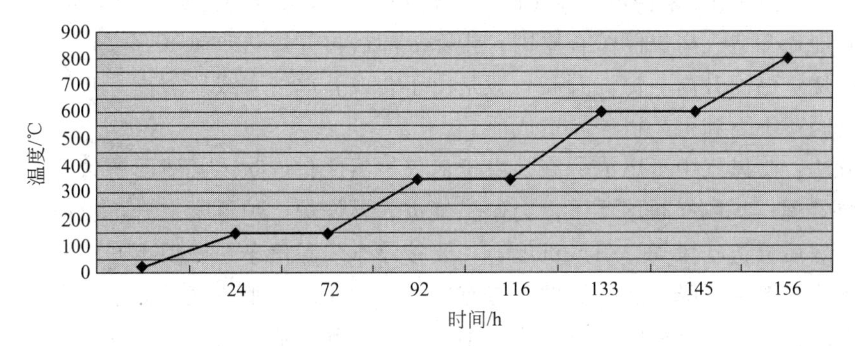

图 2-9　烘炉曲线图

② 用引风机入口阀调节炉内在微负压（－0.5～－0.6kPa）状态下运行。

③ 正常清灰和利用大修清灰，降低系统阻力小于 3kPa。

④ 调节配风量来控制烟气成分在指标范围内。

6. 不正常情况及其处理方法

(1) 突然停电　分为全厂停电和本岗位停电两种情况。

① 全厂停电。当全厂停电后，应立即关闭合成驰放气入炉阀打开放空阀；关闭其他燃气阀打开放空阀，并关闭各自的配风阀，调整好液位，保持液位正常，让燃烧炉处于焖炉状态。

② 本岗位停电。通知三楼停送吹风气，与调度联系停送驰放气、闪蒸气及不凝气，并关闭其入炉阀，打开其相应的放空阀，关闭配风阀，调整液位正常。

③ 鼓风机、引风机停止运转。当鼓风机和引风机因停电及其他原因而停止运转时，应做意外停炉处理。处理方法同②相同（当引风机跳闸后，查明原因短期能开启的，可以不停炉）。

(2) 驰放气突然中断　在运行中如果发现驰放气突然中断，应尽量维持吹风气单独燃烧，这时应关闭驰放气入炉阀和配风阀，打开放空阀，密切注视炉内温降趋势，调节鼓风机出口阀，增加烟气分析次数，以调节空气量，防止炉温下降的过快，根据温度下降的速率，可酌情减少送吹风的台数，总之，一个目的要维持炉内温度不小于 750℃，否则停送吹风气。若要蓄热层温度，较低时就应提前停送吹风气、鼓风机、引风机，进入焖炉状态，关闭配风阀，汽包加水至正常水位，关上水阀和蒸汽出口，打开放空阀。

(3) 吹风气中断　当由于造气岗位停炉或吹风气阀坏而使吹风气中断时可适当减少驰放气量，加大配风量，维护炉温≤1100℃，待正常后，可直接送吹风气燃烧。

(4) 燃烧炉压力突然升高　燃烧炉压力升高的原因可有以下几种情况：吹风气重风，炉内格子砖倒塌、引风机停转、吹风气回收阀落不下，煤气进入燃烧炉，当出现某一种，会有不同的表现。

① 当多台吹风气重风时，燃烧炉压力会突然急剧高，除尘器、燃烧炉底部水会冲击，且燃烧炉温会有轻微下降，应通知操作人员，重新对造气炉进行吹风排队。

② 格子砖倒塌一般不会出现，由燃烧炉爆炸所致，表现为燃烧炉内压力升高，但后序压力下降，燃烧炉温度低。应停炉降温后重新摆放格子砖。

③ 引风机停转，表现炉温有上升，而后序温度下降，可通知电工查明原因，修好后再开车。

④ 当吹风气回收阀落不下，煤气进入燃烧炉，表现为压力急剧升高，炉内温度也急剧上升，应立即通知造气岗位停炉查原因，排除故障后再开炉送吹风气。

（5）燃烧炉温度升高　炉温升高一般是由于合成驰放气大或压力高，吹风气中可燃成分高，吹风气阀落不下和引风机停转造成的。

处理方法：吹风气中可燃成分高是由于造气炉温变化或吹风阀泄漏所致，要及时通知操作人员尽快处理。吹风气阀落不下，会使煤气进入燃烧炉，炉急剧上升，也应及时通知操作人员检查，好后再送吹风气。引风机停转，要按停车步骤停车，好后再开车。

（6）燃烧炉温度下降　造成温度下降有以下几种原因：驰放气压力小或全无，吹风气中可燃成分下降，吹风气配风阀落不下或提不超，空气预热器漏气。

处理方法：检查驰入气水封分离器是否满水，并与提氢工段联系；吹风气多台炉重风时，要通知操作人员，对造气炉重新排队，正常后再开车；对于空气阀提不起或落不下，以及空气预热器严重漏气，要查明原因修好后再开车。

（7）燃烧炉爆炸　发生爆炸是由于配风量不足，可燃气体不能充分燃烧，达到爆炸极限而爆炸；另外当吹风气阀泄漏严重或吹风气阀落不下，而配风量没有及时调节的话，很容易使可燃成分达到爆炸极限而爆炸。因此，要经常注意分析吹风气成分和烟气成分，调节风量，使其控制在工艺指标内。一旦发生爆炸要立即通知操作人员停送吹风气，并关闭合成驰放气入炉阀，打开放空阀，查明原因并处理好后再开。

（8）锅炉缺水　在运行中，若锅炉的水位低于最低允许水位时为缺水，它分严重缺水和不严重缺水，可通过叫水的方法判断。

具体叫水步骤如下。

先开启液位计下端的放水旋塞，使汽水管及玻璃管同时得到冲洗，再关闭汽旋塞，让水连管得到冲洗，然后再关闭放水旋塞，观察液位计，若能看见液位，为不严重缺水，可慢慢开上水阀，使锅炉液位正常为止；若看不见液位，为严重缺水，应紧急停车，严禁向锅内加水。

（9）因锅炉原因紧急停车　在生产运行中，当锅炉出现下列情况之一时，必须采取紧急停车措施。

① 锅炉汽压迅速上升，压力计已超过规定压力，虽然安全阀已放空，但压力计指针仍继续上升。

② 锅炉严重缺水，虽经叫水看不到液位。

③ 不断向锅炉加水及采取其他措施，但水位仍继续下降。

④ 给水设备损坏失效，不能给锅炉加水。

⑤ 水位计或安全放空阀全部失效，不能保证锅炉安全运行时。

⑥ 炉墙倒塌或锅炉构架被烧红，严重威胁人身或设备安全时。

⑦ 锅炉受压元件发生爆破泄漏时。

⑧ 锅炉满，经放水仍不能见水位。

a. 锅炉满水，经放水仍不能见到水位。锅炉满水就是锅内的水位超过最高允许水位，严重时蒸汽管道内发出水冲击声。此时应及时打开排污阀，放出锅炉内过量的水，使水位保持正常。

b. 汽水共腾。

其特点是：水位计水面发生剧烈上下波动，锅炉水起泡沫，蒸汽中大量带水，严重时管道内发生冲击。

原因及处理：发生汽水共腾的主要原因是锅炉水的含盐量过高。因此，防止其发生的主要措施是控制锅水含盐量在临界含盐量之内。另外，加大给水的排污量也是防止其发生的有效措施。

⑨ 炉管爆破。

现象：炉管爆破时有显著的爆破声，水位迅速下降，汽压明显降低，一般无法维持汽压、水位，必须紧急停炉。

原因及处理：主要是由水质而引起的结垢或腐蚀而造成的。

结垢是由于水硬度长期超标，在管内壁沉积成垢，甚至堵死炉管。

腐蚀是由于给水中氧含量或酸价超过允许值而造成的。

另外，有些炉管长期被飞灰磨损而减薄，不能承受原工作压力而爆破。因此要加强预防，杜绝炉管爆破的发生。

(10) 吹风气回收、副产水蒸气量减少的原因及处理　副产蒸汽量少的原因有以下几点。

① 驰放气、吹风气量小。

② 软水温度低。

③ 系统保温损坏，热损失增加。

④ 配风过大或系统密封不严，冷空气进入系统，造成热损失。

⑤ 配风过小，可燃气体燃烧不完全。

⑥ 系统积灰过多，影响系统的热效率。

⑦ 热锅中因爆管，使热锅的热效率下降。

应采取相应措施如下。

① 与有关岗位联系，查明气量减少的原因，并尽快恢复正常。

② 与供水岗位联系，查水温下降的原因，并提脱氧水温度。

③ 整修系统保温。

④ 加强烟气成分分析，及时调节风量。

⑤ 加强系统密封。

⑥ 加强系统清灰。

⑦ 停车更换损坏的热管，提高其热效率。

7. 设备维护保养制度

① 交班应检查、交接设备运转和备用情况，做到运转设备正常、备用完好。

② 每班对所属设备擦一次，保持文明、清洁、卫生。

③ 及时给运转设备加油，保持油位 1/2。

④ 发现设备有问题，及时叫维修人员处理，不得拖延时间。

⑤ 维修人员要加强巡回检查，发现问题及时处理，一时不能处理的，向分管主任讲清，等待机会，不能错过机会，拖延贻误。

五、氧气-水蒸气连续气化法

煤气化技术演进的历程是，以氧气（或富氧）气化代替空气气化，以粉煤代替块煤、碎煤，以气流床和流化床代替固定床，由常压气化进展到高压气化，并达到连续制气的目的，随着煤气化生产强度的提高，甲醇生产的规模也逐步扩大，而且可很有效的降低氮气含量，大大提高有效气体成分，从而提高经济效益。另外，若气化剂用氧气生产水煤气，则可减少吹风气放空造成的环境污染，符合环保的政策要求。但中国煤气化工艺的更新进展相当缓慢，真正工业化的不多，而且具有自主知识产权的煤气化技术还存在碳转化率低、操作压力低、空分装置投资过大等诸多问题，在短时间内要改变几千台固定床气化炉，恐怕有相当大的困难，因此，以固定床为主的格局短时不会有大的改变。

1. 固定床加压气化法（鲁奇加压煤气化）

煤炭气化是用于描述把煤炭转化成煤气的一个广义的术语，可定义为：煤炭在高温条件下与气化剂进行热化学反应制得煤气的过程。进行煤炭气化作业的设备叫气化炉（煤气发生炉）。

煤气化系统包括气化、变换、煤气冷却所组成的气化系统和由煤气水分离、脱酚氨回收、硫回收所组成的副产品回收系统以及用于废水处理的生化系统。

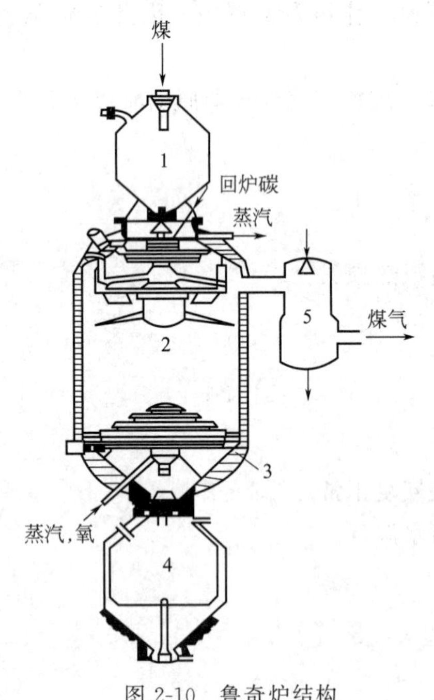

图 2-10 鲁奇炉结构

1—煤箱；2—分布器；3—水夹套；4—灰箱；5—洗涤器

(1) 鲁奇加压煤气化的原理及生产工艺　鲁奇加压煤气化工艺是采用德国鲁奇公司的 MARK-IV 型移动床加压气化炉。另有供开、停车用的公用的冷、热火炬系统和煤锁、气柜系统。

鲁奇气化炉固定床反应器见图 2-10，具有立式圆筒形构造，它是一种加压气化炉，气化炉的主要壳体部分为双层水夹套。将锅炉给水注入水夹套来回收，从气化炉散发的热量产生中压蒸汽，作为气化剂的一部分返回气化炉系统。

气化炉炉顶上装有供加煤用的煤锁，以便向气化炉中加入筛分后的煤，由动力装置（液压马达或电机）驱动布煤器把加入的煤均匀地分布在煤床上。气化炉的底部装有由动力装置（液压马达或电机）驱动的炉箅及灰刮刀，用来排出产生的灰渣。灰渣落入灰锁内，灰锁是气化炉的组成部分。有些气化炉的设计包括机械搅拌器，以便使气化炉能适用气化黏结性煤。

从气化炉底部引入蒸汽和氧气，与煤进行气化反应，通过旋转的炉箅把蒸汽和氧气分布到煤床内。炉箅支撑着煤床，并连续旋转以保证均匀不断地排出产生的灰渣。

随着蒸汽和氧气的向上流动，根据煤床内的主导反应和温度，从底部向上到顶部，可以表征为五个不同的区段。这五个区段是灰渣层、第一反应层（炭的燃烧层，供应气化所需的热量)、第二反应层、干馏层（脱除挥发分）和干燥层。当煤通过床层下降时，煤中的一些挥发分首先被脱除，然后剩余的炭被气化并烧掉。从气化炉底部把灰渣排至灰锁内，接着外送处置。

在气化炉内生成的粗煤气，含有未反应的蒸汽、油、焦油、酚类、氨、含硫化合物以及煤尘和灰尘。粗煤气从气化炉顶部离去。

① 灰层。灰层位于底部，充当氧气和蒸汽的分布器，更重要的是向进来的气化剂提供热量。

② 第一反应层（燃烧层）。第一反应层由底层正在燃烧着的炭组成。炭是刚气化的炭，它由灰机械地支撑着。这一层为紧接着上面的第二反应层提供热量和二氧化碳。其中的主要反应是碳和氧气的反应，其反应式为

$$C+O_2 = CO_2 \qquad \Delta H=-393.777kJ/mol \tag{2-21}$$

$$2C+O_2 = 2CO \qquad \Delta H=221.2kJ/mol \tag{2-22}$$

③ 第二反应层（气化层）。炭（就是刚脱除挥发分的煤）同蒸汽和热的燃烧产物相接触。这里的主要反应物是碳同水蒸气、二氧化碳相结合而生成的一氧化碳和氢气。这些反应是吸热的。高温有利于生成一氧化碳和氢气，而较低温度则有利于生成二氧化碳和甲烷。

$$C+H_2O = CO+H_2 \qquad \Delta H=131.390kJ/mol \tag{2-23}$$

$$C+2H_2O = CO_2+2H_2 \qquad \Delta H=90.196kJ/mol \tag{2-24}$$

$$CO+H_2O = CO_2+H_2 \qquad \Delta H=-41kJ/mol \tag{2-25}$$

$$C+CO_2 = 2CO \qquad \Delta H=-172.284kJ/mol \tag{2-26}$$

$$C+2H_2 = CH_4 \qquad \Delta H=-74.898kJ/mol \tag{2-27}$$

$$CO+3H_2 = CH_4+H_2O \qquad \Delta H=-206.29kJ/mol \tag{2-28}$$

④ 干馏层（脱挥发分区）。当煤进一步被加热时，在低于200℃的温度下，煤中吸附的二氧化碳和甲烷气被驱出。在200℃以上时才开始煤本身的热分解，同时煤中的有机硫分解，并转化成硫化氢和其他化合物。在500℃以上时，从煤中分解出大量的焦油和气态烃类，同时氨和氧化物的分解也开始。随着温度的进一步提高，煤的热解作用将放出大量的氢，生成介于半焦和冶金焦之间的中温焦。煤的热解的结果，使煤分解为三类分子：小分子—气体，中等分子—焦油，大分子—焦炭。

⑤ 干燥层。加到反应器的原料煤，同热的产品煤气相接触，煤中的水分被驱出。

固定床气化炉的出口位于干燥区上面煤层的顶部。离开气化炉的煤气温度视煤种及炉型而不同，一般是300～700℃。从而，进来的煤以极快的速率被加热，并使从煤衍生的油和焦油发生裂解和聚合反应而生成黏稠的重质焦油和沥青，这样激烈的干馏，也会使煤发生爆裂并产生大量煤尘，由产品煤气带出气化炉。

(2) 鲁奇加压气化反应过程　由于气化炉内主要进行的是气-固相（煤粒）之间的非均相系反应。对于放热反应而言，是固体将热量传导给气体，此时固相的温度要比气相要高，这主要表现在燃烧层内；对于吸热反应而言，是气体将热量传导给气固接触面上，此时气相的温度要高于固相的温度。干馏和干燥层是固体吸收气体的热量，由于煤的干燥吸热又多又快，所以煤粒与气体的温差更大一些。在大型的加压气化炉内各床层的高度和温度的分布大致如表2-7所示。

表 2-7 大型的加压气化炉内各床层的高度和温度的分布

床层名称	高度(自炉箅算起)/mm	温度/℃	床层名称	高度(自炉箅算起)/mm	温度/℃
灰渣层	0～300	450	甲烷层	1100～2200	550～800
燃烧层	300～600	1000～1100	干馏层	2200～2700	350～550
气化层	600～1100	850～1000	干燥层	2700～3500	350

2. 流化床加压连续气化法

(1) 恩德炉工艺路线　恩德粉煤气化技术替代传统的固定层煤气化技术后，既降低了公司合成氨的生产成本，又减轻现有煤气炉对环境的污染，既有经济效益又有环境效益，它采用了先进的DCS控制等技术，提高了原有恩德炉的技术水平，符合国家的产业政策和发展方向。

恩德粉煤流化床的优点在于以下几个方面，它具有很多优点如下。

① 炉底、炉箅改为喷嘴布风，解决了炉底结渣问题，使气化炉的运转变得稳定可靠；

② 解决了带出物含碳量高的问题，使碳的利用率提高到92%，经过吉林长山化肥厂两年的分析灰渣中的碳含量小于10%，一般是7%～9%（该厂用的原料是含挥发分40%左右的褐煤）；

③ 改变废热锅炉的设置位置，延长了废热锅炉的寿命和检修期；

④ 煤源丰富，价格低廉，可适用于褐煤、长焰煤、不黏结或弱黏结煤也可以使用高灰分的劣质煤，使煤源得到很大拓展；

⑤ 气化强度大、气化效率高，经检测，恩德粉煤气化炉的气化效率达76%，由于流化床的气固相接触好，使气化强度变大，提高了单炉产气量；

⑥ 操作弹性大，煤气炉生产负荷可在设计负荷40%～110%范围内调节，煤气质量高，据吉林长山化肥厂二年的生产来看 H_2+CO 含量约为70%～72%；

⑦ 极少产生焦油，净化简单，污染少；

⑧ 运转稳定、可靠、检修维护少，可获得较高的连续运转率，一般可达90%以上；

⑨ 运行成本低，开停炉方便；

⑩ 自产蒸汽量大；

⑪ 投资少，工期短；

⑫ 所产煤气用途广泛；

⑬ 即该技术已经系列化，单炉生产能力有：5000m³/h、10000m³/h、20000m³/h、40000m³/h。

3.0～10mm的合格粉煤由配煤工段送至本工段的氮气加压密封气化炉煤仓，煤通过煤斗底部的螺旋加煤机送入发生炉底部锥体段。空气或氧气由离心式鼓风机加压至0.04MPa，和过热蒸汽混合作为气化剂和流化剂，分两路从一次喷嘴（下部设有6个，气流是10°切向进入）和二次喷嘴（上部设有24个直接进入）进入气化炉，炉内砌有高硅耐火砖。按照煤气组分要求，采用不同浓度的富氧空气（72%～78%），粉煤和气化剂直接接触反应，在炉内形成密相段和稀相段，密相段温度分布均匀，反应温度950～1000℃，稀相段温度还要稍高一些，这样煤中的焦油、酚和轻油被高温裂解。

一次喷嘴设在加煤机下方的发生炉锥体部位，与切线方向成一定仰角和斜角，使入炉原料煤较好流化，并发生燃烧反应和水煤气反应。大部分较粗颗粒在炉底锥体段附近形成密相段，呈沸腾状，气、固两相传热，传质剧烈；其余入炉细粉和大颗粒受热裂解产生的小颗粒由反应气体携带离开密相段，在炉的上部形成稀相区，并在此与二次喷嘴喷入的二次风进一步发生反应。

入炉煤渣及反应后的灰渣落到气化炉底部，由水内冷的螺旋出渣机排于密闭灰斗，定期排到炉底渣车，再倒运入渣场，经短皮带送到临时储渣场，这部分灰渣约占总灰渣的40%。未经过反应完全的细粉颗粒由煤气带出炉外，经旋风除尘器将其中较粗部分降下，靠重力经回流管返回气化炉底部，再次气化，从而使飞灰含碳降低。

出炉煤气温度在900～950℃，通过旋风除尘器除去飞灰，然后进入省煤器（主要是预热锅炉的软水）再进入废热锅炉回收余热，产生过热蒸汽。由于煤气先经过飞灰沉降再进入废热锅炉，使废热锅炉受热面的磨损大为减轻。

废热锅炉出口煤气约为240℃，进入洗涤冷却塔除尘冷却，出口温度降为35℃，压力2kPa。之后进入文氏管洗涤器，再进入湿式电除尘器进一步除尘。

从电除尘出来的原料气进入脱硫工段，从脱硫工段出来的煤气进入气柜。从气柜出来的煤气进入压缩机进入净化工段。

（2）加压灰熔聚流化床粉煤气化

① 灰熔聚流化床粉煤气化的工作原理。

图2-11为灰熔聚硫化床粉煤气化流程。粉煤在气化炉内借助气化剂（氧气、蒸汽）的吹入，使床层中的粉煤沸腾流化，在高温条件下，气固两相充分混合接触，发生煤的热解和碳的氧化还原反应，最终达到煤的完全气化。煤灰在气化炉中高温区相互黏结团聚成球，由于灰粒和炭粒的质量差别，使灰粒与炭粒分离，灰粒则靠自重落到炉底，定时排出炉外。随煤气从炉体上部被带出的煤粉尘经旋风分离器回收再返回气化炉内，与新加入炉内的粉煤混合进行气化反应，形成煤粉及粉煤混合物料的不断循环过程，从而提高了煤中碳的转化率，可达90%以上。

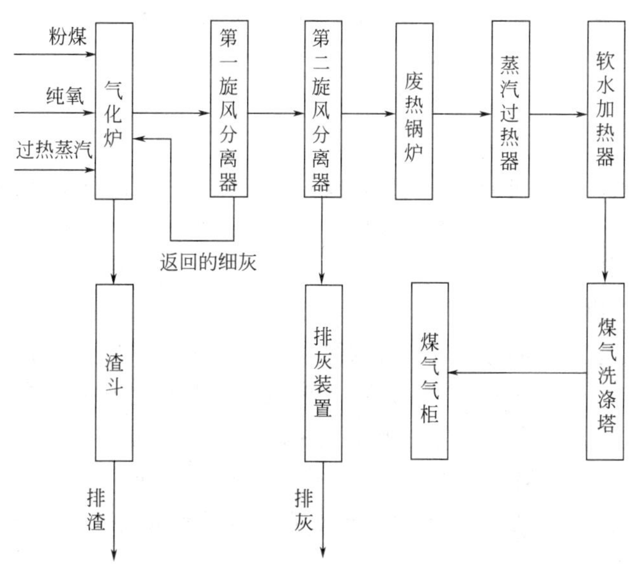

图2-11　灰熔聚硫化床粉煤气化流程

② 灰熔聚流化床粉煤气化方法的特点如下。

a. 煤种适应性强；

b. 气化强度高，排灰碳含量低；

c. 产品气无焦油、酚含量低、容易净化；

d. 改变气化模式可生产低、中热值煤气或合成气；

e. 反应温度适中，无特殊材料要求；

f. 反应器结构简单，开停车容易，可靠性。

灰熔聚流化床粉煤气化炉结构简单，炉内无任何传动机构，运行可靠、操作容易、维修方便。操作温度适中（1000～1100℃），煤种适应性广，连续气化无废气排放，煤气中几乎不含煤焦油，煤气洗涤水中含有机物少，容易处理。

原料煤经破碎、筛分、干燥、粒度（8mm），水分＜5%，经螺旋输送机正压加入气化炉内，用变频调速电机调节进煤量。增湿螺旋排渣机将高温灰渣冷却后排出。第二旋风分离器排出的细煤灰，经双螺旋增湿器冷却增湿后排出，消除了热干灰排放飞扬污染环境。第二旋风分离器分离下来的极细煤粉（达 300 目）可回收作为炭黑加工原料出售。气化和空分操作控制全部用 DCS 集中在一个控制室内操作。

③ 主要设备及技术参数。

a. 粉煤气化炉 2 台。下部气化段 $\phi_{内}$ 2400mm/$\phi_{外}$ 3200mm，上部分离段 $\phi_{内}$ 3600mm/$\phi_{外}$ 4200mm；煤气产量：14260m^3/（h·台），x_2＝28500m^3/h；操作压力：0.05MPa；操作温度：980～1100℃；入炉粉煤：粒度＜8mm、水分＜5%。

b. 空分装置 1 套。氧气产量：6000m^3/h；含氧纯度：99.8%；电动空压机，空气深冷分离制氧。

c. 废热锅炉 2 台。产生 1.6MPa 的饱和蒸汽，产汽量 11.6t/h，自产蒸汽自用有余，可并网外供一部分。

d. 蒸汽过热器 F＝300m^2 两台。产生 0.4MPa 的 310℃过热蒸汽，供煤气炉自用。

e. 一级旋风分离器、二级旋风分离器各 2 台。一级旋风分离器下来的物料送至造气炉循环使用，出口煤气中含尘量＜30g/m^3；二级旋风分离器出口煤气中含尘量 3～5mg/m^3。两级高效旋风分离器除尘效率达 98%～99%，内衬耐热及耐磨材料。

f. 软水预热器 2 台。

g. 煤气冷却塔（共用）1 台。

h. 备煤气系统按每小时处理煤量 20t，设计一套备煤系统装置，包括原料煤库、破碎、输送、筛分、干燥等设备及厂房，干粉煤贮仓、进料系统等。

i. 电除尘器（共用）1 台。

3. 气流床加压气化

德士古水煤浆气化工艺是将一定粒度的煤粒及少量添加剂与水在水磨机中磨成可以用泵输送的非牛顿型流体，与氧气或富氧在加压及高温状态下发生不完全燃烧反应制得高温合成气，用于制造碳氧化学品、合成氨等。由于是在加压及连续操作下进行，从而简化了工艺，又因其“三废”排放少，属环境友好型工艺。其主要特点如下。

① 气化炉结构简单，该技术关键设备气化炉，属于加压气流床湿法加料液态排渣设备，结构简单，无机械传动装置。

② 开停车方便，加减负荷较快。

③ 煤种适应较广，可以利用粉煤、烟煤、次烟煤、石油焦、煤加氢液化残渣等。

④ 合成气质量好，$\varphi(CO+H_2)\geq 80\%$，且 H_2 与 CO 质量之比约为 0.77，可以对 CO

全部或部分进行变换，调整其比例，且后系统气体净化处理方便。

⑤ 合成气价格低。在相同条件下，天然气、渣油、煤制合成气，综合价格以煤制气最低。

⑥ 碳转化率高，该工艺碳转化率为97%～98%。

⑦ 单炉产气能力大。由于德士古水煤浆气化炉的操作压力较高，又无机械传动装置，在运输条件许可下设备大型化较为容易，目前气化煤量达2000t/（d·台）的气化炉已在运行。

⑧“三废”排放少。

由于目前中国燃煤和燃油价格相差悬殊，即使考虑2t水煤浆替代1t油（水煤浆热值一般在20000kJ/kg)。油的热值一般在41000kJ/kg，其节省的燃料费用也是相当可观的。

六、各种煤气发生炉的比较

1. 固定床

固定床煤气化炉的主要特点是：炉内气体流速较慢，煤粒静止，停留时间1～1.5h操作条件为：温度800～1000℃；压力常压4MPa；原料煤粒径3～30mm。用煤要求具有高活性、高灰熔点、高热稳定性。

(1) 常压固定床间歇气化　常压固定床气化技术是一项古老的煤气化技术，国际上20世纪30年代开始采用，原料是无烟块煤或焦炭，中国山西晋城的块煤或焦炭是上好原料。

块煤的粒度为25～75mm。生成的水煤气中，$\varphi(CO+H_2)$ 体积分数达80%～85%。

固定床间歇气化技术成熟、工艺可靠、投资较低、不需要空分制氧装置。但气化需要的无烟块煤或焦炭价格较高，而筛粉煤堆积、资源利用率低、环保污染严重。固定床间歇气化技术目前在中国的合成氨及工业煤气行业仍有数千台气化炉在运转。因环保污染问题，这种造气炉将逐步被淘汰。

(2) 加压固定床连续气化　鲁奇碎煤加压气化技术产生于20世纪40年代。鲁奇气化炉生产能力大，煤种适应性广，主要用于生产城市煤气，用于生产合成气的较少。中国云南解化集团和山西天脊集团采用该技术生产合成氨，解放军化肥厂为年产 17×10^4t 合成氨，山西天脊集团为年产 30×10^4t 合成氨。采用鲁奇气化炉生产合成气时，气体成分中甲烷含量高为8%～10%，但氮气很低，对甲醇生产极为有利。因含焦油、酚等物质，气化炉后需设置废水处理及回收、甲烷分离转化等装置。

鲁奇加压气化工艺的气化压力3.0MPa，气化温度900～1050℃。该工艺所用原料煤粒度为8～50mm，要求使用活性好、黏结性差的烟煤或褐煤。采用固态排渣方式运行。单炉投煤量1000t/d。单台3800鲁奇炉的产气量为35000～55000m³/h。粗煤气中 $\varphi(CO+H_2)$ 达85%、CH_4 含量达9%，并含有炭黑和煤焦油。鲁奇加压气化所产气中含有较多的甲烷为8%～10%。

鲁奇炉气化技术的特点如下。

① 氧耗低，鲁奇炉气化工艺是目前各种采用纯氧为气化剂中耗氧最低的。

② 冷煤气效率高，冷煤气效率代表了煤中的热量转化为煤气中热量的程度，鲁奇炉气化，最高可达93%，高于其他的煤气化技术。

该工艺污水排放中含有较多的焦油、酚类和氨。需要配备较复杂的污水处理装置，环保处理费用较高。鲁奇煤气化技术近年来也在某些方面有所改进，如排渣系统的改进（熔渣气化技术)、三废处理技术的改进等。鲁奇煤气化技术至今在某些地区及部分领域仍是先进适用的技术。

2. 流化床

流化床技术特点：炉内气体流速较大，煤粒悬浮于气流中做相对运动，呈沸腾状，有明显床层界限，停留时间数分钟。操作条件：温度为800～1000℃；压力为常压到2.5MPa；煤块粒径1～5mm；用煤要求具有高活性、高灰熔点。

流化床技术主要包括：灰熔聚流化床技术、温克勒/恩德炉气化和鲁奇循环流化床技术。

灰熔聚流化床气化技术是中国科学院山西煤化所在20世纪80年代初开发的。其气化炉气化压力有常压和加压（1.0～1.5MPa）两种，采用空气或氧气作气化剂。该工艺根据射流原理，在流化床低部设计了灰团聚分离装置，形成床内局部高温区，使灰渣团聚成球，借助重力的差异，使灰渣团分离，提高碳利用率。

1999年3月，在内径1m气化炉上进行了120t/a陕西彬县粉状烟煤的大样试烧。陕西城化股份公司正在进行80万吨合成氨的原料路线改造，拟建4台常压气化炉及配套的空分装置，单台气化炉可满足20万吨合成氨的要求，也可生产甲醇。目前已有一台年产20万吨合成氨的气化炉，建成投产。国内其他一些中小型化肥厂也拟采用该技术进行改造。

该技术目前还处在小规模工业示范的阶段，缺乏大规模工业化及长周期运行的经验。在放大及工程化应用方面还需要一定的过程。

3. 气流床气化

它是一种并流气化，用气化剂将粒度为100μm以下的煤粉带入气化炉内，也可将煤粉先制成水煤浆，然后用泵打入气化炉内。煤料在高于其灰熔点的温度下与气化剂发生燃烧反应和气化反应，灰渣以熔融态形式排出气化炉。

4. 熔池床气化

它是将粉煤和气化剂以切线方向高速喷入一个温度较高且高度稳定的熔池内，把一部分动能传给熔渣，使池内熔融物做螺旋状的旋转运动并气化。目前此气化工艺已不再发展。

第三节 烃类造气

作为合成甲醇所需要的原料—烃类，按照物理状态分为气态烃和液态烃。气态烃包括天然气、油田气、炼厂尾气、焦炉气及裂化气等。天然气是指藏于地层较深部位的可燃气体，而与石油共生的天然气常常称为油田气，其主要成分均用 C_nH_m 来表示。气田气中甲烷含量一般高于90%，其他高烃（乙烷、丙烷、丁烷等）含量低于3%。而油田气含高烃较多。虽然气田气和油田气均属于天然气，但是习惯上天然气是指气田气。焦炉气是煤炭高温干馏的副产品。炼厂尾气为石油加工过程的副产品。几种气态烃的典型组成见表2-8。

由表可见，这些气态烃中一般含有大量的甲烷，所以在甲醇原料的化学加工过程中，甲

表2-8 几种气态烃的典型组成

原料名称	气体组成(体积)/%								
	甲烷	乙烷	丙烷以上	氢	二氧化碳	一氧化碳	氮	氧	硫化氢
天然气	96.65	1.15	0.4	0.2	0.5	—	2.0	—	0.09
油田气	83.2	5.8	8.9	—	0.5	—	1.6	—	—
焦炉气	26	1.0	1.1	58	2.5	6.4	5	—	—
炼厂尾气	65	1.1	6.6	26	—	—	1.0	0.4	—

烷是具有代表性的物质。早在1913年，德国BASF公司就已提出了蒸汽转化的催化专利，20世纪30年代初期，工业上就已经用甲烷为原料与蒸汽进行催化转化反应制取氢气，它与固体原料相比显示较大的优越性，得到广泛应用。

液态烃包括原油、轻油及重油。根据沸点不同，石油可以进行分馏，得到汽油、煤油、轻油、重油等粗产品。石油是一种黏稠状的油状液体，其中溶有液体和固体，呈红棕色或黑色，可燃，有特殊气味。石油的组成因产地的不同而异。一般来说，石油含碳83%～87%，含氢11%～14%，含氧、硫、氮合计2%～3%。

石油蒸馏所得220℃以下的馏分称为轻油（也称石脑油），其性质见表2-9。其中沸点在130℃以下的为轻质石脑油，在130℃以上的为重石脑油。甲醇生产所需要的原料一般终馏点低于140℃，其中石蜡含量高于80%，芳香烃含量低于5%，最高不能超过13%。

石油蒸馏所得350℃以上的馏分为重油，根据炼制的方法不同，有常压重油、减压重油、裂化重油和它们的混合物等。常压重油是将石油接近大气压下，用蒸馏的方法所得的塔釜产品；减压重油是将常压重油在减压的条件下，进行再蒸馏的塔釜产品；裂化重油是将减压蒸馏的某些馏分，进行裂化加工，经裂化加工分解后，蒸馏所得塔釜产品。

表2-9 石脑油的性质

项　目	A	B	C	D
密度/(kg/m^3)	676.5	673.5	689.8	730.0
含硫量(质量)/%	0.026	0.018	0.02	0.05
石蜡烃(体积)/%	89.4	90.7	82.0	31
环烷烃(体积)/%	8.4	7.5	13.7	54.3
芳香烃(体积)/%	2.1	1.7	4.2	14.7
烯烃(体积)/%	0.1	0.1	0.1	—
初馏点/℃	38.6	42.0	37.5	60
终馏点/℃	132.0	114.5	144.0	180
平均分子式	$C_5H_{13.2}$	C_6H_{13}	$C_{6.5}H_{13.5}$	C_9H_{19}

以轻油为原料，制取甲醇原料气的方法一般是将轻油加热转变为气态，再采用蒸汽转化法。轻油蒸汽转化法的原理和生产过程与气态烃基本相同，本节只讨论其不同点。

以气态烃或轻油为原料，不论采用哪一种生产方法所制得的水煤气，都应满足下列要求：

① $\varphi(H_2)/\varphi(CO+1.5CO_2)=2.0\sim2.05$；

② 甲烷残余量<0.5%；

③ 氧气残余量<0.2%；

④ 炭黑含量<$10mg/m^3$；

⑤ 不饱和碳氢化合物为痕量。

一、气态烃蒸汽转化制气基本原理

气态烃中一般含有大量的甲烷，所以在甲醇原料的化学加工过程中，甲烷是具有代表性的物质，下面以甲烷为例讨论气态烃的蒸汽转化过程。

1. 甲烷蒸汽转化反应特点

甲烷蒸汽的转化过程，主要包括蒸汽转化反应和一氧化碳的变换反应，即

$$CH_4+H_2O \longrightarrow CO+3H_2 \qquad \Delta H=206kJ/mol \qquad (2\text{-}29)$$

$$CH_4 + 2H_2O \longrightarrow CO_2 + 4H_2 \qquad \Delta H = 165.1 kJ/mol \tag{2-30}$$

$$CO + H_2O \longrightarrow CO_2 + H_2 \qquad \Delta H = -41 kJ/mol \tag{2-31}$$

这三个反应中，反应式(2-30) 可看作是反应式(2-29) 和式(2-31) 的叠加，所以决定甲烷蒸汽转化平衡的是式(2-29) 和式(2-31) 这两个独立反应。

在一定条件下，甲烷蒸汽转化过程中可能发生下列析炭反应。

$$CH_4 \longrightarrow C + 2H_2 \qquad \Delta H = 74.82 kJ/mol \tag{2-32}$$

$$2CO \longrightarrow C(S) + CO_2 \qquad \Delta H = -172.2 kJ/mol \tag{2-33}$$

$$H_2 + CO \longrightarrow C + H_2O \qquad \Delta H = -131.3 kJ/mol \tag{2-34}$$

由于甲烷的同系物，例如乙烷（C_2H_6）、丙烷（C_3H_8）、丁烷（C_4H_{10}）等，与蒸汽的转化反应可以在较低的温度下进行，反应通式为

$$C_nH_{2n+2} + nH_2O \longrightarrow nCO + (2n+1)H_2 - Q \tag{2-35}$$

由于气态烃中主要组分是甲烷，并且其他烃类转化反应与甲烷基本相同，因此这里只重点介绍甲烷蒸汽反应转化的基本原理。由式(2-29) 可知，甲烷蒸汽转化反应具有以下特点。

(1) 是可逆反应　即在一定的条件下，反应可以向右进行生成一氧化碳和氢气，称为正反应；随着生成物浓度的增加，反应也可以向左进行，生成甲烷和水蒸气，称为逆反应。因此在生产中必须创造良好的工艺条件，使得反应主要向右进行，以便获得尽可能多的氢和一氧化碳。

(2) 是体积增大反应　一分子甲烷和一分子水蒸气反应后，可以生成一分子的一氧化碳和三分子的氢。因此，当其他条件一定时，降低压力有利于正反应的进行，从而降低转化气中甲烷的残余量。

(3) 是吸热反应　甲烷蒸汽的转化反应是强吸热反应，其逆反应（即甲烷化反应）为强放热反应。因此，为了使正反应进行的更快更完全，就必须由外部供给大量的热量。供给的热量越多，反应温度越高，甲烷转化反应越完全。

2. 转化反应的化学平衡和反应速率

(1) 化学平衡常数　在一定的温度、压力条件下，当反应达到平衡时，反应式(2-29) 的平衡常数 K_{p1} 和反应式(2-31) 的平衡常数 K_{p2} 分别为

$$K_{p1} = \frac{p_{CO} \times p_{H_2}^3}{p_{CH_4} \times p_{H_2O}} \tag{2-36}$$

$$K_{p2} = \frac{p_{CO_2} \times p_{H_2}}{p_{CO} \times p_{H_2O}} \tag{2-37}$$

式中，p_{CO}、p_{H_2}、p_{CH_4}、p_{CO_2} 和 p_{H_2O} 分别为一氧化碳、氢、甲烷、二氧化碳和水蒸气的平衡分压。

在压力不太高的条件下，化学反应的平衡常数值仅随温度而变化。不同温度下，平衡常数 K_{p1} 和 K_{p2} 的数值如表 2-10 所示。

由表中数据可知，由于甲烷蒸汽转化反应为可逆吸热反应，其平衡常数 K_{p1} 随着温度的升高而急剧增大，即温度越高，平衡时一氧化碳和氢气的含量越高，而甲烷的残余量越少。一氧化碳的变换反应为可逆放热反应，其平衡常数 K_{p2} 则随温度的升高而减少，即温度越高，平衡时的二氧化碳含量越少，甚至使变换反应几乎不能进行。因此，甲烷的蒸汽转

表 2-10　甲烷蒸汽转化和变换反应的平衡常数

温度/℃	$K_{p1}=\dfrac{p_{CO}\times p_{H_2}^3}{p_{CH_4}\times p_{H_2O}}$	$K_{p2}=\dfrac{p_{CO_2}\times p_{H_2}}{p_{CO}\times p_{H_2O}}$	温度/℃	$K_{p1}=\dfrac{p_{CO}\times p_{H_2}^3}{p_{CH_4}\times p_{H_2O}}$	$K_{p2}=\dfrac{p_{CO_2}\times p_{H_2}}{p_{CO}\times p_{H_2O}}$
250	8.397×10^{-10}	86.51	650	2.686	1.923
300	6.378×10^{-8}	39.22	700	12.14	1.519
350	2.483×10^{-6}	20.34	750	47.53	1.228
400	5.732×10^{-5}	11.70	800	1.644×10^{2}	1.015
450	8.714×10^{-4}	7.311	850	5.101×10^{2}	0.8552
500	9.442×10^{-3}	4.878	900	1.440×10^{3}	0.7328
550	7.741×10^{-2}	3.434	950	3.736×10^{3}	0.6372
600	0.5029	2.527	1000	8.99×10^{3}	0.561

化反应和一氧化碳的变换反应不能在同一工序中同时完成。一般先在转化炉中使甲烷在较高温度下完全转化，生成一氧化碳和氢气，然后在变换炉内使一氧化碳在较低温度下变换为氢气和二氧化碳。

（2）平衡组分的计算　根据气体的原始组成、温度和压力，由平衡常数 K_{p1} 和 K_{p2} 即可算出转化气的平衡组成。但是上述计算过程非常复杂，在实际应用中，一般是将计算结果制成图，然后再利用图进行计算。

当原料气为纯甲烷时，在不同水碳比（指水蒸气与甲烷物质的量之比）、温度和压力条件下，转化气的平衡组成如图 2-12 所示。利用这套图可以求出不同条件下转化气的平衡组成；反之，也可根据转化气的平衡组成，求出相应的反应条件。

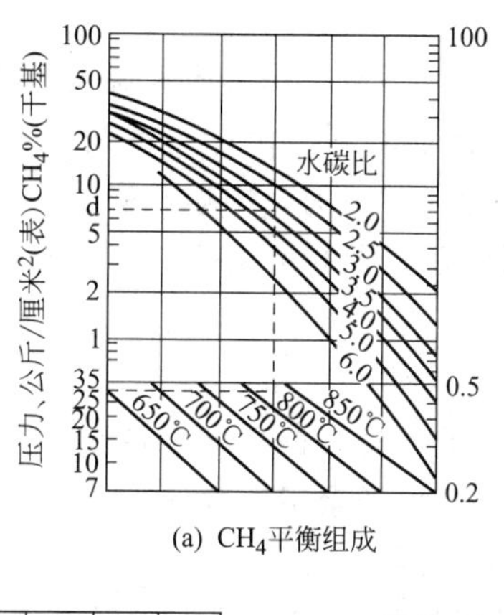

(a) CH_4平衡组成

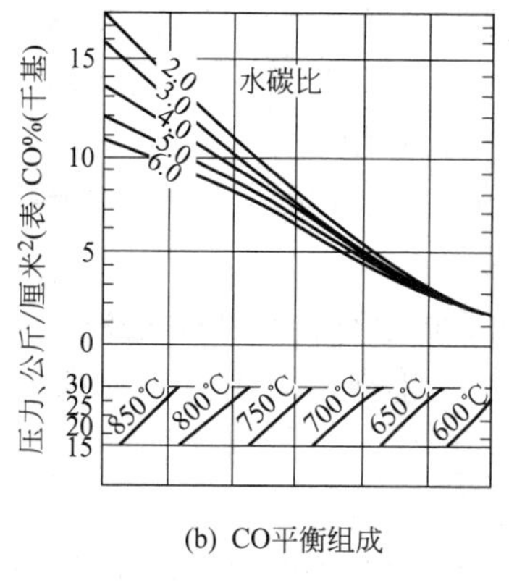

(b) CO平衡组成

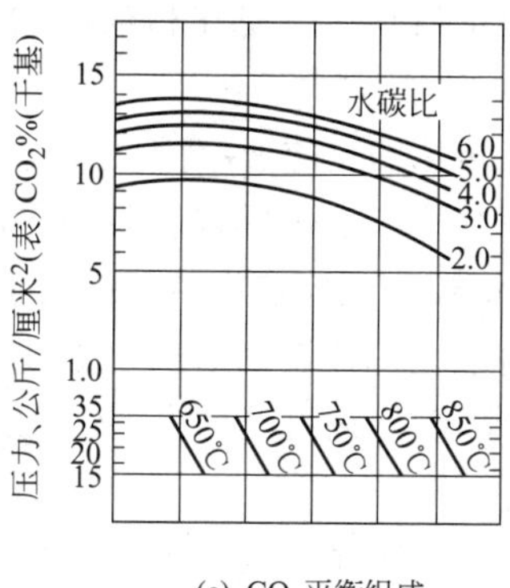

(c) CO_2平衡组成

图 2-12　甲烷转化气的平衡组成

【例 2-1】 甲烷与蒸汽在一段炉内进行转化反应，出口温度 822℃，压力 3.1MPa（表），水碳比为 3.5，试用图 2-12 计算出口气体的平衡组成。

解 在图 2-12 的（a）图上，从下部左侧压力坐标上查出压力为 3.1MPa 的 a 点，由 a 点引水平线，与 822℃的温度线相交于 b 点，自 b 点做垂线，与水碳比为 3.5 的曲线交于 c 点，由 c 点引水平线与纵坐标交于 d 点。d 点的读数 7%，即为甲烷的平衡组成。

用同样的方法，由图（b）查出一氧化碳平衡组成为 10.8%，由图（c）查出二氧化碳的平衡组成为 9.5%。

则氢的平衡组成为 100%－(7.0%＋10.8%＋9.5%) ＝72.7%。因此，在上述条件下气体的平衡组成（干气）为

CH_4	7.0%	CO	10.8%
CO_2	9.5%	H_2	72.7%

应当指出，图 2-12 仅适用于原料气为纯甲烷的情况，如果原料气中还含有其他成分，但为量不多时，也可用这套图做近似计算。

在工业生产中，虽然甲烷转化反应未达到平衡，但由图 2-12 可以看出各因素对反应的影响。

（3）影响甲烷转化反应平衡的因素

① 水碳比。增加蒸汽用量，有利于甲烷蒸汽转化反应向右移动，因此水碳比越高，甲烷平衡含量越低。由图 2-12 可见，2.0MPa、800℃和水碳比为 2 时，甲烷平衡含量约 12%；水碳比提高到 4，平衡含量就降到 4%；如果水碳比再提高到 6，则平衡含量仅有 2%。因此，水碳比对甲烷平衡含量的影响很大。

② 温度。甲烷蒸汽转化反应为可逆吸热反应，温度升高，反应向右移动，甲烷平衡含量下降。一般反应温度每降低 10℃，甲烷含量增加约 1.0%～1.2%。例如，在 3.0MPa。水碳比为 3 时，温度由 850℃降到 750℃时，甲烷平衡含量大约由 7%增加到 18%。

③ 压力。甲烷蒸汽转化为体积增大的可逆反应，增加压力，甲烷平衡含量也随之增大。由图 2-12 可知，水碳比为 3、温度为 800℃时，当压力由 0.7MPa 增加到 3.0MPa，甲烷平衡含量就由 2%增大到 12%。

综上所述，提高水碳比，降低压力，提高反应温度，有利于转化反应向右进行，从而可提高氢和一氧化碳的平衡含量，降低残余甲烷含量。

（4）影响甲烷转化反应速率的因素

① 在没有催化剂时，即使在相当高的温度下，甲烷蒸汽转化反应的速率也是很慢的。当有催化剂存在时，能大大加快反应速率，在 600～800℃就可以获得很高的反应速率。

② 甲烷蒸汽转化的反应速率随反应温度升高而加快。

③ 氢气对甲烷蒸汽转化反应有阻碍作用，所以反应初期转化反应速率快，随着反应的进行，氢气含量增加，反应速率就逐渐缓慢下来。

④ 反应物由催化剂外表面通过毛细孔扩散到内表面的内扩散过程，对甲烷蒸汽转化反应速率有明显的影响。因此，采用粒度较小的催化剂，减小内扩散的影响，能加快反应速率。

3. 转化过程的分段和二段转化炉内的反应

由例 2-1 可知，在加压和 822℃的条件下，转化气中甲烷平衡组成仅降到 7%。如果要将转化气中甲烷含量降到 0.5%以下，相应的反应温度需在 1000℃以上。但由于材质的限

制，目前耐热合金钢管只能在800～900℃下工作，因此工业上普遍采用两段转化法。首先，在外加热式的一段转化炉的转化管内进行蒸汽转化反应，温度控制在780～820℃，转化气中的甲烷含量降到9%～11%。然后，一段转化气进入由钢板制成的、内衬耐火砖的二段转化炉内，通入适量氧气，进行部分氧化反应，产生的热量将气体加热到1200～1300℃，使甲烷进一步转化完全。

二段转化炉内的反应分为两段进行。首先在燃烧室里（即催化剂层以上的空间），部分可燃性气体与氧气进行剧烈的燃烧反应：

$$2H_2 + O_2 = 2H_2O \qquad \Delta H = -483.2\text{kJ/mol} \qquad (2\text{-}38)$$

$$CH_4 + 2O_2 = CO_2 + 2H_2O \qquad \Delta H = -801.7\text{kJ/mol} \qquad (2\text{-}39)$$

$$2CO + O_2 = 2CO_2 \qquad \Delta H = -565.55\text{kJ/mol} \qquad (2\text{-}40)$$

放出的热量使气体温度急剧升高，然后在上述高温条件下，使剩余的甲烷与二氧化碳、水蒸气继续转化完全。

$$CH_4 + CO_2 \longrightarrow 2CO + 2H_2 \qquad \Delta H = 247\text{kJ/mol} \qquad (2\text{-}41)$$

$$CH_4 + H_2O \longrightarrow CO + 3H_2 \qquad \Delta H = 206\text{kJ/mol} \qquad (2\text{-}42)$$

因甲烷转化反应是吸热反应，所以沿着催化剂床层温度逐渐降低，到出口处约为1000℃。

二段转化炉内的氧气加入量，应该满足出口转化气中$\varphi(H_2)/\varphi(CO+1.5CO_2)=2.0\sim 2.05$的要求。当生产负荷一定时，氧气的加入量基本不变，因而燃烧反应放出的热量也就一定。

二段炉氧气加入量和一段炉的出口甲烷含量直接影响二段炉温度。当氧气量加大时，燃烧反应放出的热量多，炉温高；一段炉的出口气体中甲烷含量高，在二段炉内转化吸收的热量多，炉温下降。在保证转化气中氢碳比的前提下，为了氧气与可燃性气体燃烧放出的热量，等于甲烷转化时所吸收的热量，即能维持二段炉的自热平衡，一段炉的出口气体中甲烷含量必须控制在11%以下。

一般情况下，一、二段转化气体中残余甲烷含量分别按10%、0.5%设计。典型的二段转化炉的进出口气体组成如表2-11所示。

表2-11 二段转化炉进出口转化气组成

组 成	$\varphi(H_2)$/%	$\varphi(CO)$/%	$\varphi(CO_2)$/%	$\varphi(CH_4)$/%	$\varphi(N_2)$/%	$\varphi(Ar)$/%	合计
进口	69.0	10.12	10.33	9.68	0.87	—	100
出口	70.7	16.9	10.1	1.0	1.0	0.3	100

4. 转化过程的析炭和除炭

甲烷与水蒸气进行转化反应的同时，可能发生如式(2-32)、式(2-33)、式(2-34)所示的析炭反应。生成的炭黑沉积在催化剂表面，堵塞微孔，使活性迅速下降，阻力增大，转化气中甲烷含量高，温度上升，严重时一段炉转化管会因局部过热出现“热斑”。因此，要防止析炭反应的发生。

在蒸汽转化反应过程中，影响析炭的主要因素如下。

① 转化反应温度高，烃类裂解析炭的可能性增加。

② 氧化剂（如水蒸气、二氧化碳等）用量增加，析炭的可能性减少，并且已经析出的炭也会被氧化而除去。在一定的条件下，水碳比降到一定的程度后，就会发生析炭现象。一

般把开始由炭析出的水碳比，称为理论最小水碳比。对于甲烷蒸汽转化反应，水碳比大于1就不会发生析炭现象。为安全起见，在任何时候都要求水碳比大于2.5。轻油析炭的倾向性比甲烷大，因此应把水碳比控制的更高些。

③ 烃类碳数越多，裂解析炭反应越容易发生。

④ 催化剂活性降低，烃类不能很快转化，相对的增加了裂解析炭的机会，同时，催化剂载体酸度越大，析炭反应越严重。

如果催化剂层一级积炭，必须设法除去。当析炭较轻时，可以采用降压。减少原料烃流量、提高水碳比的办法除炭。当析炭反应比较严重时，可采用蒸汽除碳，即利用式(2-34)的逆反应：

$$C+H_2O \longrightarrow CO+H_2 \qquad \Delta H=131.4kJ/mol \qquad (2\text{-}43)$$

使炭气化。首先停止送入原料烃，继续通入蒸汽，温度控制在750～800℃，经过12～24h即可将炭除去。在蒸汽除炭过程中，催化剂是被氧化，所以除炭后，必须重新还原。

也可采用氧气与蒸汽的混合物除炭。方法是先将出口温度降到200℃以下，停止通入原料烃，在蒸汽中加入少量氧气，送入催化剂床层进行烧炭，此时催化剂层温度应控制在700℃以下，大约经过8h即可。

5. 二段转化反应

二段转化的目的有二：一是将一段转化气中的甲烷进一步转化；二是加入氧气，燃烧一部分转化气（主要是氢）而实现内部给热。在二段转化炉内的化学反应如下。在催化剂床层顶部空间进行燃烧反应：

$$2H_2+O_2 \longrightarrow 2H_2O(g) \qquad \Delta H=484kJ \qquad (2\text{-}44)$$

$$2CO+O_2 \longrightarrow 2CO_2 \qquad \Delta H=-566kJ \qquad (2\text{-}45)$$

在催化剂床层进行甲烷转化和CO变换反应：

$$CH_4+H_2O \longrightarrow CO+3H_2 \qquad \Delta H=206.4kJ \qquad (2\text{-}46)$$

$$CH_4+CO_2 \longrightarrow 2CO+2H_2 \qquad \Delta H=-41.19kJ \qquad (2\text{-}47)$$

$$CO+H_2O \longrightarrow CO_2+H_2 \qquad \Delta H=-41.19kJ \qquad (2\text{-}48)$$

由于氢燃烧反应式(2-44)的速率要比其他反应式(2-45)和式(2-46)的速率快$1\times10^3\sim1\times10^4$，因此，二段转化炉顶部空间主要是进行氢的燃烧反应，放出大量的热。据计算，得理论火焰温度为1204℃。但对加入比传统流程多15%～50%氧气的ICI-AMV、Braun流程，当30%时理论火焰温度可达1350℃。空气量（氧气20%计）与理论火焰温度关系如图2-13所示。

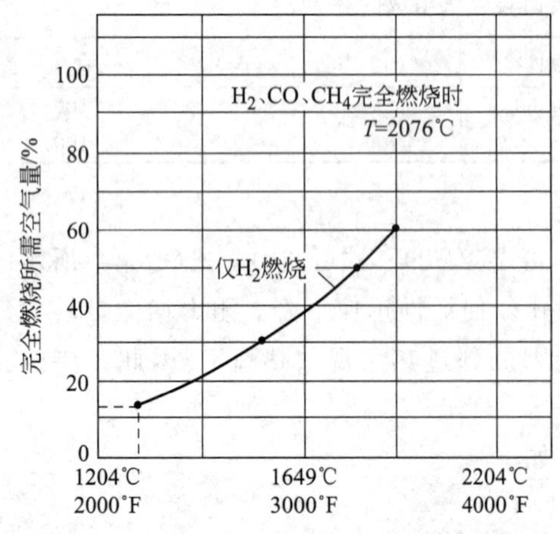

图2-13 二段转化炉顶部空间的理论火焰温度与空气用量（氧气20%计）的关系

随着一段转化气进入催化剂床层进行式(2-41)和式(2-42)反应，气体温度从1200～1250℃逐渐下降到出口处的950～1000℃，图2-14给出了二段转化炉内温度分布和甲烷含量的分布图。

二段转化炉出口气体的平衡组成，同样由反应式(2-41)和式(2-42)决定，其温度则由热平衡决定。

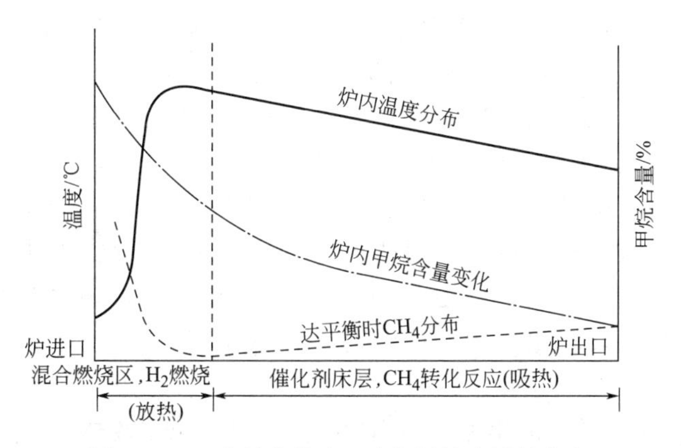

图 2-14　二段转化炉内温度与甲烷含量的分布

二、天然气蒸汽转化的工艺流程

各公司开发的蒸汽转化法流程，除一段转化炉炉型，烧嘴结构，是否与燃气机匹配等方面各具特点外，在工艺流程上均大同小异，都包括有一、二段转化炉，原料气预热，余热回收与利用。现在以天然气为原料，凯洛格（Kellogg）传统流程（见图 2-15）为例做说明。

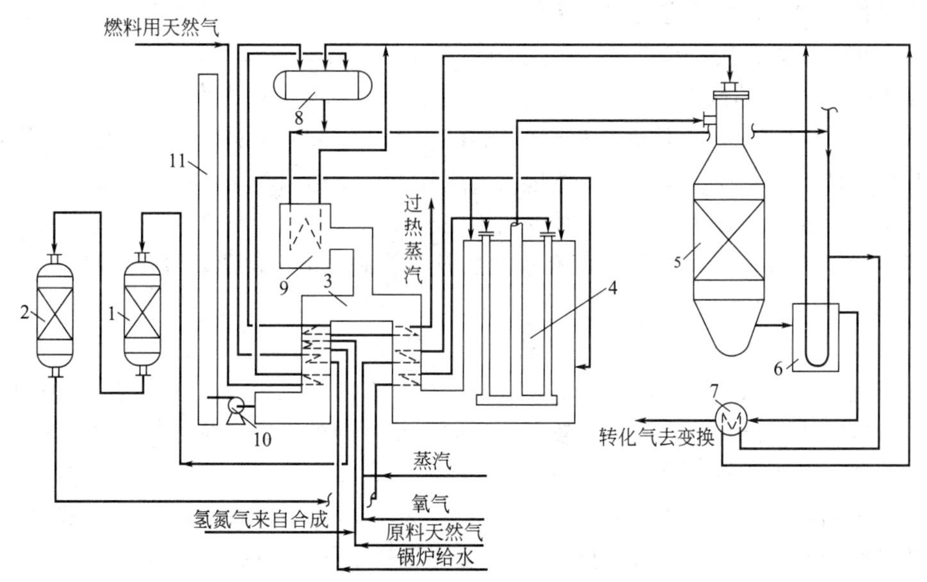

图 2-15　天然气蒸汽转化工艺流程

1—钴钼加氢反应器；2—氧化锌脱硫罐；3—对流段；4—辐射段（一段炉）；
5—二段转化炉；6—第一废热锅炉；7—第二废热锅炉；8—汽包；
9—辅助锅炉；10—排风机；11—烟囱

需要指出的是，甲醇生产厂家和合成氨厂家在应用时有所不同：氨合成时，二段炉以空气为气化剂，既能使一段炉出口的甲烷、二氧化碳、水蒸气转化完全，又能满足合成氨工序氢氮比的要求；甲醇合成时，二段炉以氧气为气化剂，既降低氮气含量，又无需在转化炉前或转化炉后加入二氧化碳，即可满足甲醇合成工序氢碳比的要求。

天然气具有原料及燃料两种用途。天然气经脱硫后，总硫含量小于 0.5cm³/m³，随后在压力 3.6MPa、温度 380℃左右的条件下配入中压蒸汽达到一定的水碳比（约为 3.5），进入对流段加热到500～520℃，然后送到辐射段顶部，分配进入各反应管，气体自上而下流经催化剂，边吸热边反应，离开反应管底部的转化气温度为800～820℃，压力为3.1MPa，甲烷含量约为9.5%，汇合于集气管，再沿着集气管中间的上升管上升，继续吸收热量，使温度升到850～860℃，经输气总管送往二段转化炉。

工艺空气（氧气）经压缩机加压到3.3～3.5MPa，也配入少量水蒸气，然后进入对流段的工艺空气（氧气）加热盘管预热到450℃左右，进入二段炉顶部与一段转化气汇合，在顶部燃烧区燃烧、放热，温度升到1200℃左右，再通过催化剂床层时继续反应并吸收热量，离开二段转化炉的气体温度约为1000℃，压力为3MPa，残余甲烷含量在0.3%左右。

二段转化气送入两台并联的第一废热锅炉，然后进入第二废热锅炉，这三台锅炉都产生高压蒸汽。从第二废热锅炉出来的气体温度约370℃左右送往变换工序。

燃料天然气从辐射段顶部烧嘴喷入并燃烧，烟道气流动方向自上而下，它与管内的气体流向一致。离开辐射段的烟道气温度在1000℃以上。进入对流段后，依次流过混合气、空气（氧气）、蒸汽、原料天然气、锅炉水和燃料天然气各个盘管，温度降到250℃，用排风机排往大气。

为了平衡全厂蒸汽用量而设置一台辅助锅炉，也是以天然气为燃料，烟道气在一段炉对流段的中央位置加入，因此它与一段转化炉共用一个对流段，一台排风机和一个烟囱。辅助锅炉和几台废热锅炉共用一个汽包，产生10.5MPa的高压蒸汽。

1. 各种流程主要的区别

① 原料的预热温度。天然气和蒸汽的混合气需要预热后再送入各反应管，这样可以降低一段炉辐射段的热负荷，而且使气体进入反应管很快就达到转化温度，从而提高了反应管的利用系数。但原料的预热温度，各种方法不完全相同。例如凯洛格法、托普索法采用较高的预热温度，通常约500～520℃，而有些方法只预热到350～400℃。预热温度的高低应根据原料烃的组成及催化剂的性能而定。

② 对流段内各加热盘管的布置。从转化炉辐射段出来的烟道气温度一般约1000℃。为了充分回收这部分热量，在一段炉内多设置有加热盘管的对流段。但盘管的布置各种方法不同，有的布置较为复杂，热量回收比较好；有的则较为简单。原料及工艺空气（氧气）均另设预热器预热，开工比较简单，但热回收差一些。

烟道气经回收热量后，温度一般尚在200～250℃，在条件许可时，可设置加热盘管，用来预热燃烧用空气（或氧气），而将烟道气温度降到120～150℃。

此外，对流段也因位置不同，有的毗连于辐射段下部或位于辐射段一侧；有的流程因烟道位置不同而具有上烟道或下烟道。

2. 转化系统的余热回收

现代大型工厂最重要的特点是充分回收生产过程的余热，产生高压蒸汽作为动力。以日产1000t合成氨装置为例，在整个合成氨生产系统中共有586.2MJ/h热量供副产蒸汽用，其中转化系统可以回收376.8MJ/h，占余热回收量的64.2%。

① 一段转化炉对流段。烟道气的余热除加热原料、工艺蒸汽与氧气用去一部分，尚有167.5MJ/h的热量可以用来加热锅炉给水、过热蒸汽。

② 二段转化气。离开二段转化炉的转化气温度为1000℃左右，在将气体冷却到CO变换所要求的进口温度370℃时，尚可回收209.3MJ/h余热用来产生高压蒸汽。

第四节　静电除尘

在合成氨生产中，习惯把静电除焦油或静电除尘、脱硫、一氧化碳的变换、二氧化碳的脱除、铜洗（或联醇、双甲）、分子筛吸附水分等工艺统称为合成氨净化工序，通过净化后的气体组成为氢气、氮气和少量甲烷，称为净化气。作为合成氨的原料气。

为此，在甲醇生产中，人们习惯把这些工序叫做净化工序，其实这种叫法是不准确的，因为甲醇合成和氨合成对原料气的要求大相径庭，所以本书中的净化工序专指静电除尘（焦）和多次脱硫。

该工段任务主要是清除由造气送来的半水煤气中的灰尘、煤焦油等杂质，然后由罗茨风机加压、冷却后送至后工段。根据全厂情况，调节罗茨风机气量，以均衡生产负荷。

1. 电除尘器的工作原理及工艺

如 QS-SGD104-1 型湿式电除尘器（见图 2-16），内有 104 根 ϕ325mm×8mm 的钢管（俗称阳极管），每根管中心悬挂一根 ϕ3mm 金属导线（称为阴极线），组成气体净化场。所有阴极线与高压直流电的负极相连接组成电晕电极，阳极管接正极称为沉淀电极。将高压直流电加入除尘器内两个电极之上后，在电晕极和沉淀电极之间形成一个强大的电场，当含有尘粒的煤气通过这个电场时，煤气中的尘粒便带上电荷。由于不均匀电场面的缘故，大部分尘粒都移向沉淀电极管壁，与电极上的异性电荷中和，水沿沉淀电极管壁将粉尘冲去，使煤气得以净化。电晕极线上的粉尘由间断冲洗装置定期冲洗清除。

还有一种干式电除尘器，它与湿式电除尘器的区别是，其沉淀电极管壁和电晕极线的冲洗都是间断的、定期的进行；而湿式电除尘器的沉淀电极管壁是连续冲洗，只有电晕极线是间断冲洗，两种形式各有利弊，需严格按操作规程操作。

（1）电除尘器工作原理　电除尘分离气体中的悬浮物灰尘包括三个基本过程，即悬浮灰尘的荷电；电荷灰尘在电场中回收；除去收尘电极上的积灰。所有阴极线与高压直流电的负极相连接组成电晕电极，阳极管接正极称为沉淀电极。

将高压直流电加入除尘器内两个电极之上后，在电晕极和沉淀电极之间形成一个强大的电场，当含有尘粒的煤气通过这个电场时，煤气中的尘粒便带上电荷。由于不均匀电场的缘故，大部分尘粒都移向沉淀极，在沉淀电极吸引力作用下，将自身的电荷交给沉淀极，并吸附在该极板上。在自身重力作用下，沿极板自由下落沉积，而达到除焦油，粉尘净化半水煤气的目的。

（2）电除尘器工艺流程　由气柜送来的半水煤气经过综合洗气塔，洗涤降温后经静电前水封，两个电除尘器除去大量煤焦油、粉尘等杂质，送到一次脱硫工段。静电除尘器中吸附的粉尘由间断冲洗装置定期冲洗清除（有的厂家还在一次脱硫后增设一套静电除尘系统，更好地净化气体）。

2. 运行操作

设备安装完毕后，必须进行空载调试（在不通煤气的情况下进行电性能升压试验），合格后才能投入运行。

（1）检查与调整

① 清理除焦油塔内杂物，并检查各连件和紧固件的牢固性。

② 全面检查安装是否符合技术要求。

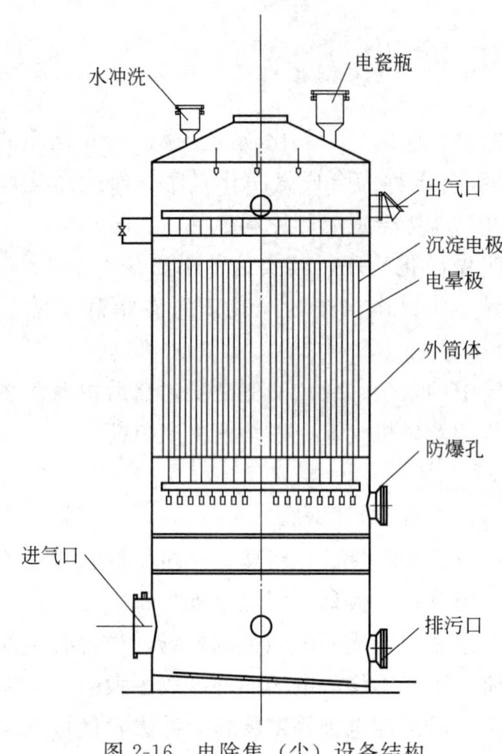

图 2-16 电除焦（尘）设备结构

③ 仔细检查电气系统接线是否可靠。

④ 控制柜开关、按钮灵活可靠，开机前应置于断开位置。

⑤ 测量塔体底座与基础预埋铁之间电阻和高压静电硅整流器地线与座架接地处电阻应小于 4Ω。

⑥ 用 2500V 兆欧表测量硅整流器、控制柜电缆、电晕极系统对塔体、沉淀极的绝缘电阻，应大于 100MΩ 以上。

⑦ 用 2500V 兆欧表测量硅整流器电阻值，正向电阻接近于 0，反向电阻应＞500MΩ。

⑧ 全面检查直至调整符合技术要求后，严密封闭瓷瓶箱孔、手孔、排污孔、蒸汽吹扫孔等，人孔暂不封闭。

（2）空气试车

① 在全套安装、调整、检查合格后进行试车。

② 接通 220V、50Hz 网络电源。

③ 控制柜上的“电压调节”（回零—升压）手轮逆时针旋转至“回零”位置，否则，联锁的微动开关触点未闭合，电源不能接通。

④ 按压“电源、接通”按钮，“电源指示”灯亮，“输入电压”表指示网络电压。

⑤ 缓缓平稳地顺时针旋转“电压调节”手轮，“输出电压”表和“输出电流”表指示即为“工作电压”（kV 值）和“工作电流”（mA 值）；当输出电流表指针发生轻微摆动时，说明除焦油塔内电晕极已闪路放电，此时停止旋转“电压调节”手轮，并微微回调，使指针停止摆动，这时，“输出电压”和“输出电流”表的指示均符合技术要求，则空气试车合格。

⑥ 当试车发生负载短路或过流时，电气系统自动断开高压电源，停止运行，同时“故障指示”灯亮，“报警”铃响，提示操作人员应及时断开网络电源，检查故障原因。

⑦ 当故障排除后，按上述第②、③、④、⑤条款，重新启动空气试车。试车合格后，严密封闭人孔。

（3）通气运行

① 在除焦油器投入运行前，打开瓷瓶箱加热蒸汽管道阀门，分数次缓慢加大蒸汽通入量，使瓷瓶逐渐加热，压力从 0.05MPa，逐渐升到 0.2MPa，2～4h 后，方可投入蒸汽运行。并保持瓷瓶箱夹套温度为 110～120℃，最低不低于 95℃。

② 用氧控仪（KY-II 型，）监视半水煤气的氧含量，当氧含量小于 0.5%时，方可通入原料气，投入运行。

③ 按“空气试车”一节的第②、③、④、⑤条款，接通电源和缓缓平稳地升高输出电压，直到电晕极发生闪络放电的临界点，“输出电流”表指针轻微摆动时，将“电压调节”手轮微微回调，指针停止摆动，此时指示为“工作电压”（kV 值）和“工作电流”（mA 值），除焦油处于最佳运行状态。

④ 当氧含量超限或负载短路和过流时，“自控单元”切断输出高压电源，“故障指示”

灯亮，“报警”铃响，揭示运行出现故障，除焦油停止。操作人员应及时断开网络电源。

⑤ 查明原因，待氧含量正常故障排除后，再按第③条重新投入蒸汽运行。

3. 正常开停车和操作要点

(1) 正常开车

① 开车前的准备。

a. 检查管道、阀门、分析取样点及电器、仪表等必须正常完好。

b. 检查系统的水封是否有水，蒸汽管道及阀门是否畅通、有气。

c. 与调度及班长联系。

② 开车。

系统未经检修处于保压下的开车。

a. 接到开车指令时，检查各水封是否有水。

b. 打开各水封、排污，排放积水。

c. 过气后根据煤气中含 O_2 情况，若合格可开启静电除尘器工作。

系统检修后的开车。

a. 全系统检修后开车要用惰性气置换，直到在出口取样合格。

b. 若是单台设备检修，而另一台设备在运行时，检修的设备可用蒸汽置换或煤气置换。封死前后水封，在后水封处取样合格为止。

(2) 停车

① 短期停车。

系统正常情况下的停车。

a. 接停车指令后，按停车步骤停下电除尘器。

b. 与造气、脱硫工序联系切气。

c. 根据停车时间和指令封前后水封。

系统须检修的停车。

a. 按指令停电除尘器。

b. 封前后水封。

紧急停车。若遇全厂断电、或发生重大设备事故可紧急停车。

② 长期停车。

a. 按短期停车步骤停车，系统卸压。

b. 停车后用惰性气置换系统。在后水封取样处取样分析 O_2 含量$\leqslant$0.5%，$CO+H_2$ 含量$\leqslant$8%为合格。

c. 惰性气置换后用空气置换，在上部取样分析 O_2 含量$\geqslant$20%为合格。

(3) 正常操作要点

① 每 1h 检查水封、排污各一次。

② 电除尘的输出电压必须在指标范围内。

③ 若指针摆动，要查明原因并及时处理。

④ 保温蒸汽排污有蒸汽冒出，严防堵塞和冻结。

⑤ 冲洗时必须用大水量冲洗，排水阀排不及时，可间断冲洗，绝不能用小水冲洗。冲洗时间不少于 10～15min。冲洗完毕，不能立即投运，防止残余水过多而造成放电事故。

⑥ 严格监控氧含量，并及时和脱硫分析工联系气体中 O_2 含量的变化。

4. 维护与保养

① 为保证静电除焦器正常运行，应加强管理，执行岗位操作规则和制度，专人负责制定期检查和维修，填写运行记录。

② 每次停机并经气体置换后，对塔体内部进行蒸汽吹扫，打开塔体上、下筒体蒸汽管道的阀门及排污孔，吹扫压力 0.4MPa 冲扫 1h 左右，直至干净，然后打开上、下人孔、手孔，进行自然通风干燥，并清理焦油混合物。

③ 保持高压瓷瓶清洁，开机运行前，用干净抹布擦洗干净。用2500V 兆欧表测量瓷瓶、电晕极系统的绝缘电阻，应大于 100MΩ 以上。

④ 检修时检查塔体内各部件、紧固件，特别是电极丝的腐蚀状况，腐蚀严重时，应予更换，并检查各零部件、紧固件是否牢固可靠、符合技术要求。

⑤ 运行中要保持瓷瓶箱夹套温度为 110～120℃，应保证压力表工作正常，阀门开启灵活，疏水阀畅通，阀门及管道无泄漏。

⑥ 每班隔 2～4h 排污一次。

⑦ 每年冬、夏季对高压静电硅整流器和塔体各测量一次接地电阻，应小于 4Ω。

⑧ 打开高压静电硅整流器外罩，擦净表面灰尘，并检查和擦净接线柱的灰尘和油污。

⑨ 保持控制柜清洁，仪表板应经常擦拭，并检查各开关、按钮、指示灯、仪表等是否正常，有无缺陷。

⑩ 每隔一年对变压器油作一次耐压试验，其击穿电压不低于 35kV/2.5mm，不合格时，更换新油。

⑪ 定期校验氧控仪，保证工作正常。

⑫ 在冬季应防止蒸汽管道和瓷瓶箱加温管道的蒸汽出、入口冻结，停止通蒸汽时应排净管道冷凝水，使疏水器运行良好。

检修时，检查电源线、电缆线有无破损，保证绝缘性能符合要求。

5. 常见故障及排除方法

(1) 按压“电源接通”按钮后，“电源指示”灯不亮，不能投入运行

检查“电压调节”手轮是否调回“零位”；“电源断开”按钮是否复位灵活，输入电源是否接通。

按压“电源、接通”按钮后，“故障指示”灯亮，“报警”铃响。

① 检查控制柜，断开输出端后，若仍不能正常接通，则故障在控制柜内。

a. 断开控制变压器 TC_2 接线端，若仪表板“电源指示”灯亮，则故障在此“自控单元”内，更换新的。

b. 若仍不能正常接通，则中间继电器 KA_2 接线、触点等不良，仔细检查原因，以排除。

② 断开控制柜内输出端后，若能正常接通，“电源指示”灯亮，则故障在塔体，内有短路现象。

a. 塔体内检查必须在停止送气进行气体置换后，打开上、下人孔，手孔通风，检查应在无煤气和断电状态下，并戴防毒面具进行。

b. 检查电极丝有无断丝、弯曲、松紧程度、脱离上、下伞环；重锤是否脱出下伞环；塔内有无杂物。查明后排除。

c. 检查瓷瓶有无开裂现象和沾有焦油混合物，查明后更换瓷瓶或擦净焦油混合物等。

d. 检查电晕极对塔体的绝缘电阻，用2500V兆欧表测量，不低于100MΩ。

(2) 当接通电源后，“输出电流”表（mA）指针摆动严重，且超过160mA以上，而“输出电压”表（kV）值低于25kV

① 瓷瓶箱温度可能未达到规定值，应在通气运行前和通电前加热瓷瓶，保证蒸汽压力，待瓷瓶箱温度达到后再投入运行。并检查压力表和疏水阀是否失灵，保持疏水阀畅通。

② 检查高压静电硅整流器绝缘电阻，用2500V兆欧表测量，正向电阻接近于零，反向电阻应大于500MΩ以上。

③ 检查瓷瓶、电晕极、沉淀电极上焦油混合物，聚集过多可造成短路，若属此因，应通以0.4MPa蒸汽吹扫塔体内部并排污，清理焦油混合物，并擦净瓷瓶。

(3) 当接通电源后，“输出电流”表（mA）无指示

属高压静电硅整流器的故障，待检查确定后更换。

(4) 当氧控仪并机工作后，介质氧含量超过规定值时

同前所述，不能接通除焦油器投入运行。而当介质氧含量确实正常时，但由于氧控仪本身精度、误差、故障等而造成错误，同样会出现前述现象。所以，氧控仪应保持良好正确工作状态，定期校验，可启用备用氧控仪。

6. 紧急事故处理

当出现下列情况时，需做紧急停车处理（按停车按钮或直接拉掉供电柜的相应电闸）。

① 煤气中氧含量超指标而联锁未动作。

② 电器设备、线路着火。

③ 线路发生短路。

④ 设备、管道爆炸、着火和其他危及人及设备安全的恶性事故。

7. 一般事故分析及处理

① 静电除尘器本身故障。

静电除尘器故障见表2-12。

表2-12　静电除尘器故障

序号	事故状况	原因分析	处理方法
1	高压送不高或体内放电	瓷绝缘子表面污染； 绝缘子损坏； 绝缘子表面结露水； 电晕线断线； 在沉淀极和电晕极上附着的焦油太厚； 电晕线偏心，尺寸不合格； 蒸汽压力不足	用布清洗干净； 更换； 绝缘箱温度80～110℃； 更换； 搞蒸汽清扫，使焦油流下； 使电晕线偏心＜5mm； 检查蒸汽压力
2	内温度绝缘箱值下限低于规定	蒸汽压力不足； 排水管中积存冷凝液； 供给蒸汽量不足	检查蒸汽压力； 检查蒸汽疏水器排水的排出情况； 调节阀门的开度
3	有电压无电流	本体接地断路	检查

② 煤气中氧含量＞0.6%时，如联锁不动作，应做紧急停电处理，同时汇报调度室，要连续两次取样分析O_2＜0.6%时方可送电。

③ 防爆片破裂时，立即切断电源，汇报调度室，让煤气走旁路，换上新的爆破片后，对电除尘进行置换操作，达到规定指标后，恢复供电。

第三章　脱　　硫

各种形式的硫化物对甲醇生产都是非常有害的，本节主要阐述粗原料气中各种硫化物的脱除原理和方法，以及在甲醇生产中几种广泛应用的脱硫工艺。在了解脱硫基本原理与主要方法的基础上，结合企业实际情况，在合适的生产工序之间设置高效、经济的脱硫装置，达到保护各种催化剂的目的。

甲醇原料气中的硫是以各种形态的含硫化合物存在的，如硫化氢、硫氧化碳、二硫化碳、硫醇、硫醚、环状硫化物等。这几种主要硫化物的性质如下。

1. 硫化氢（H_2S）

无色气体，有毒，溶于水呈酸性，与碱作用生成盐，可被碱性溶液脱除，能与某些金属氧化物作用，氧化锌脱硫就是利用这一性质。

2. 硫氧化碳（COS）

无色无味气体，微溶于水，与碱作用缓慢生成不稳定盐，高温下与水蒸气作用转化为硫化氢与二氧化碳。

3. 二硫化碳（CS_2）

常温常压下为无色液体，易挥发，难溶于水，可与碱溶液作用，可与氢作用，高温下与水蒸气作用转化为硫化氢与二氧化碳。

4. 硫醇（RSH）

其中R为烷基，甲醇原料气中的硫醇主要是甲硫醇CH_3SH与乙硫醇C_2H_5SH，不溶于水，其酸性比相应的醇类强，能与碱作用，可被碱吸收。

5. 硫醚（RSR）

最典型的是二甲硫醚$(CH_3)_2S$，是无气味的中性气体，性质较稳定，400℃以上才分解为烯烃与硫化氢。

6. 噻吩（C_4H_4S）

物理性质与苯相似，有苯的气味，不溶于水，性质稳定，加热至500℃也难分解，是最难脱除的硫化物。

第一节　脱硫的方法

脱硫是甲醇生产中的必经步骤。当以天然气或石脑油为原料时，在采用蒸汽转化制气前就需将硫化物除净，以满足烃类蒸汽转化镍催化剂的要求。如天然气含硫量高时，先经湿法脱硫，再进行干法精脱硫。如天然气或石脑油本身含硫量不高时，可通过钴钼加氢使有机硫转化，再经氧化锌等干法脱硫。当以焦炉气或焦、煤为原料时，制得的粗原料气，先需经湿法一次脱硫，后经变换工序（可在此设置有机硫转化装置），再经湿法二次脱硫（即二次脱硫），然后经脱碳工序，最终以干法三次（精）脱硫（也可设有机硫转化装置），使原料气中硫化物的总含量≤$0.1cm^3/m^3$，方可送往甲醇合成工序。也把这种新工艺归纳为“三次脱硫、两次转化”。由此可见，脱硫贯穿甲醇生产的整个工艺过程，脱硫也越来越引起人们的重视。

气体脱硫方法可分为两类，一类是干法脱硫，一类是湿法脱硫。干法脱硫设备简单，但反应速率较慢，设备比较庞大，而且硫容有限，常需要多个设备切换操作。湿法脱硫可分为物理吸收法、化学吸收法与直接氧化法三类。物理吸收法应选择硫化物溶解度较大的有机溶剂为吸收剂，加压吸收，富液减压解吸，溶剂循环使用，解吸的硫化物需二次加工。化学吸收法则选用弱碱性溶液吸收剂，吸收时伴有化学反应，富液升温再生循环使用，再生的硫化物也需要二次加工回收。直接氧化法的吸收剂为碱性溶液，溶液中加载体起催化作用，被吸收的硫化氢被氧化为硫黄，溶液再生循环使用，副产硫黄。

脱硫方法有很多种，甲醇生产中脱硫方法选用的原则应根据气体中硫的形态及含量、脱硫要求、脱硫剂供应的可能性等，通过技术与经济综合比较来确定。一般经验如下。

① 当原料气中总硫含量不太高，而脱硫要求达 $0.1cm^3/m^3$ 以下，以满足烃类蒸汽转化或铜基催化剂上甲醇合成的要求时，一般需要干法。若总硫为十至几十立方厘米每立方米左右，而且大多为硫化氢与硫氧化碳形式，选用活性炭法已能满足要求；若有机硫含量较高，且含噻吩，可选用钴钼加氢串联氧化锌流程。

② 当原料气中含有较高二氧化碳且含一定量硫化氢时，为脱除硫化氢，可选用化学吸收中的氧化法，如 ADA 法，氨水催化法等。当气体中硫化氢、二氧化碳含量较高时，可用物理吸收法，如低温甲醇法、聚乙二醇二甲醚法等，此类方法蒸汽消耗低，净化度较高，且腐蚀性小。

③ 当原料气中硫化氢含量太高时，如含 $30\sim50g/m^3$ 硫化氢的天然气，则可选用化学吸收中的醇胺法。

一、干法脱硫

1. 氢氧化铁法

(1) 基本原理　用氢氧化铁法脱除硫化氢，反应式如下。

$$2Fe(OH)_3 + 3H_2S \longrightarrow Fe_2S_3 + 6H_2O \qquad (3\text{-}1)$$

这是不可逆反应，反应原理不受平衡压力影响，但水蒸气的含量对脱硫效率影响很大。副产硫黄，用过的氢氧化铁可以再生，再生反应为

$$2Fe_2S_3 + 6H_2O + 3O_2 \longrightarrow 4Fe(OH)_3 + 6S \qquad (3\text{-}2)$$

再生有间歇与连续两种。间歇再生用含氧气体进行循环再生，连续再生在脱硫槽进口处向原料气不断加入空气与水蒸气，后者简便、省时、能提高脱硫剂利用率。

(2) 使用条件　氢氧化铁脱硫剂组成为 $aFe_2O_3 \cdot xH_2O$，脱硫剂需要适宜的含水量，最好为30%～50%，否则会降低脱硫率。氢氧化铁法使用时无特殊要求，在常温、常压与加压下都能使用，但脱硫效果与接触时间关系很大，在脱硫过程中，原料气含硫量与所需接触时间几乎成直线关系。

(3) 高温下的氧化铁脱硫　氧化铁脱硫剂的主要成分是 Fe_2O_3，其使用温度为300～400℃，压力要求不严，既可脱除 H_2S，又可脱除 CS_2 和 COS。

2. 活性炭法

(1) 基本原理　活性炭脱硫法分吸附法、催化法和氧化法。

① 吸附法是利用活性炭选择性吸附的特性进行脱硫，对脱除噻吩最有效，但因硫容量过小，使用受到限制。

② 催化法是在活性炭中浸渍了铜铁等重金属，使有机硫被催化转化成硫化氢，而硫化

氢再被活性炭吸附。

③ 氧化法脱硫是最常用的一种方法，借助于氨的催化作用，硫化氢和硫氧化碳被气体中存在的氧所氧化，反应式为

$$H_2S+1/2O_2 = S+H_2O \tag{3-3}$$

$$COS+1/2O_2 = S+CO_2 \tag{3-4}$$

反应分两步进行，第一步是活性炭表面化学吸附氧，形成表面氧化物，这一步反应速率极快；第二步是气体中的硫化氢分子与化学吸附态的氧反应生成硫与水，速率较慢，反应速率由第二步确定。反应所需氧，按化学计量式计算，结果再多加 50%。由于硫化氢与硫醇在水中有一定的溶解度，故要求进气的相对湿度大于 70%，使水蒸气在活性炭表面形成薄膜，有利于活性炭吸附硫化氢及硫醇，增加它们在表面上氧化反应的机会。适量氨的存在使水膜呈碱性，有利于吸附呈酸性的硫化物，显著提高脱硫效率与硫含量。反应过程强烈放热，当温度维持在 20～40℃时，对脱硫过程无影响；如超过 50℃，气体将带走活性炭中水分，使湿度降低，恶化脱硫过程，同时水膜中氨浓度下降，使氨的催化作用减弱。

（2）再生方法　脱硫剂再生有过热蒸汽法和多硫化铵法。

① 多硫化铵法是采用硫化铵溶液多次萃取活性炭中的硫，硫与硫化铵反应生成多硫化铵，反应式为

$$(NH_4)_2S+(n-1)S = (NH_4)_2S_n \tag{3-5}$$

此法包括硫化铵溶液的制备、用硫化铵溶液浸取活性炭上的硫黄、再生活性炭和多硫化铵溶液的分解、以及回收硫黄及硫化铵溶液等步骤。多硫化铵法是传统的再生方法，优质的活性炭可再生循环使用 20～30 次，但这种方法流程比较复杂，设备繁多，系统庞大。

② 过热蒸汽或热惰性气体（热氮气或煤气燃烧气）再生法，由于这些气体不与硫反应，可用燃烧炉或电炉加热，调节温度至 350～450℃，通入活性炭脱硫器内，活性炭上硫黄便发生升华，硫蒸气被热气体带走。

3. 铁钼加氢转化法

经湿法脱硫后的原料气中含有 CS_2、C_4H_4S、RSH 等有机硫，在铁钼催化剂的作用下，能绝大部分加氢转化成容易脱除的 H_2S，然后再用氧化锰脱除之，所以铁钼加氢转化法是脱除有机硫很有效的预处理方法。

（1）基本原理　在铁钼催化剂的作用下，有机硫加氢转化为 H_2S 的反应如下。

$$R—SH(\text{硫醇})+H_2 = RH+H_2S \tag{3-6}$$

$$R—S—R(\text{硫醚})+2H_2 = RH+H_2S+RH \tag{3-7}$$

$$C_4H_4S(\text{噻吩})+4H_2 = C_4H_{10}+H_2S \tag{3-8}$$

$$CS_2(\text{二硫化碳})+4H_2 = CH_4+2H_2S \tag{3-9}$$

上述反应平衡常数都很大，在 350～430℃的操作温度范围内，有机硫转化率是很高的，其转化反应速率对不同种类的硫化物而言差别很大，其中噻吩加氢反应速率最慢，故有机硫加氢反应速率取决于噻吩的加氢反应速率。加氢反应速率与温度和氢气分压也有关，温度升高，氢气分压增大，加氢反应速率加快。

在转化有机硫的过程中，也有副反应发生，其反应式为

$$CO+3H_2 = CH_4+H_2O \tag{3-10}$$

$$CO_2+4H_2 = CH_4+2H_2O \tag{3-11}$$

转化反应和副反应均为放热反应，所以生产当中要很好的控制催化剂层的温升。

(2) 铁钼催化剂　铁钼催化剂的化学组成是 Fe：2.0%～3.0%；MoO_3：7.5%～10.5%；并以 Al_2O_3 为载体，催化剂制成 ϕ7mm×(5～6) mm 的片状，外观呈黑褐色。耐压强度>1.5MPa（侧压），堆密度为 0.7～0.85kg/L。型号：T202。

氧化态的铁钼催化剂是以 FeO、MoO_3 的形态存在，对加氢转化反应活性不大，只有经过硫化后才具有很高的活性，其硫化反应如下。

$$MoO_3+2H_2S+H_2 = MoS_2+3H_2O \tag{3-12}$$

$$9FeO+8H_2S+H_2 = Fe_9S_8+9H_2O \tag{3-13}$$

(3) 工艺操作条件　铁钼催化剂操作温度为 350～450℃；压力 0.7MPa～7.0MPa，空间速度 500～1500h^{-1}。T202 型加氢转化催化剂主要用于重油（天然气）合成氨。

(4) 事故处理　铁钼转化器最容易出现的事故就是催化剂超温与结炭。超温的原因一般是因为前工序送来的原料气中氧含量增高所致，如遇此情况，一方面可以打开转化器入口的冷激阀门，向槽内通入蒸汽或低温的煤气来压温，另一方面应立即通知前部工序降低原料气中的氧含量。结炭的原因，是在生产中有时会产生副反应，如

$$CS_2+2H_2 = 2H_2S+C \tag{3-14}$$

$$C_2H_4 = CH_4+C \tag{3-15}$$

$$2CO = CO_2+C \tag{3-16}$$

若出现结炭现象，则催化剂活性便会降低。处理的方法是将转化器与生产系统隔离。把槽内可燃气体用氮气或蒸汽置换干净，然后缓慢向槽内通入空气进行再生，在严格控制催化剂温升（最高不超过 450℃）的情况下，通入空气后床层温度不继续上升，且有下降趋势时，分析出入口氧含量相等时，即可认为再生结束。另外气体成分变化，负荷过大也易造成超温。

4. 氧化锰脱硫法

(1) 基本原理　氧化锰对有机硫的转化反应与铁钼相似，但对噻吩的转化能力非常小，在干法脱硫中，主要起吸收 H_2S 的作用。其反应式为

$$MnO+H_2S = MnS+H_2O \tag{3-17}$$

(2) 氧化锰催化剂　氧化锰催化剂是天然的锰矿石，天然锰矿都是以 MnO_2 存在，MnO_2 是不能脱除 H_2S 的，只有还原后才具有活性。因此使用前必须进行还原。其反应式为

$$MnO_2+H_2 = MnO+H_2O \tag{3-18}$$

生产中是根据需要将锰矿石粉碎成一定的粒度，然后均匀的装入设备内进行升温还原后，催化剂具有了吸收 H_2S 的活性后才可使用。

(3) 工艺操作条件　氧化锰催化剂温度一般为 350～420℃，操作压力 2.1MPa 左右，出口总硫可降到 20mg/m^3 以下。催化剂层热点温度 400℃左右。

(4) 一般事故处理　操作中一般易出现的事故即催化剂层超温，生产中引起催化剂超温的原因是气体负荷的变化，或是铁钼槽来的气体温度超指标造成。此种情况只要及时联系有关工序，减小生产负荷与控制气体成分即可。若催化剂超过规定温度指标，还可开入口冷激阀，用氮气或蒸汽压温。在新装催化剂还原时，由于四价锰（MnO_2）还原成二价锰（MnO），是放热反应，因此，在还原操作时必须严格控制还原气（H_2）含量，否则最易引起催化剂温度猛涨，严重时则会烧结催化剂使其失去活性。

5. 氧化锌脱硫法

氧化锌是内表面积较大，硫容量较高的一种固体脱硫剂，在脱除气体中的硫化氢及部分有机硫的过程中，速度极快。净化后的气体中总硫含量一般在 3×10^{-6}（质量分数）以下，最低可达 10^{-7}（质量分数）以下，广泛用于精细脱硫。

（1）基本原理　氧化锌脱硫剂可直接吸收硫化氢生成硫化锌，反应式为

$$H_2S+ZnO \xlongequal{} ZnS+H_2O \tag{3-19}$$

对有机硫，如硫氧化碳，二硫化碳等则先转化成硫化氢，然后再被氧化锌吸收，反应式为

$$COS+H_2 \xlongequal{} H_2S+CO \tag{3-20}$$

$$CS_2+4H_2 \xlongequal{} 2H_2S+CH_4 \tag{3-21}$$

氧化锌脱硫剂对噻吩的转化能力很小，又不能直接吸收，因此，单独用氧化锌是不能把有机硫完全脱除的。

氧化锌脱硫的化学反应速率很快，硫化物从脱硫剂的外表面通过毛细孔到达脱硫剂的内表面，内扩散速度较慢，它是脱硫反应过程的控制步骤。因此，脱硫剂粒度小，孔隙率大，有利于反应的进行。同样，压力高也能提高反应速率和脱硫剂的利用率。上述即为氧化锌脱硫剂反应机理。

（2）氧化锌脱硫剂　氧化锌脱硫剂是以氧化锌为主体（约占95%左右），并添加少量氧化锰、氧化铜或氧化镁为助剂，T301 型氧化锌脱硫剂的主要性能如下。

外观：白色或浅灰色条状物；堆密度：1～1.3g/mL；强度：≥40N/cm²；适宜温度：200～400℃；出口气体含硫量：10^{-7}（质量分数）。

氧化锌脱硫剂装填后不需还原，升温后便可使用。T305 型脱硫剂是一种适应性较强的新型脱硫剂，能在苛刻条件下，保持很高的活性与硫容量，并具有耐高水汽的特性。

脱硫剂装入设备后，用氮气置换至 O_2 含量<0.5%以下，再用氮气或原料气进行升温，升温速度：常温到120℃，为30～50℃/h，120℃恒温2h；120～220℃（或220℃以上）为50℃/h；220℃（或220℃以上）恒温1h。恒温过程中即可逐步升压，每10min升0.5MPa，直到操作压力。在温度、压力达到要求后先维持4h的轻负荷生产，然后再逐步随系统一起加大负荷，转入正常生产。

（3）工艺操作条件

① 温度。温度升高，反应速率加快，脱硫剂硫容量增加。但温度过高，氧化锌的脱硫能力反而下降，工业生产中，操作温度在200～400℃之间。脱除硫化氢时可在200℃左右进行，而脱除有机硫时必须在350～400℃。

② 压力。氧化锌脱硫属内扩散控制过程，因此，提高压力有利于加快反应速率。生产中，操作压力取决于原料气的压力和脱硫工序在合成氨生产中的部位。操作压力一般为0.7～6.0MPa。

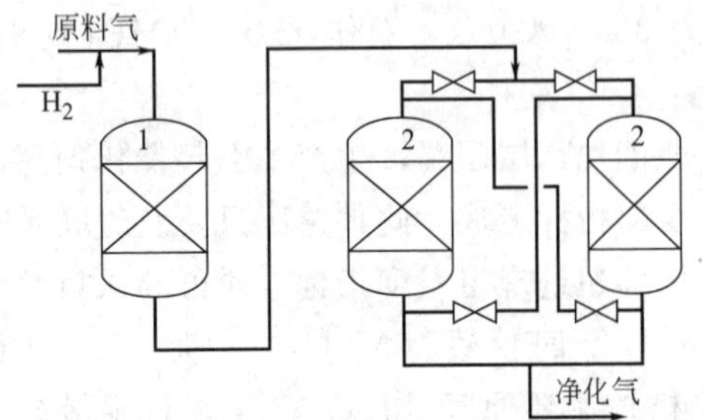

图 3-1　加氢转换串联氧化锌流程

1—加氢反应器；2—氧化锌脱硫槽

③ 硫容量。硫容量是指单位质量新的氧化锌脱硫剂吸收硫的量。如15%硫容量是指100kg新脱硫剂吸收15kg的硫。硫容量与脱硫剂性能有关，同时与操作条件有关。温度降低，气体空速和水蒸气量增大，硫容量则降低。

（4）工艺流程　工业上为了能提高和充分利用硫容，采用了双床串联倒换法。如图 3-1 所示，

一般单床操作质量硫容仅为13%～18%。而采用双床操作第一床质量硫容可达25%或更高。当第一床更换新ZnO脱硫剂后，则应将原第二床改为第一床操作。

（5）一般事故处理　氧化锌脱硫剂在升温或加压操作中应严格控制升温或加压速率而且升温与加压不能同时进行，操作过猛，会造成应力作用，粉化脱硫剂。同时，原料气体中水蒸气过高，由于水蒸气含盐高，会使脱硫剂层结盐，阻力增加影响整个系统正常生产。如遇上述情况，则：一是严格遵守操作要点，按操作方法进行调节；二是降低水蒸气含量。必要时更换新的脱硫剂。

6. 各种干法脱硫的比较

各种干法脱硫的比较见表3-1。

表3-1　各种干法脱硫的比较

方　法	氧化铁法	活性炭法	铁钼加氢	氧化锰法	氧化锌法
所脱硫化物	H_2S,COS,RSH	H_2S,CS_2,COS,RSH	C_4H_4S,CS_2,COS,RSH	H_2S,CS_2,COS,RSH	H_2S,CS_2,COS,RSH
出口总硫/(cm^3/m^3)	1	1	1	3	0.1～0.2
脱硫温度/℃	340～400	常温	350～450	400	350～400
操作压力/MPa	0～3.0	0～3.0	0.7～7.0	0～2.0	0～5.0
空速/h^{-1}		400	500～1500	1000	400
硫容量/%	2		转化为H_2S	10～14	15～25
再生情况	过热蒸汽再生	用硫化铵溶液或过热蒸汽再生	析炭后可再生	不再生	不再生
杂质影响	水蒸气影响平衡	C_3以上烃类影响效率	CO,CO_2降低活性	一氧化碳甲烷化反应显著	水蒸气影响平衡和硫容量

二、湿法脱硫

干法脱硫净化度高，并能脱除各种有机硫。但干法脱硫剂或者不能再生或者再生非常困难，并且只能周期性操作，设备庞大，劳动强度高。因此，干法脱硫仅适用于气体硫含量较低和净化度要求高的场合。

对于含大量无机硫的原料气，通常采用湿法脱硫。湿法脱硫有着突出的优点。首先，脱硫剂为液体，便于输送；其次，脱硫剂较易再生并能回收富有价值的化工原料硫黄，从而构成一个脱硫循环系统实现连续操作。因此，湿法脱硫广泛应用于以煤为原料及以含硫较高的重油、天然气为原料的生产流程中。当气体净化度要求很高时，可在湿法脱硫之后串联干法脱硫，通过多次脱硫，多次转化，使脱硫在工艺上和经济上都更合理。

1. 湿式氧化法脱硫的基本原理

湿法氧化法脱硫包含三个过程。一是脱硫剂中的吸收剂将原料气中的硫化氢吸收；二是吸收到溶液中的硫化氢的氧化以及吸收剂的再生；三是单质硫的浮选和净化凝固。

（1）吸收的基本原理及吸收剂的选择　硫化氢是酸性气体，其水溶液呈酸性，吸收过程可表示为

$$H_2S(g) \longrightarrow H^+ + HS^- \tag{3-22}$$

$$H^+ + OH^-(\text{碱性吸收剂}) \longrightarrow H_2O \tag{3-23}$$

故吸收剂应为碱性物质，使硫化氢的吸收平衡向右移动。工业中一般用碳酸钠水溶液或氨水等做吸收剂。

（2）再生的基本原理与催化剂的选择　碱性吸收剂只能将原料气中的硫化氢吸收到溶液

中，不能使硫化氢氧化为单质硫。因此，需借助其他物质来实现。通常是在溶液中添加催化剂作为载氧体，氧化态的催化剂将硫化氢氧化为单质硫，其自身呈还原态。还原态催化剂在再生时被空气中的氧氧化后恢复氧化能力，如此循环使用。此过程可示意为

$$\text{载氧体(氧化态)}+H_2S \longrightarrow S+\text{载氧体(还原态)} \tag{3-24}$$

$$\text{载氧体(还原态)}+\frac{1}{2}O_2 \longrightarrow H_2O+\text{载氧体(氧化态)} \tag{3-25}$$

总反应式：硫化氢在载氧体和空气的作用下发生如下反应。

$$H_2S+\frac{1}{2}O_2\text{(空气)} \longrightarrow S\downarrow+H_2O \tag{3-26}$$

显然，选择适宜的载氧催化剂是湿法氧化法的关键，这个载氧催化剂必须既能氧化硫化氢又能被空气中的氧氧化。因此，从氧化还原反应的必要条件来衡量，此催化剂的标准电极电位的数值范围必须大于硫化氢的电极电位，小于氧的电极电位，即：$0.141V<E^{\ominus}<1.23V$。实际选择催化剂时考虑到催化剂氧化硫化氢，一方面要充分氧化为单质硫，提高脱硫液的再生效果；另一方面又不能过度氧化生成副产物硫代硫酸盐和硫酸盐，影响脱硫液的再生效果。同时，如果催化剂的电极电位太高，氧化能力太强，再生时被空气氧化就越困难。因此，常用有机醌类做催化剂，其$E^{\ominus}$的范围是0.2～0.75V，其他类型催化剂的$E^{\ominus}$一般为0.141～0.75V。

2. 栲胶脱硫法

目前化学脱硫主要纯碱液相催化法，要使HS^-氧化成单质硫而又不发生深度氧化，那么该氧化剂的电极电位应在$0.2V<E<0.75V$范围内，通常选栲胶，PDS，ADA。以栲胶为例说明脱硫过程基本原理。

栲胶的主要组成单宁（约70%），含有大量的邻二或邻三羟基酚。多元酚的羟基受电子云的影响，间位羟基比较稳定，而连位和邻位羟基很活泼，易被空气中氧所氧化，用于脱硫的栲胶必须是水解类热溶栲胶，在碱性溶液中更容易氧化成醌类，氧化态的栲胶在还原过程中氧取代基又还原成羟基。

（1）栲胶法脱硫基本原理

① 化学吸收。

$$Na_2CO_3\text{(吸收)}+H_2S \longrightarrow NaHCO_3+NaHS \tag{3-27}$$

该反应对应的设备为填料式吸收塔。由于该反应属强碱弱酸中和反应，所以吸收速率相当快的。

② 元素硫的析出。

$$2NaHS+4NaVO_3\text{(氧化催化)}+H_2O \longrightarrow Na_2V_4O_9+4NaOH+2S\downarrow \tag{3-28}$$

该反应对应设备为吸收塔，但在吸收塔内反应有少量进行，主要在富液槽内进行。

③ 氧化剂的再生。

$$Na_2V_4O_9+2\text{栲胶(氧化)}+2NaOH+H_2O \longrightarrow 4NaVO_3+2\text{栲胶(还原)} \tag{3-29}$$

该反应对应设备为富液槽和再生槽进行。

④ 载氧体（栲胶）的再生。

$$\text{栲胶(还原)}+O_2\text{(空气中)} \longrightarrow \text{栲胶(氧化)}+H_2O \tag{3-30}$$

该反应对应设备再生槽进行。

以上四个反应方程式总反应为

$$2H_2S+O_2 \longrightarrow 2S\downarrow +2H_2O \tag{3-31}$$

（2）栲胶法脱硫的反应条件

① 溶液的 pH。提高 pH 能加快吸收硫化氢的速率，提高溶液的硫容，从而提高气体的净化度，并能加快氧气与还原态栲胶的反应速率。但 pH 过高，吸收二氧化碳的量增多，且易析出 $NaHCO_3$ 结晶，同时降低钒酸盐与硫氢化物反应速率和加快了生成硫代硫酸钠的速率。

因此通过大量的实验证明：pH＝8.1～8.7 为适宜值。

$$Na_2CO_3+CO_2+H_2O = 2NaHCO_3 \tag{3-32}$$

$$2NaHS+2O_2 = Na_2S_2O_3+H_2O \tag{3-33}$$

方程式(3-33）的进行主要源于硫氢化钠与偏钒酸钠在富液槽未进行彻底，或者说富液槽反应器并没有完成任务，而是将部分硫氢化钠后移到再生槽的结果所致。以上原因发生要么是富液在富液槽停留时间太短，要么偏钒酸钠浓度不到位。溶液中的碳酸钠和碳酸氢钠当量浓度之和为溶液总碱度。pH 随总碱度增加而上升，生产中，一般总碱度控制在 0.4～0.5mol/L，如果原料气中二氧化碳含量高，碳酸氢钠浓度大，pH 下降，可从系统中引出一部分溶液约为总量的 1%～2%，加热到 90℃脱除二氧化碳，如此经过 2h 的循环脱除却可恢复初始 pH。

② 偏钒酸钠含量。偏钒酸钠含量高，氧化 HS^- 速率快，偏钒酸钠含量取决于它能否在进入再生槽前全部氧化完毕。否则就会有 $Na_2S_2O_3$ 生成，太高不仅造成偏钒酸钠的催化剂浪费，而且直接影响硫磺纯度和强度（一般太高会使硫锭变脆），生产中一般应加入 1～1.5g/L。

③ 栲胶含量。化学载氧体，作用将焦钒酸钠氧化成偏钒酸钠，如果含量低直接影响再生效果和吸收效果，太多则易被硫泡沫带走，从而影响硫黄的纯度。生产中一般应控制在 0.6～1.2g/L。

④ 温度。提高温度虽然降低硫化氢在溶液中的溶解度，但加快吸收和再生反应速率，同时也加快生成的 $Na_2S_2O_3$ 副反应速率。

温度低，溶液再生速度慢，生成硫膏过细，硫化氢难分离，并且会因碳酸氢钠，硫代硫酸钠，栲胶等溶解度下降而析出沉淀堵塞填料，为了使吸收再生和析硫过程更好地进行，生产中吸收温度应维持在 30～45℃，再生槽温度应维持在 60～75℃（在冬季应该用蒸汽加热）。

⑤ 液气比。液气比增大，溶液循环量增大，虽然可以提高气体的净化度，并能防止硫黄在填料的沉积，但动力消耗增大，成本增加。因此液气比大小主要取决于原料气硫化氢含量多少，硫容的大小，塔型等，生产一般维持 $11L/m^3$ 左右即可。

⑥ 再生空气用量及再生时间。

空气作用使将还原态的栲胶氧化成氧化态的栲胶。

空气作用还可以使溶液悬浮硫以泡沫状浮在溶液的表面上，以便捕集，溢流回收硫黄。

空气作用同时将溶解在吸收液中二氧化碳吹除出来，从而提高溶液 pH，实际生产 1kg 硫化氢约需 $60\sim110m^3/(m^2\cdot h)$ 空气，再生时间维持在 8～12min。

3. 栲胶法工艺流程

由静电除尘岗位来的水煤气，含 H_2S，CS_2，COS，C_4H_4S，RSH 等有机硫和无机硫。

经清洗塔进一步除去煤气中的尘粒和部分焦油后进入脱硫塔，在脱硫塔除去 H_2S 后，进入汽水分离器除去夹带的液体后去压缩机。脱硫液经再生泵送入再生槽，在再生槽内，完成溶液的再生和单质硫的浮选。硫泡沫送入熔硫釜；再生液经贫液泵再送回脱硫塔，循环使用见图 3-2。

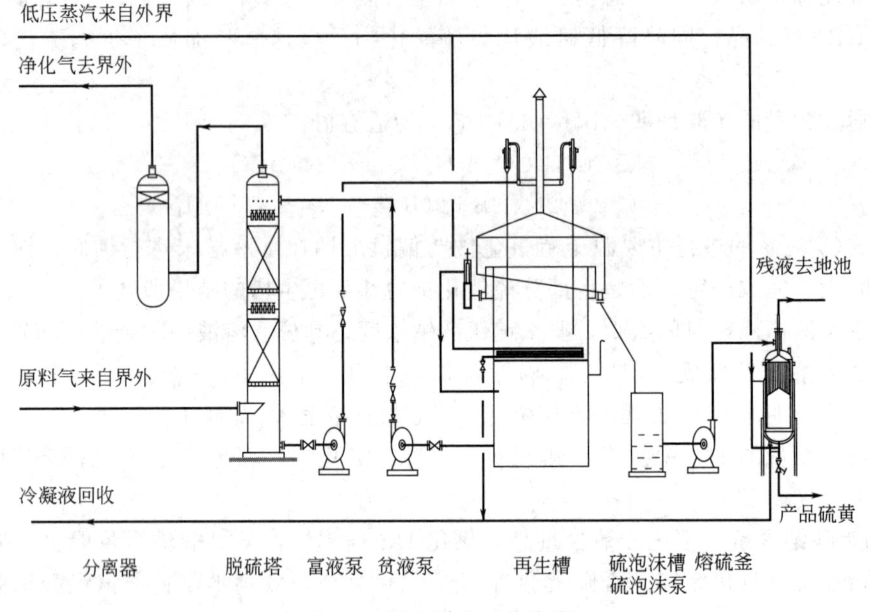

图 3-2　湿法脱硫工艺流程

4. 其他脱硫法简介

(1) ADA 法　ADA 法是蒽醌二磺酸钠法的简称，是蒽醌二磺酸钠的英文缩写，通常是借用它代表该法所用的氧化催化剂 2,6-或 2,7-蒽醌二磺酸钠。

现在工业所用的 ADA 法，实为改良 ADA 法，早期的 ADA 法所用的溶液是由少量的 2,6-或 2,7-蒽醌二磺酸钠及碳酸氢钠的水溶液配制而成的。后在工业实践中又逐步加进了偏钒酸钠和酒石酸钾钠等物质。使该法脱硫更趋于完善。

① 脱硫塔中的反应。

以 pH 为 8.5～9.2 的稀碱液吸收硫化氢生成硫氢化物

$$Na_2CO_3 + H_2S \longrightarrow NaHS + NaHCO_3 \tag{3-34}$$

硫氢化物与偏钒酸盐反应转化成还原性的焦钒酸钠及单质硫

$$2NaHS + 4NaVO_3 + H_2O \longrightarrow Na_2V_4O_9 + 4NaOH + 2S\downarrow \tag{3-35}$$

氧化态 ADA 反复氧化焦钒酸钠

$$Na_2V_4O_9 + 2ADA(\text{氧化态}) + 2NaOH + H_2O \longrightarrow 4NaVO_3 + 2ADA(\text{还原态}) \tag{3-36}$$

② 氧化槽中（吸收液再生设备）的反应。

还原态的 ADA 被空气中的氧氧化恢复氧化态，其后溶液循环使用；

$$2ADA(\text{还原态}) + O_2 \longrightarrow 2ADA(\text{氧化态}) + H_2O \tag{3-37}$$

③ 副反应。

气体中若有氧则要发生过氧化反应：

$$2NaHS + 2O_2 \longrightarrow Na_2S_2O_3 + H_2O \tag{3-38}$$

与气体中的二氧化碳和氰化氢，尚有下列副反应：

$$Na_2CO_3 + CO_2 + H_2O \longrightarrow 2NaHCO_3 \tag{3-39}$$

$$Na_2CO_3 + 2HCN \longrightarrow 2NaCN + H_2O + CO_2 \quad (3\text{-}40)$$

$$NaCN + S \longrightarrow NaCNS \quad (3\text{-}41)$$

以上副反应，除第二个副反应所产生的 $NaHCO_3$ 对脱硫无害外，其余均对脱硫过程有害，应设法除去。

（2）PDS 法　PDS 法为酞菁钴的商品名。1959 年美国最先研究酞菁钴催化氧化硫醇，脱除汽油中的硫醇臭味。继后前苏联也曾研究过酞菁钴脱硫法，但该催化剂易被氰化物中毒，未能工业化。直到 20 世纪 80 年代中国东北师范大学攻破此中毒难关。至今酞菁钴脱硫法在中国应用甚广。

PDS 的主要成分为双核酞菁钴磺酸盐，磺酸基主要是提高 PDS 在水中的溶解度。

脱硫反应如下。

$$Na_2CO_3 + H_2S \longrightarrow NaHS + NaHCO_3 \quad (3\text{-}42)$$

$$NaHS + Na_2CO_3 + (x-1)S \xrightarrow{PDS} NaS_x + NaHCO_3 \quad (3\text{-}43)$$

$$NaHS + \frac{1}{2}O_2 = NaOH + S \quad (3\text{-}44)$$

在整个分子结构中，苯环和钴都呈中心对称。两侧双核的配位中心钴离子起着脱硫的主要作用。但酞菁钴脱硫反应的确切机理，至今还不完全清楚，正在研究之中。

酞菁钴脱硫互换性好，凡属醌-氢醌类的脱硫装置及流程，均可替换以酞菁钴溶液脱硫。脱硫及再生的操作温度、压力、pH 均可不变。其脱硫净化度及净化值与拷胶法相仿。

酞菁钴价格昂贵，但用量很少，脱硫液中的 PDS 含量仅在数十个立方厘米每立方米左右。PDS 的吨氨耗量一般在 1.3～2.5g，因而运行的经济效益也较显著。

此法也可脱除部分有机硫。若脱硫液中存在大量的氰化物，仍能导致 PDS 中毒，但约经 60h 靠其自身的排毒作用，其脱硫活性可以逐渐恢复。

5. 物理吸收法简介

采用物理吸收剂溶解吸收水煤气中的酸性气体（硫化氢、二氧化碳等），通过气提使溶液再生的方法称为物理吸收法。其特点如下。

① 能脱除多种酸性气体，但本身不降解；

② 吸收剂不起泡，不腐蚀设备；

③ 若二氧化碳和硫化氢同时存在，可选择性吸收硫化氢；

④ 使用条件：吸收在高压低温下进行，吸收能力强，吸收剂用量少，再生时基本不消耗热量，能耗低。

典型的有低温甲醇洗涤法，一般用在以固体燃料为原料连续制气的生产中，既可脱除硫化氢，又可降低原料气中多余的二氧化碳。还可用碳酸丙烯酯吸收硫化氢。

第二节　水煤气湿法脱硫岗位操作

一、任务

用贫液吸收来自造气工段水煤气中的硫化氢，使水煤气得到净化。吸收硫化氢的富液在催化剂的作用下，经氧化再生后循环使用，硫泡沫经熔硫釜加工，回收硫黄。根据全厂的生产情况，调节罗茨风机气量，以均衡生产负荷。

$$Na_2CO_3 + H_2S = NaHCO_3 + NaHS \quad (3\text{-}45)$$

$$V^{5+} + HS^- \longrightarrow V^{4+} + S + H_2O \quad (3\text{-}46)$$

$$H_2S + 2TQ \longrightarrow 2THQ + S \quad (3\text{-}47)$$

$$TQ + V^{4+} + H_2O \longrightarrow V^{5+} + THQ + OH^- \quad (3\text{-}48)$$

$$2THQ + O_2 \longrightarrow 2TQ + H_2O_2 \quad (3\text{-}49)$$

$$2H_2O_2 + 2V^{4+} = 2V^{5+} + 2OH^- + H_2O \quad (3\text{-}50)$$

$$H_2O_2 + HS^- = H_2O + S + OH^- \quad (3\text{-}51)$$

$$NaHCO_3 + NaOH = Na_2CO_3 + H_2O \quad (3\text{-}52)$$

上式中，TQ 为醌态栲胶；THQ 为酚态栲胶。

二、工艺流程

来自静电除焦器除去煤焦油等杂质的水煤气，由罗茨风机加压后送入脱硫塔，进入脱硫塔和塔顶喷淋下来的脱硫液逆向接触，水煤气中的硫化氢被脱硫液吸收，脱硫后的水煤气经清洗塔进一步降温至 30～50℃以下，去压缩机一段进口总气水分离器。吸收了硫化氢的富液，由富液泵打入喷射再生器，喷嘴向下喷射与喷射器吸入的空气进行氧化还原反应而得到再生，液体再进入再生槽，继续氧化再生，再生后的贫液经液位调节器流入贫液槽，再由贫液泵打入脱硫塔循环使用。

富液在再生槽中氧化再生所析出的硫泡沫，由槽顶溢流入硫泡沫贮罐，再进入熔硫釜，回收液体后由地池泵直接打到贫液槽回收使用，制得的硫黄作为成品售出。

脱硫过程中消耗的脱硫液，由定期制备的脱硫液补充。

三、操作要点

1. 保证脱硫液质量

① 根据脱硫液成分及时制备脱硫液，保证脱硫液成分符合工艺指标。

② 保证喷射再生器进口的富液压力，稳定自吸空气量，控制好再生温度，使富液氧化再生完全，并保持再生槽液面上的硫泡沫溢流正常，降低脱硫液中的悬浮硫含量，保证脱硫液质量。再生槽结构见图 3-3。

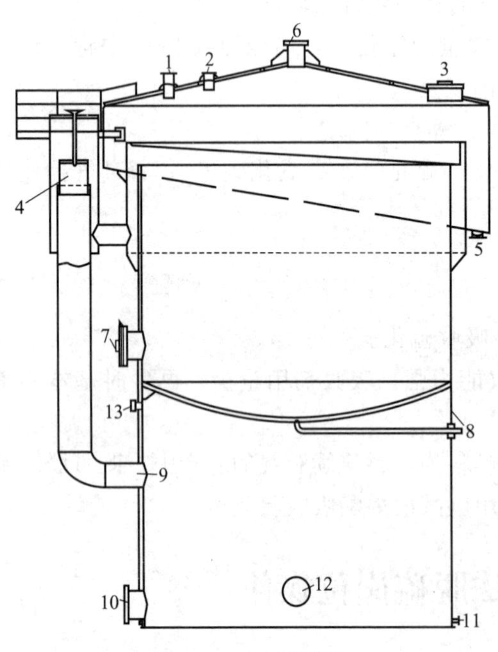

图 3-3 再生槽结构

1—喷射器进口；2—喷射器进口；3—视液口；4—液位调节器；5—硫泡沫出口；6—再生槽放空口；7—人孔；8—再生槽排液口；9—贫液槽溶液进口；10—贫液槽溶液出口；11—贫液槽排液口；12—人孔；13—贫液槽放空口

2. 保证水煤气脱硫效果

应根据水煤气的含量及硫化氢的含量的变化，及时调节液气比，当水煤气中硫化氢含量增高时，如增大液气比仍不能提高脱硫效率，可适当提高脱硫液中有效成分（如碳酸钠和栲胶等）的含量。

3. 严防气柜抽瘪和泵抽负、抽空

① 经常注意气柜高度变化，当高度降至低限时，应立即与有关人员联系，减量生产，防止抽瘪。

② 经常注意罗茨风机进出口压力变化，防止罗茨风机和高压机抽负。

③ 保持贫液槽和脱硫塔液位正常，防止泵

抽空。

4. 防止带液和跑气

控制冷却塔液位不要过高，以防气体带液，液位不要过低，以防跑气。

5. 巡回检查

① 根据记录报表，按时做好记录。

② 每 15min 检查一次气柜高度。

③ 每 15min 检查一次系统各点压力和温度。

④ 每半小时检查一次各塔液位。

⑤ 每 1h 检查一次罗茨风机贫液泵、富液泵运转情况。

⑥ 每 2h 检查一次再生槽泡沫和溢流情况。

⑦ 每 4h 检查一次气柜出口水封，排水一次。

⑧ 每班检查一次系统设备、管道等泄漏情况。

四、开停车操作

1. 正常开车

(1) 开车前的准备

① 检查各设备、管道、阀门、分析取样点及电器、仪表必须正常完好。

② 检查系统内所有阀门的开关位置是否符合开车要求。

③ 与供水、供电、供气部门及造气、压缩工段联系做好开车准备。

(2) 开车时的置换

① 系统未经检修处于正压下的开车，不需置换。

② 系统检修后的开车，须先吹净、清洗后，再气密性实验、试漏和置换。其方法参照原始开车。

(3) 开车

① 系统未经检修处于正压状况下的开车。

a. 排净气柜出口水封积水。

b. 开启贫液泵进口阀，启动贫液泵，打开出口阀向脱硫塔打液，并控制好液位。

c. 待脱硫塔液位正常后，开启富液泵进口阀，启动富液泵，向再生槽打液。

d. 根据脱硫液体循环量和再生槽喷射器环管压力，调节好贫液泵、富液泵打液量，并控制好贫液槽、富液槽液位和再生槽液位。

e. 脱硫液成分控制在工艺指标范围内。

f. 开启罗茨风机进口阀，打开回路阀，排净罗茨风机内积水。盘车连轴盘动后，启动罗茨风机运转正常后，逐渐关闭回路阀，待出口压力升至略高于系统压力时，开启出口阀，关闭罗茨风机自身回路阀，用系统回路阀调节水煤气流量。

g. 根据水煤气的流量大小，调节好液气比，水煤气脱硫合格后与压缩工段联系。

h. 根据再生槽泡沫形成情况，调节液位调节器，保持硫泡沫正常溢流。

② 系统检修后的开车。系统吹净、清洗、气密性实验、试漏和置换合格后，按开车 1 的步骤进行。

2. 停车

(1) 短期停车

① 与造气、压缩工段联系，同时停止向系统补充脱硫液。

② 打开系统回路阀，逐渐打开罗茨风机回路阀，关闭出口阀，全开回路阀，停罗茨风机。

③ 关闭罗茨风机进口，关闭冷却塔上水和排水阀，分别关闭贫液泵、富液泵出口阀，停泵并关闭泵的进口阀。

（2）紧急停车　如遇全厂性停电或发生重大设备事故，及气柜高度处于安全低线位置以下（罗茨风机大幅度减量而气柜高度仍无回升）等紧急情况时，需紧急停车。步骤如下。

① 立即与压缩工段联系，停止导气。

② 同时按停车按钮，停罗茨风机，迅速关闭罗茨风机出口阀。

③ 按短期停车方法处理。

（3）长期停车

① 按短期停车步骤停车。

② 停车后，系统中的贫液、富液，可由贫液泵、富液泵输送到再生槽贮存（再生槽如需检修，系统中的溶液可送到其他容器内贮存）。然后，再生系统用清水清洗、置换合格。

③ 气体系统用惰性气体进行置换（其方法参照原始开车）在压缩工段压缩机一段进口管取样分析，氧含量小于0.5%，一氧化碳和氢气含量小于8%为合格。

④ 拆下罗茨风机进口阀前短管；启动罗茨风机送空气；对气体系统进行空气置换，在压缩机一段进口管取样分析，氧含量大于20%为合格。

3. 倒车

① 按正常开车步骤启动备用机，待运转正常后，逐渐关小其回路阀，提高出口压力，当备用机出口压力与系统压力相等时，逐渐开启其出口阀；同时开启在用机回路阀，关闭其出口阀。

② 停在用机，关闭其出口阀。

③ 倒车过程中开、关阀门应缓慢，以保证系统气体压力、流量的稳定。防止抽负或系统压力突然升高及气量波动。

注意备用机出口压力未升到在用机出口压力时，不得倒机。

4. 原始开车

（1）开车前的准备　对照图纸，检查和验收系统内所有设备、管道、阀门、分析取样点及电器、仪表等，必须正常完好。

（2）单体试车　罗茨鼓风机、贫液泵、富液泵单体试车合格。

（3）系统吹净和清洗

① 吹净前的准备。

a. 按气、液流程，依此拆开各设备和主要阀门的有关法兰，并插入挡板。

b. 开启各设备的放空阀、排污阀及导淋阀；拆出分析取样阀、压力表阀及液位计的气、液相阀。

c. 人工清理脱硫塔，装好人孔。

d. 拆除罗茨风机进出口阀后短管。

② 吹净工作。

a. 脱硫系统吹净。用罗茨鼓风机送空气，按气体流程逐台设备、逐段管段吹净（不得跨越设备、管道、阀门及工段间的连接管道）放空、排污、分析取样及仪表管线同时进行吹净。吹净时用木锤轻击外壁，调节流量，时大时小，反复多次，直至吹风气体清净为合格，吹净过程中，每吹完一部分后，随即抽掉有关挡板，并装好有关阀门及法兰。

b. 蒸汽系统吹净。与锅炉岗位联系，互相配合，从蒸汽总管开始至各蒸汽管、各设备冷凝水排放管为止，参照上述方法进行空气吹净，直至合格。

③ 再生系统清洗。人工清理贫液槽、硫泡沫槽、再生槽后，对再生系统所有设备及管道进行清洗。

a. 拆开贫液槽人孔，用清水清洗贫液槽，清洗合格后，装好人孔，加满清水。然后，拆开贫液泵进口阀前法兰，将贫液泵进口总管、支管用水清洗干净，然后装好法兰。

b. 贫液槽再加满清水，启动贫液泵向脱硫塔打入清水；开启塔底溶液出口阀，开启富液泵，将清水打入泵出口系统（再生槽，喷射再生器、再生槽、液位调节器、硫泡沫槽），按流程顺序逐台设备进行清洗，清洗水从各设备排污管或有关法兰拆开处排出。每清洗完一台设备后，随即关闭排污阀或装好有关法兰，再进行下一台设备的清洗，清洗完后，停贫液、富液泵，然后拆开富液泵进口阀前法兰，将富液泵进口总管、支管用清水清洗干净，然后装好法兰。

④ 系统气密性实验和试漏。

a. 脱硫系统气密性实验。

关闭各放空阀、排污阀、导淋阀及分析取样阀；在压缩工段一段进口阀前装好盲板。

用罗茨风机送空气，升压至250mmHg（1mmHg=133.322Pa，下同）。

对设备、管道、阀门、法兰、分析取样点和仪表等接口处及所有焊缝，涂肥皂水进行查漏。发现泄漏，做好标记，卸压处理，直至无泄漏，保压30min，压力不下降为合格，打开放空卸压后，拆除压缩机一段进口阀前盲板。

b. 蒸汽系统气密性实验。与锅炉岗位联系，缓慢送蒸汽暖管，升压至0.6MPa，检查系统无泄漏为合格。

c. 再生系统试漏。贫液槽、再生槽加清水，用贫液泵、富液泵打循环，检查各泄漏点无泄漏为合格。然后，将系统设备及管道内的水排净。

⑤ 脱硫系统惰性气体和半水煤气置换

a. 装好罗茨风机进口阀后短管；开启罗茨风机进、出口阀和回路阀。

b. 与造气工段联系，由半水煤气气柜（正压）送惰性气体进行置换。惰性气体经罗茨风机回路阀进入系统后，按流程依次开启各设备的放空阀、排污阀排放气体。充压、排气、反复多次（罗茨风机盘车数圈，进行机体内置换），在压缩机一段进口管取样分析，直至氧含量小于0.5%，一氧化碳和氢气总含量小于5%为合格。然后关闭各设备的放空阀、排污阀，使系统保持正压。

c. 系统惰性气体置换合格后，再由半水煤气气柜（正压）送半水煤气，按惰性气体置换方法进行置换，直至合格。

d. 系统煤气置换合格后，按正常开车步骤开车。

五、不正常情况及处理

1. 脱硫后硫化氢含量高原因及处理方法

(1) 原因

① 脱硫前硫化氢含量高。

② 脱硫液成分不正常。

③ 喷射器发生故障，自吸空气量不足。

④ 喷射器压力低自吸空气量不足或脱硫液中催化剂含量低，富液再生不完全。

⑤ 脱硫液中硫泡沫分离不好，悬浮含硫量高。

⑥ 进脱硫塔的水煤气温度高。

（2）处理方法

① 适当加大脱硫液循环量和提高碳酸钠浓度。

② 调整好脱硫液成分。

③ 检修喷射器，增加自吸量。

④ 开足富液泵，用自身循环来调节循环压力，或适当提高催化剂含量。

⑤ 增加再生槽的硫泡沫溢流量。

⑥ 加大冷却塔上水量，降低气体温度。

2. 罗茨风机出口压力波动大

（1）原因

① 前冷却塔液位高。

② 后冷却塔液位高。

a. 脱硫塔堵。

b. 冷却塔液位过低。

c. 脱硫塔液位过低。

（2）处理方法

适当调节各冷却塔的上水和排水阀门，清洗脱硫填料，打开系统回路阀，降低脱硫塔内压力等，脱硫塔液位恢复正常再加压。

3. 罗茨风机气体出口温度高

（1）原因

① 进系统水煤气温度高。

② 回路阀开的过大。

③ 罗茨风机间隙大。

（2）处理方法

开大综合洗气塔上水阀，关小回路阀，如设备有问题停机检修。

4. 罗茨风机电流高、响声大或跳闸

（1）原因　出口气体压力高，机内煤焦油黏结严重，水带入机内，杂物带入机内，齿轮口齿合不好，油箱油过低，轴承坏。

（2）处理方法　气体出口压力高，打开回路阀，检查各油位是否正常，水带入机内要赶快打开排污排水，检查气柜、水封、洗气塔液位是否过高。假如杂物带入机内要马上停机。倒罗茨风机通知维修人员检修，要经常检查油位，油质差的要立即换油。

5. 溶液组分浓度低

（1）原因

① 补充水太多；

② 溶液物料补充不足或不及时；

③ 煤气带水严重。

（2）处理

① 控制补充水量；

② 及时补充适量的物料；

③ 联系调度，加强分离。

6. 溶液变浑浊

（1）原因

① 空气量不足，再生不理想；

② 副反应高；

③ 悬浮硫高；

④ 杂质含量高。

（2）处理

① 清理喷头，增大空气量；

② 控制工艺条件在指标内；

③ 加强硫回收，控制好泡沫溢流；

④ 静置处理或部分排液。

7. V^{4+}浓度高

（1）原因

① 总碱度高；

② 溶液温度高；

③ 再生不好。

（2）处理

① 控制工艺条件至正常；

② 适当降低溶液温度；

③ 强化再生。

8. 熔硫釜温度达不到指标

（1）原因

① 蒸汽压力低；

② 釜内水分杂质含量大；

③ 加热时间短。

（2）处理

① 联系调度，提高蒸汽压力；

② 严格控制釜内各指标；

③ 继续加热。

第三节　各种脱硫净化方法的综合应用

一、多种脱硫串联工艺简介

前面介绍的干法脱硫有：氢氧化铁法（或氧化铁法）、活性炭法、铁钼加氢法、氧化锰法、氧化锌法，另外有最新发展的分子筛脱硫法；湿法脱硫有：物理吸收法、化学催化氧化法，湿式氧化法脱硫所用的催化剂又有好多种，诸如栲胶法、PDS法、MSQ法、（改良）ADA法，后来发展的DDS法、888法、RTS法等。不管哪种方法，原理基本相同，需要灵活掌握，为使甲醇原料气中的硫含量降到最低，可采取多种脱硫方法串联的办法来逐步脱硫。以煤为原料，固定床间歇气化法的典型脱硫净化工艺如下。

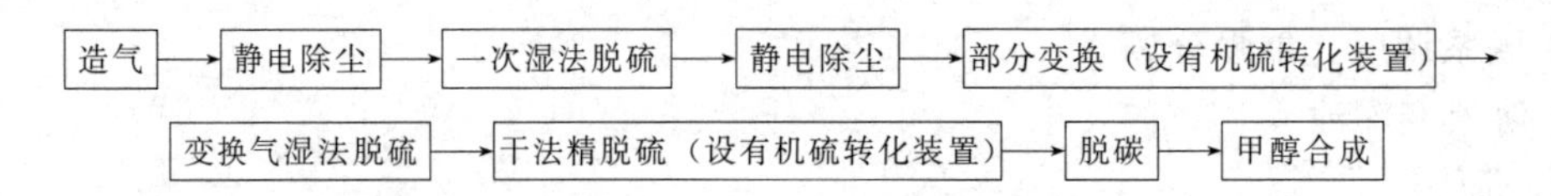

二、湿法脱硫新技术的发展

在用湿法脱硫时，对生产影响极大，有以下几个方面。

① 脱硫塔填料堵塞，压差增大，脱硫效率差，被迫更换或冲洗填料；

② 脱硫液成分不好，副反应产物多，轻者降低有效成分含量，重则腐蚀设备或管道；

③ 辅料碱消耗大，造成脱硫消耗严重超标，生产成本增加。

针对以上问题，在2006年的全国化工合成氨设计技术中心站组织的技术交流会上，各代表提出一些新技术供读者参考。

① 应用先进的脱硫液过滤机，对脱硫液进行连续过滤，适用于熔硫后的残液和贫富液过滤，既净化脱硫液，又能回收滤饼中的副产品硫酸钠；

② 应用超重力技术脱硫，基本原理是利用旋转造成一种稳定的、可控制的离心力场，代替常规重力场，使精馏、吸收和复相反应等化工单元操作中，气液两相的相对速度提高，相界面更新加快，液泛速率加快，改善反应效果；

③ 应用水分散技术，采用无填料脱硫塔，代替传统的板式塔、填料塔，采用高效旋流雾化喷头代替传统的淋水塔板和填料，液体通过此喷头分散成雾状微粒，均匀分布，气液两相在塔内全方位接触，接触面也连续更换，既能达到理想的传质吸收效果，又能有效避免频繁堵塔和维修，使用周期长，脱硫成本低；

④ 应用先进的脱硫再生催化剂，准确把握原料气中的气体杂质，对 $S_2O_3^{2-}$ 及 CN^- 等副产物严格控制，保证脱硫液的成分，减少辅助碱的物理消耗和化学消耗，维持生产长周期运行，降低生产成本。

第四章　变　换

以重油与固体燃料为原料所制得的粗甲醇原料气，因氢碳比太低，均需经过一氧化碳变换工序。一氧化碳变换工序的主要作用有两个。

1. 调整氢碳比例

合成甲醇的原料气组成应保持一定的氢碳比例，甲醇合成反应中，一氧化碳与二氧化碳所需的氢的化学当量是不同的，应使 $M=\frac{n(H_2)}{n(CO)+1.5n(CO_2)}=2.0\sim2.05$。当以重油或煤、焦为原料生产甲醇时，气体组成偏离上述比例，需通过变换工序使过量的一氧化碳变换成氢气。

2. 有机硫转化为无机硫

甲醇合成原料气必须将气体中总含硫量控制在 $0.2cm^3/m^3$ 以下。以天然气与石脑油为原料时在蒸汽转化前，用钴钼加氢转化，串联氧化锌的方法可达到要求。以煤制得的粗水煤气中，所含硫的总量中硫化氢约占90%，尚含10%左右的硫氧碳（COS）及微量其他有机硫化物。以重油为原料所制气体中有机硫主要也是COS，其他有机硫化物为硫醇（RSH），硫醚（RSR），二硫化碳（CS_2）和极少量的噻吩。除非采用低温甲醇洗，其他湿法脱硫难以在变换前脱除有机硫。设置变换工序，除噻吩外，其他有机硫化物均可在铁基变换催化剂上转化为 H_2S，便于后工序脱除。如果变换工序采用的是耐硫催化剂，就不需设两次脱硫，即变换前无需脱硫，全部硫化物在变换后可一次脱除。

第一节　一氧化碳变换的基本原理

一、变换反应的物理化学基础

1. 变换反应的热力学基础

一氧化碳变换反应是放热反应

$$CO+H_2O = CO_2+H_2 \tag{4-1}$$

反应热效应可由各组分的标准生成热与恒压比热容求出。

$$\Delta H_R=-10000-0.219T+2.845\times10^{-3}T^2-0.9703\times10^{-6}T^3 \tag{4-2}$$

式中　T——温度，K。

反应热的绝对值随温度的增高而减少，见表4-1。

表4-1　一氧化碳变换反应热效应

温度/℃	25	200	250	300	350	400
$-\Delta H_R$/(kJ/mol)	41.16	40.04	39.64	39.23	38.76	38.30

2. 变换反应的平衡常数

变换反应是在压力不太高时进行的，故计算化学平衡常数 K_p 时，各组分用分压表示已足够准确。

$$K_p=\frac{p_{CO_2}\cdot p_{H_2}}{p_{CO}\cdot p_{H_2O}}=\frac{y_{CO_2}\cdot y_{H_2}}{y_{CO}\cdot y_{H_2O}} \tag{4-3}$$

式中，p 与 y 分别表示平衡状态下各组分分压和摩尔分数。平衡常数与温度的关系可由各组分的标准自由能和恒压热容求出。平衡常数（K_p）与温度（T）的关系表达式有多个，数值各不相同，这是由于恒压比热容等基础热力学数据不尽相同所致。式(4-4)可供使用。

$$\lg K_p=\frac{2185}{T}-0.1102\lg T+0.6218\times10^{-3}T-1.0604\times10^{-7}T^2-2.218 \tag{4-4}$$

不同温度下一氧化碳变换反应的平衡常数见表 4-2。

表 4-2　一氧化碳变换反应的平衡常数

温度/℃	25	200	250	300	350	400
K_p	1.03×10^3	227.9	96.5	39.2	24.5	11.7

3. 变换率与平衡变换率

一氧化碳的变换程度可用变换率表示，它定义为反应中变换了的一氧化碳量与反应前气体中一氧化碳量之比。取 1mol 干原料气为基准，加入 $n$mol 水蒸气进行变换反应（n 称为汽气比或水气比），当一氧化碳变换率为 a 时，可得

$$a=\frac{y'_{DiCO}-y_{DiCO}}{y'_{DiCO}(1+y_{DiCO})} \tag{4-5}$$

反应达到平衡时的变换率为平衡变换率，用 a' 表示

$$K_p=\frac{(y'_{DiCO_2}+y'_{DiCO}a')(y'_{DiH_2}+y'_{DiCO}a')}{y'_{DCO}(1-a')(n-y'_{DCO}a')} \tag{4-6}$$

式中，y'_{Di}、y_{Di} 分别为反应前与反应后 i 组分的干基摩尔分数。知道各温度下的 K_p，便可由上式求出平衡转化率 a'，再进行物料衡算，就可求出各组分的平衡组成。

二、影响变换反应平衡的因素

1. 温度的影响

由式(4-3)及 CO 变换反应平衡常数表可知，温度降低，平衡常数增大，有利于变换反应向右进行，而平衡变换率增大，变换气中 CO 含量减少，见图 4-1。当参加反应中的 $n(H_2O):n(CO)=1:1$ 时，生产中中温变换后再进行低温变换，为的是使变换反应在较低的温度下继续进行，从而提高变换率，降低变换气中的 CO 含量。

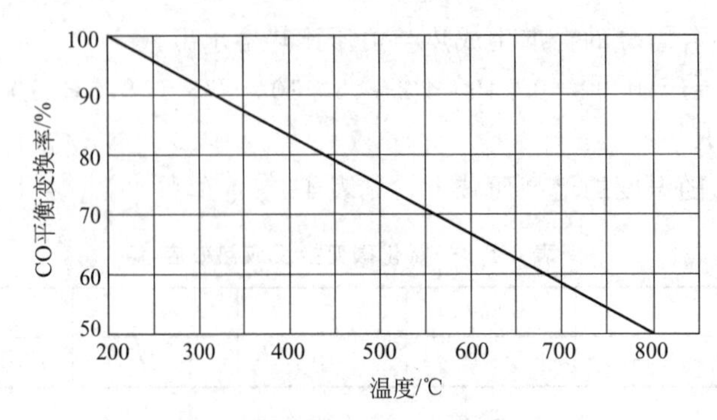

图 4-1　温度与平衡变换率的关系

2. 蒸汽添加量的影响

增加蒸汽量，可使反应向右进行。因此，在实际生产中总是向系统中加入过量的蒸汽，

以提高变换率。不同温度下蒸汽加入量与 CO 平衡变换率的关系见图 4-2。

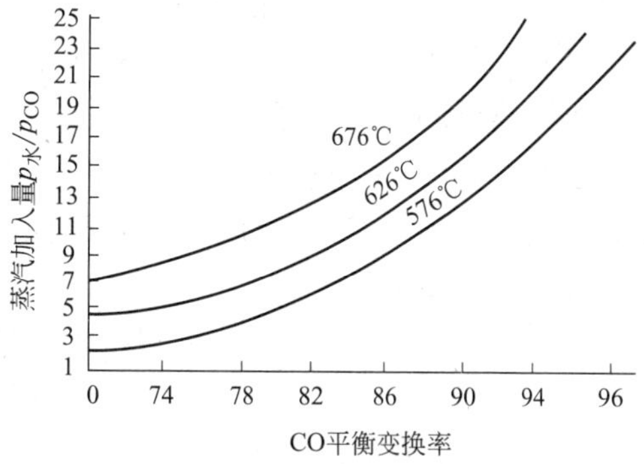

由图可知，达到同一变换率时，反应温度降低，蒸汽用量减少。在同一温度下，蒸汽量增大，平衡变换率随之增大，但其趋势是先快后慢。因此，蒸汽用量过大，变换率的增加并不明显，然而蒸汽耗量却增加了，且还易造成催化剂层温度难以维持。

图 4-2　不同温度下蒸汽加入量与 CO 平衡变换率的关系

3. 压力的影响

由于变换反应是等分子反应，反应前后气体的总体积不变，生产中压力对变换反应的化学平衡并无明显的影响。

4. CO_2 的影响

在变换反应过程中，如能把生成的 CO_2 及时除去，就可以使变换反应向右进行，提高 CO 变换率。

5. 副反应的影响

CO 变换过程中，可能发生 CO 分解析出炭和生成甲烷等副反应，其反应式如下。

$$2CO = C + CO_2 + Q \tag{4-7}$$

$$CO + 3H_2 = CH_4 + H_2O + Q \tag{4-8}$$

$$2CO + 2H_2 = CH_4 + CO_2 + Q \tag{4-9}$$

$$CO + 4H_2 = CH_4 + 2H_2O + Q \tag{4-10}$$

以上副反应是在压力高、温度低的情况下容易产生，它不仅消耗了有用的 H_2 和 CO 且增加了无用的成分甲烷的含量，CO 分解析出的炭附着在催化剂表面，降低了催化剂活性，对生产十分不利。在正常生产工艺条件下，一般不会发生副反应现象。

三、变换反应动力学

对于铁基催化剂上一氧化碳变换反应动力学，曾有许多学者进行过研究，不同的研究者由于所采用的催化剂不同，研究方法及实验条件不同，动力学方程表达式不同，得到的动力学方程也不相同。但各组分浓度对正反应速率的影响情况大致如下。

① 正反应速率与 CO 浓度近乎成正比，即 $r \propto p_{CO}$。

② 正反应速率与 H_2O 浓度的关系为 $r \propto p_{H_2O}^m$，$m=0\sim0.5$。

③ 除少数学者认为 H_2 抑制正反应速率外，大多数研究证实 H_2 浓度不影响正反应速率。

④ 大部分研究者证实 CO_2 抑制正反应速率。

⑤ 正反应速率的表观级数在大部分动力学方程中为 0.5～1.0。国内学者得出国产中变催化剂上一氧化碳变换反应的动力学方程为

$$r = k_1 p_{CO} p_{CO_2}^{-0.5} \left(1 - \frac{p_{CO_2} p_{H_2}}{K_p p_{CO} p_{H_2O}}\right)$$

式中，p_i 为个组分的分压；k_1 为反应速率常数；K_p 为由式(4-3) 算得的平衡常数。

铁基变换催化剂一般压制成 ϕ5mm×5mm 或 ϕ9mm×9mm 圆柱状，颗粒内部的传质过

程对宏观速率影响严重，在计算工业粒度催化剂上变换反应宏观速率时必须计入粒内效率因子。颗粒外部传质对宏观反应速率影响很小，可忽略不计。甲醇厂一般选用铁铬系催化剂。

四、变换反应机理

CO与水蒸气的反应如在气相中进行，即使温度提到1000℃，水蒸气用量很大，反应速率也很慢，必须有相当大的能量，因而变换反应的进程是比较困难的。在催化剂存在时，反应则按下述两步进行。

$$[K]+H_2O \longrightarrow [K]O+H_2 \tag{4-11}$$

$$[K]O+CO \longrightarrow [K]+CO_2 \tag{4-12}$$

式中　[K]——表示催化剂；

[K]O——表示中间化合物。

即水分子首先被催化剂活性表面吸附，并分解成氢与吸附态的氧原子。氢进入气相中，氧在催化剂表面形成氧原子吸附层。当CO撞到氧原子吸附层时，便被氧化成CO_2，随后离开催化剂表面进入气相。然后催化剂表面继续吸附水分子，反应继续往下进行。按这个方式进行化学反应时，所需能量小，所以变换反应在催化剂存在时，速率即可大大加快。

在反应过程中，催化剂能改变反应进行的途径，降低反应过程所需的能量，缩短达到平衡的时间，加快反应速率，但不能改变反应的化学平衡。反应前后催化剂的化学性质与数量不变。

第二节　一氧化碳变换催化剂

从变换反应的机理看，变换反应必须在一定的催化剂作用下，才能发生快速的化学反应，选用什么催化剂，要根据生产工艺要求具体而定，甲醇生产中，为满足合成氢碳比例的要求，对变换的转化率要求很低，对原料气一氧化碳较高的水煤气（CO含量为35%），变换反应的变换率也只需30%左右，因此，对催化剂的选择要求并不是很严格，下面介绍几种常见的催化剂。

一、中温变换催化剂

中温变换催化剂按组成可分为铁铬系和钴钼系两大类，前者活性高，机械强度好，耐热性能好，能耐少量硫化物，使用寿命长，成本低，工业生产中得到了广泛应用。

1. 铁铬系催化剂

(1) 组成与性能　铁铬系催化剂主要组分为三氧化二铁和助催化剂三氧化二铬。三氧化二铁含量约70%～90%，三氧化二铬含量约7%～14%，另外还含有少量氧化钾、氧化镁和氧化钙等物质。三氧化二铁还原成四氧化三铁后，能加速变换反应；三氧化二铬能抑制四氧化三铁再结晶，阻止催化剂形成更多的微孔结构，提高催化剂的耐热性能和机械强度，延长催化剂的使用寿命；氧化镁能增强催化剂的耐热和抗硫性能；氧化钾与氧化钙均能提高催化剂的活性。

(2) 催化剂的物理参量　催化剂的活性除与化学组成及使用条件有关外，与其物理参量有关，催化剂的物理参量主要有以下几种。

① 颗粒外形与尺寸。

② 堆密度。指单位堆积体积（包括催化剂颗粒内孔及颗粒间空隙）的催化剂具有的质量，即：堆密度=催化剂的质量/催化剂堆积体积，一般中温变换催化剂的堆密度为1.0～

1.6g/cm³。

③ 颗粒密度。指单位颗粒体积（包括催化剂颗粒内微孔；不包括颗粒间空隙）的催化剂具有的质量。即：颗粒质量/催化剂颗粒体积

中温变换催化剂的颗粒密度一般为2.0～2.2g/cm³。

④ 真密度。指单位骨架体积（不包括催化剂颗粒内孔和颗粒间空隙）的催化剂具有的质量，即：真密度＝催化剂的质量/催化剂的骨架体积

一般中温变换催化剂的真密度为4g/cm³左右。

⑤ 比表面积。指1g催化剂具有的比表面积（包括内表面积和外表面积）单位为m²/g。中温变换催化剂的比表面积一般为30～60m²/g。

⑥ 孔隙率。指单位颗粒体积（包括催化剂和骨架体积）含有微孔体积的百分数，即

孔隙率＝催化剂的微孔体积/催化剂的颗粒体积×100%

一般中温变换催化剂的孔隙率为40%～50%。

⑦ 比孔体积：指单位质量催化剂具有的微孔体积，简称为比孔体积，可用下式表示。

比孔体积＝催化剂的微孔体积/催化剂质量

单位为mL/g。

(3) 催化剂的性能　铁铬系催化剂是一种棕褐色圆柱体或片状固体颗粒，在空气中易受潮，使活性下降。还原后催化剂遇空气则迅速燃烧，失去活性。硫、氯、硼、磷、砷的化合物及油类物质，都能使催化剂暂时或永久性中毒，各类铁铬催化剂都有一定的活性温度和使用条件。国产B107中温变催化剂的性能如下。

化学组成	Fe_2O_3 90%，Cr_2O_3 5%
颜色及外形	棕褐色圆柱体颗粒
规格 ϕ	9mm×(5～7)mm
堆密度	1.45～1.55kg/L
比表面	55～70m²/g
机械强度	正压＞200kg/cm²，侧压＞20kg/cm²
蒸汽/原料气（干基）	0.7～0.8（体积比）
常压空间速度	700h⁻¹
加压空间速度	因催化剂不同而不同
5～7kg/cm²（表）	相应1000h⁻¹
30～40kg/cm²（表）	相应1500～2000h⁻¹
入炉气温	330℃
原料气中硫含量	＜300mg/m³

2. 催化剂的还原与氧化

因为催化剂的主要成分三氧化二铁对一氧化碳变换反应无催化作用，需还原成四氧化三铁后才有活性，这一过程称为催化剂的还原。一般利用煤气中的氢和一氧化碳进行还原，其反应式如下。

$$3Fe_2O_3 + CO = 2Fe_3O_4 + CO_2 \qquad \Delta H = -50.945kJ/mol \tag{4-13}$$

$$3Fe_2O_3 + H_2 = 2Fe_3O_4 + H_2O \qquad \Delta H = -9.26kJ/mol \tag{4-14}$$

当催化剂用循环氮升温至200℃以上时，便可向系统配入少量煤气开始还原，由于还原反应是强烈的放热反应，为防催化剂超温，应严格控制CO含量小于5%。当催化剂床层温

度达320℃后，反应剧烈，必须控制升温速度不高于5℃/h。为防止催化剂被过度还原而生成金属铁，还原时应加入适量的水蒸气。催化剂在制造过程中含有硫酸根，会被还原成硫化氢而随气体带出，为防止造成后工序低变催化剂中毒，所以在还原后期有一个放硫过程。当分析中变炉出口$w(CO)\leqslant 3.5\%$，出入口H_2S含量相等时，即可认为还原结束。

氧能使还原后的催化剂氧化生成三氧化二铁，反应式如下。

$$4Fe_3O_4+O_2 = 6Fe_2O_3 \qquad \Delta H=-514.14kJ/mol \tag{4-15}$$

此反应热效应很大，生产中必须严防煤气中因氧含量高造成催化剂超温，在停车检修或更换催化剂时，必须进行钝化。其方法是用蒸汽或氮气以30～50℃/h的速度将催化剂的温度降至150～200℃，然后配入少量空气进行钝化。在温升不大于50℃/h的情况下，逐渐提高氧的含量，直到炉温不再上升，进出口氧含量相等时，钝化工作即告结束。

3. 催化剂的中毒和衰老

硫、磷、砷、氟、氯、硼的化合物及氢氰酸等物质，均可引起催化剂中毒，使活性显著下降。磷和砷的中毒是不可逆的。氯化物的影响比硫化物严重，但在氯含量小于1×10^{-6}（质量分数）时，影响不明显。硫化氢与催化剂的反应如下

$$Fe_3O_4+3H_2S+H_2 = 3FeS+4H_2O \tag{4-16}$$

硫化氢能使催化剂暂时中毒。提高温度，降低硫化氢含量和增加气体中水蒸气含量，可使催化剂活性逐渐恢复。

原料气中灰尘及水蒸气中无机盐高时，都会使催化剂活性显著下降，造成永久性的中毒。

催化剂活性下降的另一个重要因素是催化剂的衰老。主要原因是在长期使用后，催化剂的活性逐渐下降。因为长期处在高温下，会使催化剂逐渐变质；另外气流冲刷，也会破坏催化剂表面状态。

4. 催化剂的维护与保养

为了保证催化剂具有较高的活性，延长使用寿命，在装填及使用过程中应注意以下几点。

① 在装填前，要过筛除去粉尘和碎粒，使催化剂在装填时保证松紧一样。严禁直接踩在催化剂上，并不许把杂物带入炉内。

② 在开、停车时，要按规定的升、降温速度进行操作，严防超温。

③ 正常生产中，原料气必须经过除尘和脱硫（氧化型的催化剂），并保持原料气成分稳定。控制好蒸汽与原料气的比例及床层温度，升降负荷时要平稳。

5. 钴钼系催化剂

钴钼系催化剂见第三节。

二、低温变换催化剂

1. 组成和性能

目前工业上采用的低温变换催化剂均以氧化铜为主体，经还原后具有活性组分的是细小的铜结晶。但耐温性能差，易烧结，寿命短。为了克服这一弱点，向催化剂中加入氧化锌、氧化铝和氧化铬的方法，将铜微晶有效地分隔开来，防止铜微晶长大，提高了催化剂的活性和热稳定性，按组成不同，低变催化剂分为铜锌，铜锌铝和铜锌铬三种。其中铜锌铝型性能好，生产成本低，对人无毒。低温变换催化剂的组成范围为：CuO含量15%～32%。B202型低温变换催化剂的主要性能如下。

主要成分：CuO，ZnO，Al_3O_2；

规格：片剂 ϕ5mm×5mm；

堆积密度：1.3～1.48g/cm^3；

使用温度：180～260℃；

操作压力：1.2～3.0MPa；

空间速度：1000～2000h^{-1}（2.0MPa）。

2. 催化剂的还原与氧化

氧化铜对变换反应无催化活性，使用前要用氢或CO还原为具有活性的单质铜，其反应式如下。

$$CuO+H_2 = Cu+H_2O \qquad \Delta H=-86.526kJ/mol \tag{4-17}$$

$$CuO+CO = Cu+CO_2 \qquad \Delta H=-127.49kJ/mol \tag{4-18}$$

在还原过程中，催化剂中的氧化锌、氧化铝、氧化铬不会被还原。氧化铜的还原是强烈的放热反应，且低变催化剂对热比较敏感，因此，必须严格控制还原条件，将床层温度控制在230℃以下。

还原后的催化剂与空气接触产生下列反应。

$$Cu+1/2O_2 = CuO \qquad \Delta H=-155.078kJ/mol \tag{4-19}$$

若与大量空气接触，其反应热会将催化剂烧结。因此，要停车换新催化剂时，还原态的催化剂应通少量空气进行慢慢氧化，在其表面形成一层氧化铜保护膜，这就是催化剂的钝化。钝化的方法是用氮气或蒸汽将催化剂层的温度降至150℃左右，然后在氮气或蒸汽中配入0.3%的氧，在升温不大于50℃的情况下，逐渐提高氧的含量，直到全部切换为空气时，钝化即告结束。

3. 催化剂的中毒

硫化物、氯化物是低温变换催化剂的主要毒物，硫对低变催化剂中毒最明显，各种形态的硫都可与铜发生化学反应造成永久性中毒。当催化剂中硫含量达0.1%（质量分数）时，变换率下降10%；当含量达1.1%时，变换率下降80%。因此，在中变串低变的流程中，在低变前设氧化锌脱硫槽，使总硫精脱至1×10^{-6}（质量分数）以下。

氯化物对低变催化剂的毒害比硫化物大5～10倍，能破坏催化剂结构使之严重失活。氯离子来自水蒸气或脱氧软水，为此，要求蒸汽或脱氧软水中氯含量小于3×10^{-8}（质量分数）。

三、宽温耐硫变换催化剂

由于Fe-Cr系中（高）变催化剂的活性温度高，抗硫性能差，Cu-Zn系低变催化剂低温活性虽然好，但活性温度范围窄，而对硫又十分敏感。为了满足重油、煤气化制氨流程中可以将含硫气体直接进行一氧化碳变换，再脱硫、脱碳的需要，20世纪50年代末期开发了耐硫性能好、活性温度较宽的变换催化剂，表4-3为国内外耐硫变换催化剂的化学组成及其性能。

表4-3 国内外耐硫变换催化剂

国　别	德国	丹麦	美国	中　国	
型号	K_{8-11}	SSK	$C_{25\text{-}2\text{-}02}$	B301	B302Q
CoO/%	约3.0	约1.5	约3.0	2～5	>1
MoO_3/%	约8.0	约10.0	约12.0	6～11	>7

续表

国　别	德国	丹麦	美国	中　国	
K_2O	—	适量	适量	适量	适量
其他	—	—	加有稀土元素	—	—
Al_2O_3	专用载体	余量	余量	余量	余量
尺寸/mm	ϕ4×10 条型	ϕ3×5 球型	ϕ3×10 条型	ϕ5×5 条型	ϕ3～5 球型
颜色	绿	墨绿	黑	蓝灰	墨绿
堆密度/(kg/L)	0.75	1.0	0.70	1.2～1.3	1.0+(−)0.1
比表面/(m^2/g)	150	79	122	148	173
比孔容/(mL/g)	0.5	0.27	0.5	0.18	0.21
使用温度/℃	280～500	200～475	270～500	210～500	180～500

耐硫变换催化剂通常是将活性组分 Co-Mo，Ni-Mo 等负载在载体上组成的，载体多为 Al_2O_3，$Al_2O_3+Re_2O_3$（Re 代表稀土元素）。目前主要是 Co-Mo-Al_2O_3 系，并加入碱金属助催化剂以改善低温活性。这一类变换催化剂的特点如下。

① 有很好的低温活性，使用温度比 Fe-Cr 系催化剂低 130℃以上，而且有较宽的活性温度范围（180～500℃），因此被称为宽温变换催化剂。

② 有突出的耐硫和抗毒性，因硫化物为这一类催化剂的活性组分，可耐总硫到几十克每立方米，其他有害物如少量的 NH_3，HCN，C_6H_6 等对催化剂的活性均无影响。

③ 强度高，尤以选用 γ-Al_2O_3 作载体，强度更好，遇水不粉化，催化剂硫化后的强度还可提高 50%以上，(Fe-Cr 系催化剂还原态的强度通常比氧化态要低些)，而使用寿命一般可用五年左右，也有使用十年仍在继续运行的。

④ 可再硫化，不含钾的 Co-Mo 系催化剂部分失活后，可通过再硫化使活性获得恢复。

Co-Mo 系变换催化剂主要缺点是使用前的硫化过程比较麻烦，一般都用 CS_2 作硫化剂，目前已有采用泡沫硫来代替 CS_2 的。

硫化操作的好坏对硫化后催化剂的活性有很大关系，除在含氢气条件下用 CS_2 外，也可以直接用 H_2S 或用含硫化物的工艺气。硫化为放热过程，反应如下。

$$CS_2+4H_2 = 2H_2S+CH_4 \quad \Delta H=-240.6\text{kJ/mol} \tag{4-20}$$

$$MoO_3+2H_2S+H_2 = MoS_2+3H_2O \quad \Delta H=-48.1\text{kJ/mol} \tag{4-21}$$

$$CoO+H_2S = CoS+H_2O \quad \Delta H=-13.4\text{kJ/mol} \tag{4-22}$$

在温度 200℃时，CS_2 的氢解反应可较快发生。若在常温下加入 CS_2，则 CS_2 易吸附在催化剂的微孔表面，到 200℃会因积聚而急聚氢解以及催化剂的硫化反应，最终导致出现温度暴涨。若在温度较高时（如 300℃）加入 CS_2，因发生氧化钴的还原反应而生成金属钴

$$CoO+H_2 = Co+H_2O \tag{4-23}$$

金属钴对甲烷化反应有强烈的催化作用，甲烷化反应、催化剂的硫化反应以及二硫化碳的氢解反应叠加在一起，也易出现温度暴涨。因此，加入 CS_2 以 180～200℃为宜。

B302Q 催化剂采用快速的硫化方法，已在近 300 家中，小型企业应用，据报道硫化时间为 20h，硫化后催化剂的活性很好，使用时间也长，表 4-4 为该催化剂的快速硫化程序。

表 4-4 B302Q 催化剂的快速硫化程序

阶段	时间/h	床层温度/℃	进料气中 CS_2 含量/(g/m^3)	备注
升温	约 4	100～200		
初期	约 8	200～300	20～40	出口气 H_2S 约 $5g/m^3$
主期	约 2 约 2	300～400 400～450	40～70	出口气 H_2S 约 $15g/m^3$
降温置换	约 4			降到 300℃，停止加入 CS_2

Co-Mo 系变换催化剂经过硫化后具有活性，而活性组分 MoS_2 和 CoS 在一定条件下会发生水解反应，实际上是反硫化反应，它构成了这一类催化剂失活的重要原因。

$$MoS_2 + 2H_2O \longrightarrow MoO_2 + 2H_2S \tag{4-24}$$

若将反应式(4-21) 中的 MoO_3 用 H_2 还原成 MoO_2，再按式(4-24) 逆反应将 MoO_2 硫化为 MoS_2，其平衡常数为

$$K_p = \frac{p^2_{H_2S}}{p^2_{H_2O}} \tag{4-25}$$

可见在一定的温度与汽气比下可计算得到相应的 H_2S 量。当工艺气中 H_2S 含量高于该条件下相应的数值时，不会发生硫化，称其为最低 H_2S 含量。一般要求变换进口 H_2S 含量不低于 $50～80mg/m^3$。

由于式(4-24) 为吸热反应，K_p 随温度升高而变化是呈指数增加，所以温度的影响更为敏感。

第三节 一氧化碳变换工艺操作条件的选择

综合变换反应热力学、动力学及催化剂的讨论，并考虑生产工艺的不同要求，对三种典型催化剂的工艺条件综述如下。

一、中变工艺条件

1. 操作温度

① 操作温度必须控制在催化剂活性温度范围内。反应开始温度应高于催化剂活性温度20℃左右，并防止在反应过程中引起催化剂超温，一般反应开始温度为 320～380℃，最高使用温度为 530～550℃。

② 要使变换反应全过程尽可能在接近最适宜温度的条件下进行。由于最适宜温度随变换率的升高而下降，因此，随着反应的进行，需要移出反应热，降低反应温度。生产中通常采取两种办法：一种是多段间接式冷却法，用原料气或蒸汽进行间接换热，移走反应热；另一种是直接冷激式，在段间直接加入原料气、蒸汽或冷凝液进行降温。这样一段温度高，可以加快反应速率，使大量一氧化碳进行变换反应，下段温度低，可提高一氧化碳变换率。

2. 操作压力

压力对变换反应的平衡几乎无影响，但加压变换比常压有以下优点。

① 可以加快反应速率和提高催化剂的生产能力，因此可用较大空速增加生产负荷。

② 由于干原料气体积小于干变换气的体积，因此，先压缩原料气后，再进行变换的动力消耗，比常压变换后再压缩变换气的动力消耗低很多。

③ 需用的设备体积小，布置紧凑，投资较少。

④ 湿变换气中蒸汽的冷凝温度高，利于热能的回收利用。

但压力提高后，设备腐蚀加重，且必须使用中压蒸汽。

加压变换也有其缺点，但优点占主要地位，因此得到广泛采用。目前中型甲醇厂变换操作压力一般为0.8～3.0MPa。

3. 汽气比

汽气比一般指蒸汽与原料气中一氧化碳的摩尔比或蒸汽与干原料气的摩尔比。增加蒸汽用量，可提高一氧化碳变换率，加快反应速率，防止催化剂中 Fe_3O_4 被进一步还原。使析炭及甲烷化等副反应不易发生。同时增加蒸汽能使湿原料气中一氧化碳含量下降，催化剂床层的温升减少，所以改变水蒸气用量是调节床层温度的有效手段。但过大则能耗高，不经济，也会增大床层阻力和余热回收设备负担。因此，应根据气体成分，变换率要求，反应温度，催化剂活性等合理调节蒸汽用量。甲醇生产中，中变水蒸气比例一般为汽/气（干原料气）=0.2～0.4。

4. 空间速度

空间速度（空速，下同）的大小，既决定催化剂的生产能力，又关系到变换率的高低。在保证变换率的前提下，催化剂活性好，反应速率快，可采用较大空速，充分发挥设备的生产能力。若催化剂活性差，反应速率慢，空速太大，因气体在催化剂层停留时间短，来不及反应而降低变换率，同时床层温度也难以维持。

二、低变工艺条件

1. 温度

设置低温变换的目的是为了变换反应在较低的温度下进行，以便提高变换率。使低变炉出口的一氧化碳含量降到更低。但反应温度并非越低越好，若温度低于湿原料气的露点温度，就会出现析水现象，破坏与粉碎催化剂，因此，入炉气体温度应高于其露点温度20℃以上，一般控制在190～260℃之间。

2. 压力和空间速度

低变炉的操作压力取决于原料气具备的压力，一般为0.8～3.0MPa，空速与压力有关，压力高则空速大。

3. 入口气体中一氧化碳含量

含量高，需用催化剂量多，寿命短，反应热量多，易超温。所以低变要求入口气体中一氧化碳含量应小于6%，一般为3%～6%。

4. 催化剂

在甲醇生产中，因变换率仅有30%，考虑其耐硫性能差、使用寿命短、成本也较高，一般不选用铜锌系低温变换催化剂。

三、全低变工艺操作条件

1. 正常工艺条件

(1) 压力　变换反应对压力的要求并不严格，有0.8MPa，2.5MPa，还有的更高，选用多高压力，与全厂工艺和压缩机的选型有关，对变换本身的操作影响不大。只是提高压力，可加大生产强度，节省压缩做功，并因蒸汽压力的相应提高，而充分利用过剩蒸汽的热能。

(2) 温度

一段入口温度≥200℃

二段入口温度≥230℃

一段出口温度≥320℃

二段出口温度≥250℃

这是一组参考指标，一般在催化剂的初期要控制的低些，随着使用情况和化学活性的变化而稳步提高，以此延长使用寿命。

(3) 汽气比 因甲醇合成的氢碳比要求，变换率仅为30%左右，故汽气比很低。在实际生产中，既要满足变换出气的指标要求，又要保证变换炉床层温度在活性范围内，只得采取部分变换而另一部分走变换炉近路的办法来稳定生产，一般汽气比控制在0.2左右。

(4) 空速 因变换炉配有近路阀，所以空速也不尽相同，要根据生产负荷、变换率、催化剂的活性温度等条件灵活掌握。

2. 岗位正常操作

(1) 原始开车 原始开车是指设备安装完毕或大修完毕后的开车，其开车步骤如下。

① 对照图纸，全面核对所有设备是否安装就绪；所有管线、阀门是否连接配齐；所有仪表管线、测温点、压力表是否配置齐全；所有电气开关及照明安装是否正确、开关是否灵活。

② 当全面检查无疑后，用空气将设备及管线内的灰尘杂物吹除干净，吹除时要排放各处导淋、放空，有死角的地方应松开法兰，然后再拧紧。

③ 吹除工作完毕后，用空气对系统进行试压，试压压力为工作压力的1.2倍，无泄漏，合格。

④ 试压合格后，进行变换炉催化剂及煤气过滤器焦炭的装填工作。装填过程中，一定要按照生产技术指标要求进行，轴向虚实程度均匀，上部平整，防止杂物带入。

⑤ 催化剂装填完毕，封闭全系统，用贫气置换，由压缩机送贫气，打开系统进气总阀，打开各处导淋、放空阀，按贫气流向顺序取样分析 O_2 含量≤0.5%合格，关各处放空、导淋阀，关进气总阀，系统保持正压。

⑥ 煤气风机及风机进口煤气管道置换。打开风机进口阀，打开风机出口阀（不启动风机），从电加热器导淋取样分析 O_2 含量≤0.5%合格。

⑦ 置换要彻底，不留死角，保证安全。

⑧ 催化剂升温还原。

全低变催化剂，宽温耐硫，其主要活性组分为钴和钼，使用前呈氧化态，需经升温硫化为硫化态后才具有活性。据此，采用正压循环硫化法升温硫化。该法的原理是升温硫化时，以干水煤气为载体，以 CS_2 为硫化剂，在200℃左右，CS_2 与水煤气中所含的 H_2 反应，产生高浓度的 H_2S 气体。

$$4H_2+CS_2 \longrightarrow 2H_2S+CH_4 \qquad \Delta H=-240.6\text{kJ/mol}$$

生成的 H_2S 与 CoO 和 MoO_3 反应生成 CoS 和 MoS_2

$$MoO_3+2H_2S+H_2 \longrightarrow MoS_2+3H_2O \qquad \Delta H=-48.1\text{kJ/mol}$$

$$CoO+H_2S \longrightarrow CoS+H_2O \qquad \Delta H=-13.4\text{kJ/mol}$$

从而达到硫化之目的。

具体操作如下。

① 升温硫化系统与正常生产系统要彻底隔离，如阀门关不严时必须加堵板，防止泄漏，

所关阀门包括：煤气换热器出口阀，变换炉一段入口冷气调节阀，变换炉二段入口冷气调节阀，变换炉二段出口阀。所开阀门包括：变换炉一、二段进出口阀、煤气分离器出口阀，冷却器上、回水阀。

② 打开煤气风机入口，开启煤气风机经电加热器向硫化系统充气，开启循环气阀，使系统建立起循环体系。

③ 开电加热器，以约30℃/h的升温速度将一段、二段催化剂床层温度逐步升到200℃并恒温。

④ 200℃恒温后向系统加CS_2。加入量20～30kg/h，分析二段催化剂床出口H_2S含量>10g/m^3时，说明催化剂初硫化结束，这时提温至350℃并恒温。

⑤ 350℃恒温结束后，逐渐将床层温度提升至400～450℃，CS_2加至60～80kg/h，进入强硫化阶段，恒温4～6h，连续三次采样分析床层出口H_2S含量>10g/m^3，硫化结束。

⑥ 硫化结束后，进入降温阶段，逐步降低电加热器出口温度，CS_2减至10～0kg/h，床层温度降至200～250℃。

⑦ 预先制定的升温还原曲线是整个升温还原过程的指南，升温速率应遵循曲线进行。

⑧ 降温完毕，水煤气置换系统由煤气分离器顶部放空，分析循环气中H_2S含量≤1g/m^3后系统保正压。

⑨ 硫化完毕，通过水煤气置换系统高硫煤气合格后，进行倒换系统操作，即：将正常生产的阀门打开（盲板抽取），还原硫化使用的阀门关死（加盲板）。

（2）正常开车

① 全面检查系统所属设备、管线、阀门，应符合开、停车要求，联系有关人员检查仪表、电器设备灵敏好用。

② 联系调度送中压蒸汽暖管，排放冷凝积水，待炉温达200℃可导气。

③ 无论何种情况床层温度不得低于露点温度（0.75MPa—120℃，1.35MPa—140℃），否则煤气中的蒸汽将冷凝成水导致催化剂中钾的流失而影响活性。

④ 根据系统气量大小、压力高低情况，调整蒸汽加入量，控制好汽、气比。给系统加蒸汽前，必须将蒸汽管内的冷凝水排净，方可加入。

⑤ 开车初期炉温较低，使用冷煤气副线调温易使变换炉入口温度低而带水，应以蒸汽量调节。

⑥ 调节蒸汽加入量，使炉温在正常范围之内，出系统CO含量达标后，联系调度，缓慢打开系统出口阀，关放空阀，向后工序送气。

3. 操作要点

① 根据气量大小及水煤气成分分析情况，调节适量汽气比，保证变换气中CO含量在控制指标内。

② 随时注意观察变换炉床层灵敏点和热点温度的变化情况，以增减蒸汽，配合煤气副线阀和变换炉近路阀开度大小调整炉温，使炉温波动在±10℃/h范围内，尤其在加减量时要特别注意。

③ 根据催化剂使用情况，调整适当汽气比和适当床层温度。

④ 要充分发挥催化剂的低温活性，在实际操作中关键是稳定炉温，控制好汽气比。

⑤ 生产中如遇突然减量，要及时减少或切断蒸汽供给。

⑥ 临时停车，先关蒸汽阀，计划停车可在停车前适当减少蒸汽，系统要保正压。

4. 催化剂保护措施

① 稳定操作，确保出系统变换气中 CO 在指标范围内，并保证水煤气中总硫含量≥ $80mg/m^3$。

② 生产过程中如遇减气量时，应立即减小蒸汽加入量，否则短期内使汽气比过大引起反硫化。

③ 禁止对工况不正常情况采用增大蒸汽的办法进行处理，如氧含量变高、用蒸汽压温，都会造成反硫化，应正确判断，果断采取相应措施。

④ 加减量应缓慢，幅度不宜太大，每次加减量应以 $3000m^3/h$ 为宜，因幅度太大，炉温波动大，难以控制，容易超温、反硫化。

⑤ 当水煤气中 O_2 含量突然增高，使炉温也突然猛涨时，应根据炉温大幅度减量，并立即减小蒸汽加入量，可用冷煤气副线调整变换炉煤气入口温度。

⑥ 加强对水煤气、蒸汽的净化，防止水、油类进入变换炉内，油水分离器和焦炭过滤器要每小时排放一次，并将水排净。

5. 停车

(1) 短期停车

① 接到调度或班长的停车通知后，准备停车，如有条件适当提高床层温度。

② 压缩工序发出信号后，关蒸汽阀，系统用煤气吹除 30～40min 后，关系统进出口阀、导淋、取样阀，保温保压。

③ 短期停车后，应随时观察，注意系统压力，床层温度，一定保证床层温度高于露点 30℃以上。当床层温度降至 120℃之前，系统压力必须降至常压，然后以煤气、变换气或惰性气体保压，严禁系统形成负压。

(2) 长期停车

① 全系统停车前，卸压并以干煤气或氮气将催化剂床层温度降至小于 40℃，关闭变换炉进出口阀门及所有测压、分析取样点，并加盲板，并以煤气、变换气或惰性气体保持炉内微正压（≥300Pa），严禁形成负压。

② 必须检查催化剂床层时，需钝化降温或惰性气体（O_2 含量＜0.5%）置换后，方能进去检查。

(3) 紧急停车

① 如因本岗位断水、断电、着火、爆炸、炉温暴涨、设备出现严重缺陷，不能维持正常生产，应发出紧急停车信号。

② 若接到外岗位紧急停车信号，得到压缩机发出切气信号后可做停车处理。

③ 及时切断蒸汽，以防止短期内汽气比剧增，引起反硫化，导致催化剂失活，迅速关闭系统进出口阀，以及相关阀门，然后联系调度根据停车时间长短再做进一步处理。

6. 故障判断和处理

(1) 变换炉系统着火

原因：① 易燃物靠近高温着火；

② 由于漏气着火。

处理：① 用灭火器或消防水扑灭，清除易燃物；

② 用氮气扑灭，漏气较大时联系停车处理。

(2) 催化剂失活

原因：① 反硫化；

② 水煤气中粉尘及油污堵塞催化剂；

③ 水煤气中氧含量长时间超高。

处理：① 严格催化剂的升温硫化操作，稳定操作生产条件，维持适当的 H_2S 含量；

② 加强气体净化操作；

③ 联系调度员及自动控制岗位调整氧含量小于0.3%。

(3) 变换系统压差大

原因：① 设备堵塞；

② 催化剂表面结块或粉化；

③ 蒸汽带水或系统内积水。

处理：①②停车处理；③排净系统积水。

(4) 炉内温度剧烈变化

原因：① 煤气中氧含量增高；

② 煤气流量大幅度变化蒸汽用量调节不及时；

③ 蒸汽带水至变换炉。

处理：① 及时采样分析并调节，迅速联系调度员或自动控制岗位查明原因并处理；

② 加强操作；

③ 加强排污并及时联系调度员进行处理。

(5) 出口一氧化碳超标

原因：① 炉温波动。

② 蒸汽补入量小，蒸汽压力低；

③ 分析误差；

④ 催化剂有走短路处；

⑤ 换热器内漏；

⑥ 催化剂活性低。

处理：① 稳定工艺，稳定炉温；

② 加大蒸汽补入量，联系提高蒸汽压力；

③ 校对表，校对手动分析；

④ 停车检修；

⑤ 停车检修换热器；

⑥ 降低汽气比，适当提高水煤气中 H_2S 含量，加强对油水分离器和焦炭过滤器的操作，严格控制水煤气中氧含量。具体情况具体分析，判断准确，酌情处理。

四、水煤气全低变工艺流程

1. 正常生产流程

从压缩来的水煤气，温度40℃左右，总硫 $80mg/m^3$ 左右，CO含量约36%，经焦炭过滤器除去油污杂质，进入水煤气换热器Ⅰ管内与管间的变换气换热至180℃左右后，进入蒸汽水煤气混合器与220℃水蒸气混合增湿提温。再经水煤气换热器Ⅱ管内，被管间变换炉一段出口煤气加热至200℃左右。从炉顶进入变换炉一段床层，经脱氧和变换反应后，出一段气体温度在300℃左右，进入煤气换热器Ⅱ管间，换热后温度降至250℃左右，进入变换炉二段床层进行变换反应。二段出口变换气CO约24%，进入换热器Ⅰ管间，换热降温至

160℃左右进入水解炉，通过水解催化剂的作用，将变换气中有机硫转化为无机硫，最终变换气经水冷却器降温至40℃以下，通过分离器分离水分之后，送往后工序。

2. 升温硫化流程

钴、钼催化剂的硫化是在一定温度下（200℃左右），利用煤气中的氢气和补入的硫化氢与催化剂作用生成具有高活性的硫化物，其主要反应式为：

$$MoO_3+2H_2S+H_2 \longrightarrow MoS_2+3H_2O+Q \quad (4\text{-}26)$$

$$CoO+H_2S \longrightarrow CoS+H_2O+Q \quad (4\text{-}27)$$

由水煤气脱硫岗位送来的高硫干煤气进入电加热器，加热后的气体逐步进入变换炉一段和二段升温，出变换炉的气体经冷却降温进入循环风机加压后循环使用。当升温至200℃时配入二硫化碳，转入硫化阶段。流程不变。

3. 工艺流程

水煤气全低变工艺流程见图4-3。

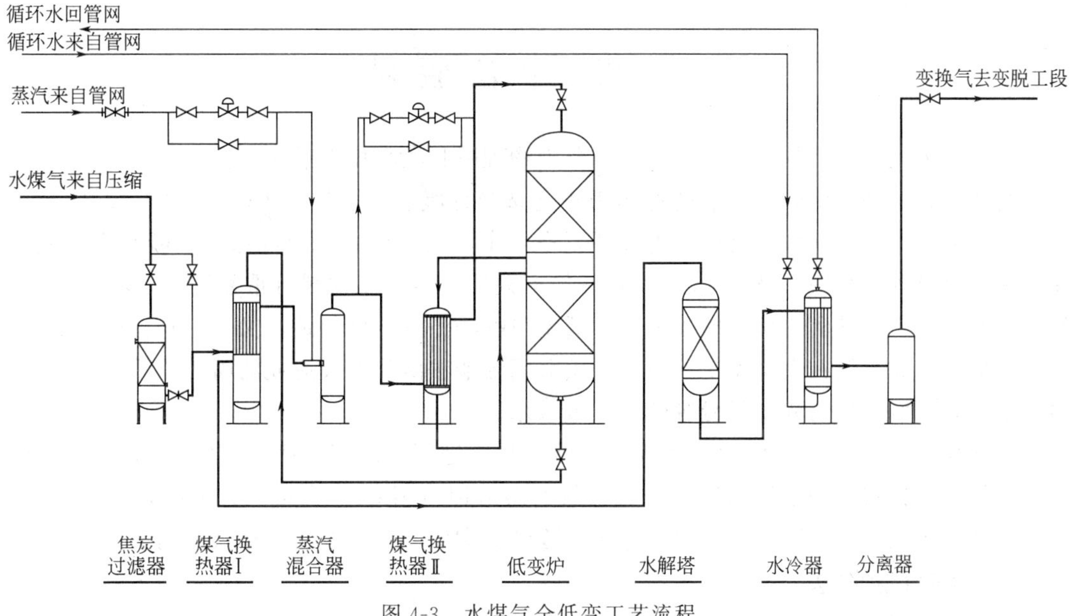

图4-3　水煤气全低变工艺流程

第五章　脱　　碳

以重油和煤、焦为原料制得的甲醇粗原料气中，二氧化碳是过剩的，合成甲醇时氢碳比太低，对合成反应极为不利，因此，这部分二氧化碳必须从系统中脱除，同时利用各种脱碳方法还可去除气体中的硫化氢。而以天然气、石脑油为原料制气时，则氢气过剩，还需适当补充二氧化碳，才能达到甲醇合成的要求。所以条件具备的生产厂家往往将这两种方法一起使用，达到气体物料平衡和节能降耗的目的，创造出更好的经济效益。

与变换一样，脱碳后气体的 CO_2 指标也很高，含量一般为 3%～6%，而脱碳前气体中 CO_2 的含量为 15%，所以各种脱碳方法都可满足甲醇生产中的脱碳要求，下面介绍几种典型的脱碳方法，包括湿法脱碳和干法脱碳。

第一节　湿法脱碳

湿法脱碳，根据吸收原理的不同，可分为物理吸收法和化学吸收法。

物理吸收法是利用分子间的范德华力进行选择性吸收。适用于 CO_2 含量＞15%，无机硫、有机硫含量高的煤气，目前国内外主要有：水洗法、低温甲醇洗涤法、碳酸丙烯酯法、聚乙醇二甲醚等吸收法。吸收 CO_2 的溶液仍可减压再生，吸收剂可重复利用。其中水洗法的动力消耗大、氢气和一氧化碳损失大；低温甲醇洗涤法既可脱碳，又可脱硫，但需要足够多得冷量，因此一般在大型化工厂使用；碳酸丙烯酯法由于溶液造成的腐蚀严重，并且液体损失量较大，所以聚乙醇二甲醚脱碳广泛被采用。

化学吸收法是利用 CO_2 的酸性特性与碱性物质进行反应将其吸收，常用的吸收法有热碳酸钾法、有机胺法和浓氨水法等，其中热的碳酸钾适用 CO_2 含量＜15%时，浓氨水吸收最终产品为碳酸铵，达不到环保要求，该法逐渐被淘汰，有机胺法逐渐被人们所看好。

一、物理吸收法

1. 物理吸收剂

(1) 碳酸丙烯酯

① 物理性质。分子结构：$CH_3CHOCO_2CH_2$，沸点（0.1MPa）为 238.4℃，冰点 −48.89℃，密度（15.5℃）1.198g/cm³。

黏度（25℃）：2.09×10^{-3} Pa·s；比热容（15.5℃）：1.40kJ/(kg·℃)；饱和蒸气压（34.7℃）：27.27Pa；对二氧化碳溶解热 14.65kJ/mol；临界参数：临界温度 T_c523.11K，临界压力 p_c6.28MPa。

碳酸丙烯酯对 CO_2 吸收能力大，在相同条件下约为水的 4 倍。纯净时略带芳香味，无色，当使用一定时间后，由于水溶解 CO_2、H_2S、有机硫、烯烃，水及碳酸丙烯酯降解，使溶液变成棕黄色，密度 1.198kg/L，闪点 128℃，着火点 133℃，属中度挥发性有机溶剂，极易溶于有机溶剂，但对压缩机油难溶。吸水性极强，碳酸丙烯酯液吸收能力与压力成正比，与温度成反比，对材料无腐蚀性（无水解时），所以可用碳钢做材料投资少，但碳酸液降解后对碳钢有腐蚀，使碳酸丙烯酯颜色变成棕色，这一点特别注意。

各种气体在碳酸丙烯酯中的溶解度见表5-1。

表5-1 各种气体在碳酸丙烯酯中的溶解度（0.1MPa，25℃） m^3 气体/m^3

气体	CO_2	H_2S	H_2	CO	CH_4	COS	C_2H_2
溶解度	3.47	12.0	0.025	0.50	0.3	5.0	8.6

② 化学性质。

水解性：
$$C_3H_6CO_3+2H_2O═══C_3H_6(OH)_2+H_2CO_3 \quad (5-1)$$
$$C_3H_6CO_3 \longrightarrow H_2O+CO_2\uparrow \quad (5-2)$$

碳酸丙烯酯水解成1,2-丙二醇。

a. 溶液含水量越多，溶剂被水解的量也多。

b. 温度升高，能加快水解速度，增加碳酸丙烯酯液水解量。

c. 在酸性介质中，水解速度加快。

③ 溶解度计算。最大吸收度经验式：

$$\lg x_{CO_2}=\lg p_{CO_2}+\frac{727}{T}-4.4 \quad (5-3)$$

(2) 聚乙二醇二甲醚（简称NHD） 此法是美国ALLied化学公司，在1965年开发成功的物理吸收法，此法主要优点：对H_2S、CS_2、C_4H_4S、CH_3SH、COS等硫化物有较高的吸收能力，能选择吸收H_2S，也能脱除CO_2，并能同时脱除水；溶剂本身稳定，不分解，不起化学反应，损耗少，对普通碳钢腐蚀性小，无毒性，也不污染环境。

该溶剂是聚合度3-9聚乙二醇二甲醚的混溶剂。

该溶剂的主要物理性质：分子结构CH_3—O—C_2H_4O—CH_3；相对分子质量280～315；凝固点−22～−29℃；闪点151℃；蒸气压（25℃）<1.33Pa；比热容（25℃）2.05kJ/(kg·℃)；密度（25℃）1.03kg/L；黏度（25℃）5.8×10^{-3} Pa·s；表面张力（25℃）34.3×10^{-5} N/cm^2；溶解CO_2释放出热量374.30kJ/kg，

该溶剂能与水任何比例互溶，不起泡，也不会因原料气中的杂质而引起降解，溶剂的蒸气压低，损失非常少。

每处理1000m^3含H_2S 0.5%，$CO_2$35%的气体，要求净化气中H_2S含量$<1\times10^{-7}$（质量分数）。当CO_2含量为31%，吸收压力为3.5MPa时，溶剂消耗<0.01kg，如代替二乙醇胺法脱除CO_2，每吨氨约可节省能量2.93GJ。

(3) *N*-甲基吡咯烷酮（简称Purisol） Lurgi法重油气化制得的甲醇原料气采用*N*-甲基吡咯烷酮法脱除CO_2。因这种变换气中CO_2高达30%，要降到3%～6%，以满足甲醇合成的需要。考虑这种溶剂对二氧化碳的吸收能力比水高6倍，而H_2和CO的损失却很小，故选用这种溶剂作物理吸收剂。

(4) 甲醇 甲醇在−70～−30℃的低温条件下，能同时脱除气体中的H_2S、COS、CS_2、RSH、C_4H_4S、CO_2、HCN以及石蜡烃、粗汽油等杂质，还可同时吸收水分。加上甲醇在低温下选择性强，有效CO、H_2等损失小；热稳定性和化学稳定性好等许多优点，被许多厂家广泛使用。但低温甲醇洗也有缺点：甲醇毒性大，再生流程复杂。多用于天然气、石脑油为原料蒸汽转化制得的原料气的脱碳，也有以固体燃料为原料加压连续气化的厂家用来同时脱硫和脱碳。

2. 吸收的基本原理

碳酸丙烯酯吸收二氧化碳气体是一个物理吸收过程，二氧化碳气体在碳酸丙烯酯溶液中的含量很低时，其平衡溶解度可用亨利定律来表示。

$$p_{CO_2}=E_{CO_2}X_{CO_2} \tag{5-4}$$

式中 X_{CO_2}——液相中二氧化碳的含量，摩尔分数；

E_{CO_2}——二氧化碳的亨利系数，MPa；

p_{CO_2}——二氧化碳在气相中的平衡分压。

如果液相中二氧化碳的含量用 $kmol/m^3$ 表示，则亨利定律可用下式表示。

$$C_{CO_2}=H_{CO_2}p_{CO_2} \tag{5-5}$$

式中 C_{CO_2}——液相中二氧化碳的含量，$kmol/m^3$；

H_{CO_2}——二氧化碳的溶解度系数，$kmol/(m^3 \cdot MPa)$；

p_{CO_2}——二氧化碳在气相中的平衡分压，MPa。

对于纯二氧化碳在碳酸丙烯酯中溶解度的测定，温度范围为0～40℃，二氧化碳压力 p 为0.22～1.655MPa下，实验测得其溶解度数据见表5-1。

由表中数据经归纳的纯二氧化碳气体在碳酸丙烯酯中的溶解度关系式

$$\lg X_{CO_2}=\lg p_{CO_2}+\frac{726.90}{T}-4.838 \tag{5-6}$$

式中 X_{CO}——二氧化碳气体在碳酸丙烯酯中的溶解度，摩尔分数；

T——碳酸丙烯酯溶液温度，K；

p_{CO_2}——平衡时气相中的二氧化碳分压，MPa。

当二氧化碳气体压力大于2.0MPa后，其溶解度规律已逐渐偏离亨利定律。

由式(5-6)可知：提高系统压力（p_{CO_2}），降低碳酸丙烯酯溶液的温度，将增大二氧化碳气体在碳酸丙烯酯中的溶解度，对吸收过程有利。

合成甲醇的变换气中，除含有二氧化碳外，还含有氢、一氧化碳、甲烷、氮、氩、氧、硫化氢气体。这些气体在碳酸丙烯酯中也有一定溶解度，只是大小不同。表5-1列出了这些工艺气体在该溶剂中的溶解度及其与二氧化碳溶解度的比较。

从表5-1可以看出，在实际生产中，碳酸丙烯酯脱除变换气中二氧化碳的同时，又吸收了硫化氢，在一定程度上起到了脱硫作用，而对一氧化碳、氢气等气体的吸收能力很小。

(1) 吸收速率　在碳酸丙烯酯吸收二氧化碳的过程中，还存在着气体溶于液体的速率问题。二氧化碳气体溶于碳酸丙烯酯的过程，可以认为是二氧化碳分子通过气相扩散到液相（碳酸丙烯酯）分子中去的质量传递过程。如以气相二氧化碳分压做推动力，碳酸丙烯酯吸收二氧化碳的速率可写为

$$G_{CO_2}=K_G(p_{CO_2}-p^*_{CO_2}) \tag{5-7}$$

式中 G_{CO_2}——单位传质表面吸收 CO_2 的速率，$kmol/(m^2 \cdot h)$；

K_G——传质总系数，$kmol/(m^2 \cdot MPa \cdot h)$；

p_{CO_2}——气相中的二氧化碳分压，MPa；

$p^*_{CO_2}$——与液相浓度相平衡时的二氧化碳分压，MPa。

由式(5-7)可知：欲提高吸收二氧化碳的速率，可通过提高吸收过程中的总传质系数 K_G 和（$p_{CO_2}-p^*_{CO_2}$）值。

$$\frac{1}{K_G}=\frac{1}{R_G}+\frac{1}{H\times R_L} \tag{5-8}$$

式中 R_G——二氧化碳在气相中的传质系数，kmol/(m² · MPa · h)；

R_L——二氧化碳在液相中的传质系数，m/h；

H——二氧化碳在碳酸丙烯酯中的溶解度系数，kmol/(m² · MPa · h)。

动力学研究结果表明，碳酸丙烯酯吸收二氧化碳气体，其传质总系数 K_G 与吸收过程中的气体速度，气体压力、气体中二氧化碳含量基本无关。而与溶剂（碳酸丙烯酯）的喷淋密度 L 有关。

实验测得：$K_G \propto L^{0.76}$ [L 单位 m³/(m² · h)]，传质阻力主要在液相，整个吸收过程中的速率取决于二氧化碳在液相中的扩散速率，属液膜扩散控制，则 $K_G \propto H \cdot R_L$，因此，加大溶剂喷淋密度可以使传质总系数增大。

提高传质推动力（$p_{CO_2}-p^*_{CO_2}$），也可提高吸收二氧化碳的速率。改变气相压力，对 K_G 无明显影响，但对气相二氧化碳的分压有很大的影响。气相压力升高后，（$p_{CO_2}-p^*_{CO_2}$）的差值将升高，从而提高了吸收二氧化碳的速率 G_{CO_2}。

温度的影响主要表现在溶解度系数 H 和二氧化碳与液相浓度平衡是的分压 $p^*_{CO_2}$ 方面。应为温度与溶解度系数 H 成反比，即温度升高，H 降低，故升高温度将使 K_G 降低，另一方面，由于温度升高，还会使液相浓度所对应的平衡分压 $p^*_{CO_2}$ 增大，致使吸收二氧化碳的推动力（$p_{CO_2}-p^*_{CO_2}$）降低。因此升高温度将降低吸收速率，反之，降低温度，因 K_G 和（$p_{CO_2}-p^*_{CO_2}$）值升高，碳酸丙烯酯吸收二氧化碳的速率会锐增。

根据碳酸丙烯酯吸收二氧化碳的传质机理，其控制步骤在液相扩散。因此，在脱碳塔的选择和设计上，应充分考虑提高液相湍动，气液逆流接触，减薄液膜厚度，以及增加相际接触面等措施，以提高二氧化碳的传递速率。在生产运行时，可通过加大溶剂喷淋密度或降低温度来提高吸收二氧化碳的速率。

（2）二氧化碳的吸收饱和度　在脱碳塔底部的碳酸丙烯酯富液中二氧化碳的浓度（C_{CO_2}）与达到相平衡时的浓度（$C^*_{CO_2}$）之比称为二氧化碳的吸收饱和度（Φ）。

$$\Phi=\frac{C_{CO_2}}{C^*_{CO_2}}\leqslant 1 \tag{5-9}$$

假设脱碳塔底部的碳酸丙烯酯与原料气中二氧化碳达到相平衡时，按亨利定律溶剂中的二氧化碳浓度为 $C^*_{CO_2}=Hp_{CO_2}$，因 $p_{CO_2}=py_{CO_2}$ 则 $C^*_{CO_2}=Hpy_{CO_2}$

$$\Phi=\frac{C_{CO_2}}{Hpy_{CO_2}} \tag{5-10}$$

式中，y_{CO_2} 为二氧化碳的摩尔分数，Φ 的大小对溶剂循环量和脱碳塔塔高等都有较大影响。对溶剂循环量的影响还可以近似的用下式表达。

$$\frac{L}{G}=\frac{1}{\Phi Hp} \tag{5-11}$$

式中 L——溶剂流量；

G——原料气流量；

H——二氧化碳的溶解度系数；

p——吸收压力（脱碳塔内的压力）。

当处理原料气量 G 一定时，则溶剂量 L 可看作与吸收饱和度 Φ、溶解度系数 H 及吸收压 p 的乘积成反比。在操作温度和压力一定时，即 H 和 p 一定。则 L 与 Φ 成反比。所以提

高 Φ 值对降低溶剂流量 L 是一项有效的措施。

对于填料塔，选择比表面积较大的填料和增大填料容量，以加大气液两相的接触面积，从而提高二氧化碳的吸收饱和度，降低溶剂流量 L。在设计中一般取 Φ 为 75%～90%。

(3) 溶剂贫度　溶剂贫度（α）是指再生溶剂（贫液）中二氧化碳的含量，它主要对气体的净化度有影响。若贫液中二氧化碳含量升高，净化气中二氧化碳的含量也将升高；反之则降低。一般溶剂贫度应控制在 0.1～0.2m^3 CO_2/m^3 溶剂。

溶剂贫度的大小主要取决于气提过程的操作。当操作温度确定后，在气液相有充分接触面积的情况下，溶剂贫度与气提空气量有直接关系。若气提空气量（或气提气液比）越大，则溶剂贫度会越小；反之，气提空气量（或气提气液比）减小，则溶剂贫度将上升，但是，加大空气量（或气液比），要增加气提鼓风机电耗，而且随气提气带走的溶剂蒸气量也要增加。综合技术可行、经济合理，一般取气提气液比在 6～12。可使溶剂贫度（α）达到所需程度。当溶剂操作温度较高时，如夏季温度，其气液比可取上述范围的低限；当溶剂温度较低时，如冬季温度，其气液比可取上述范围的高限。在生产过程中，根据贫液中二氧化碳含量来调节气提气液比。

(4) 吸收气液比的选择　吸收气液比时指单位时间内进脱碳塔的原料气体积与进塔的贫液体积之比 m^3/m^3。一般表示气体体积为标准状态下的体积，贫液体积为工况下的体积，该比值在某种程度上也是反映生产能力的一种参数。

吸收气液比对工艺过程的影响主要表现在工艺的经济性和气体的净化质量，若吸收气液比增大，意味着在处理一定的原料气量时，所需的溶剂量就可减小，因而，输送溶剂的电耗也就可以降低。在要求达到一定的净化度时，吸收气液比大，则相应的降低了吸收推动力。在单位时间内吸收同量的二氧化碳，就需要增大脱碳塔的设计容量，从而增加了塔的造价。对于一定的脱碳塔，吸收气液比增大后，净化气中的二氧化碳含量将增大，影响到净化气的质量。所以，在生产中应根据净化气中的二氧化碳的含量要求，调节气液比至适宜值。脱碳压力 1.7MPa 时为 25～35，脱碳压力 2.7MPa 时为 55～56。

(5) 碳酸丙烯酯的解吸　在碳酸丙烯酯脱除二氧化碳的生产工艺中，解吸过程就是碳酸丙烯酯的再生过程，它包括闪蒸解吸、常压解吸、真空解吸和气提解吸三部分。解吸过程的气液平衡关系可用亨利定律来描述。

吸收了二氧化碳的碳酸丙烯酯富液中也含有少量的氢、氮，经减压到 0.4MPa（绝）进行闪蒸几乎全部被解吸出来，另有少量的二氧化碳随氢、氮气一起被解吸。这是多组分闪蒸过程，各个部分具有不同的解吸速率和不同的相平衡参数。闪蒸过程中各组分在闪蒸汽中的浓度时随闪蒸压力、温度而异。在生产过程中，调节闪蒸压力，可达到闪蒸气各组分浓度的调节。

经 0.4MPa（绝）闪蒸后的碳酸丙烯酯在常压（或真空）下解吸。可近似作为单组分（二氧化碳）的解吸过程忽略解吸的热效应，解吸过程温度恒定不变。在溶剂的挥发因素可以忽略不计的情况下，气相只存在溶质（二氧化碳）组分，其摩尔分数为 1，组分的气相分压也就等于解吸压力，气相传质单元数等于零，过程的进行程度取决于解吸压力和液相内传质。所以，在常压（或真空）解吸过程中应使碳酸丙烯酯有着良好的湍动。

碳酸丙烯酯溶剂气提时，是在逆流接触的设备中进行的。吹入溶剂的惰性气体（空气），降低了气相中的二氧化碳含量，即降低气相中的二氧化碳分压。此时溶剂中残余的二氧化碳进一步解吸出来，以达到所要求的碳酸丙烯酯溶剂的贫度。

3. 脱碳工段工艺流程

（1）碳酸丙烯酯脱碳流程叙述（流程见图 5-1） 自外界来的变换气，首先进入变换气分离器，分离出油水后进入活性炭脱硫槽进行脱硫。脱硫后的变换气由脱碳塔底部导入，碳酸丙烯酯液由贫液泵泵入过滤器，溶剂经冷却器冷却后从脱碳塔顶部进入与自下而上的气体进行逆流吸收，脱除二氧化碳气体的净化气经净化、分离后进入闪蒸洗涤塔中部，净化气经碳酸丙烯酯液回收段与稀液泵来的稀液逆流接触，回收碳酸丙烯酯后，经洗涤分离器分离回收净化气中夹带液体，净化气送往后工序。

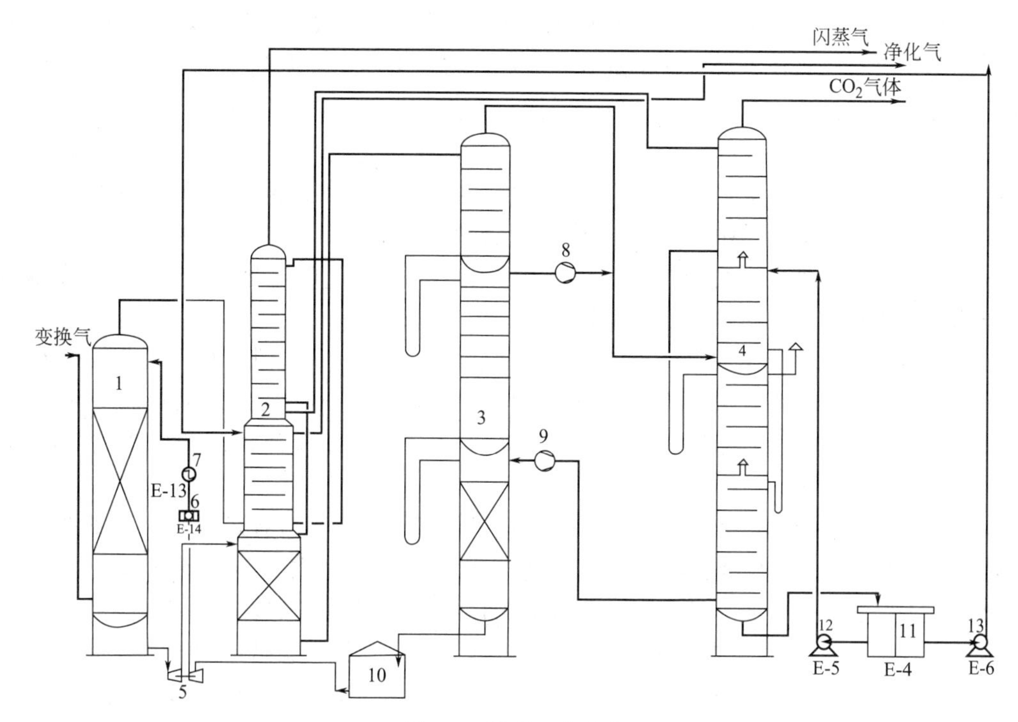

图 5-1 脱碳工艺流程

1—吸收塔；2—闪蒸洗涤塔；3—再生塔；4—洗涤塔；5—贫液泵-蜗轮机；6—过滤器；7—贫液水冷器；8—真空解吸风机；9—气提风机；10—循环槽；11—稀液槽；12—稀液循环泵；13—稀液泵

吸收二氧化碳后的碳酸丙烯酯富液从脱碳塔底部出来，经自动调节减压后，直接或间接经脱碳蜗轮机回收能量后进入洗涤塔下部闪蒸段，在闪蒸段，闪蒸出氢气、一氧化碳、二氧化碳等气体，闪蒸气经闪蒸洗涤塔上部回收段回收碳酸丙烯酯后放空（或回收到压缩机的低压段）。

闪蒸后的富液，经自动减压阀减压后，进入再生塔常压解吸段。大部分二氧化碳在此解吸。解吸后的富液经溢流管进入中部真空解吸段，由真空解吸风机控制真空解吸段真空度。真空解吸气由真空解吸风机加压后与常压解吸段解吸气汇合后依次进入洗涤塔上部洗涤后，二氧化碳作为产品。

真空解吸段碳酸丙烯酯液经溢流管进入再生塔下段气提段。气提段由气提风机抽吸空气形成负压，气提碳酸丙烯酯液与自下而上的空气逆流接触，继续解吸碳酸丙烯酯液中残余的二氧化碳，再生后的贫液进入循环槽，经脱碳泵加压后，打入溶剂冷却器，再去脱碳塔循环使用。气提气依次进入洗涤塔下部洗涤后放空。

净化气回收段排出稀液进入闪蒸气洗涤段，回收碳酸丙烯酯依次进入常压解吸气下段，洗涤段及气提气下段，回收到稀液槽，经稀液泵加压去净化气回收段循环使用。由稀液泵出口经稀液洗涤塔常压解吸气上段，洗涤段及气提气上段洗涤段后回收到稀液槽，再经稀液泵加压后循环使用。另由泵出口配一管线，定期将部分稀液补入稀液泵进口稀液槽。

碳酸丙烯液分离器排放的稀碳酸丙烯液回收到地下槽，由地下泵加压后补充到循环槽。

稀液的循环原则上由系统循环浓度达到2%～4%时，补充给稀液泵循环系统。当稀液浓度达到8%～12%，由洗涤塔气提段下段排液管将稀液排到地下槽，由地下泵泵到循环槽，烯液回收后及时向稀液循环系统补加脱盐水，保证稀液循环。

(2) 聚乙二醇二甲醚工艺流程　变脱气进入气体换热器，被低压闪蒸气和脱碳气冷却，并在进塔气分离器分离掉冷凝水后，进入脱碳塔，与自上而下的溶剂接触后，通过位于塔顶的除沫器出塔，经脱碳气分离器分离夹带雾沫，再通过气体换热器冷却进塔气，然后去后续工序。

吸收了二氧化碳的富液，从脱碳塔底部流出，温度升高。然后，经富液氨冷器冷却，降低温度。进入位于20m空中的高压闪蒸槽，闪蒸除去富液携带的大部分氢气、一氧化碳和一部分二氧化碳，闪蒸压力约为0.50MPa。高压闪蒸气经高压闪气分离器分离夹带的雾沫，送入压缩机低压段，经压缩机压缩，重返系统。

从高压闪蒸槽底部流出的富液，依靠本身的静压头和位压头，进入低压闪蒸气提塔上部的低压闪蒸段，进一步在较低的压力下继续闪蒸，低压闪蒸气主要是二氧化碳（纯度大于98.5%），经低压闪蒸气分离器分离掉夹带的雾沫，并在气体换热器冷却进塔气后，作为CO_2产品。

从低压闪蒸段流出的低压闪蒸液，靠重力向下流经低压闪蒸气提塔A、B下部的气提段填料层，与气提空气逆流接触，溶液得到再生，由贫液泵，经贫液氨冷器冷却，送入脱碳塔，重新用于吸收二氧化碳。溶液循环量根据出口CO_2的指标确定。

由鼓风机抽引，气提空气从周围环境空间抽入空气冷却器，被低压闪蒸气提塔A、B气提段气提放空气冷却，经空气水分离器后，进入低压闪蒸气提塔A、B底部，气提空气以及被解吸的二氧化碳一起，从气提段顶离开，经解吸气分离器，空气冷却器A、B后，由鼓风机抽引放空。聚乙二醇二甲醚（NHD）脱碳工艺流程图见图5-2。

4. 吸收与再生系统岗位常见事故处理

(1) 贫液泵跳闸

① 发紧急停车信号，通知压缩机停车。迅速关闭脱碳塔液位自调、高压闪蒸液位自调、低压闪蒸液位自调。

② 迅速关闭CO_2出口大阀，高压闪蒸气回收阀，脱碳塔液位自动调节阀后切断阀，高压闪蒸液位自动调节阀后切断阀。

③ 关闭系统出口阀、系统进口阀。

④ 其余按保压保液处理。

(2) 富液泵跳闸无法启动备用泵

① 当真空解吸槽、低压闪蒸槽液位高时，以排液管线排入溶液槽。

② 发紧急停车信号，通知压缩机停车。

③ 迅速关闭脱碳塔液位自动调节阀、高压闪蒸液位自动调节。

④ 迅速关闭CO_2出口大阀，高压闪蒸气回收阀，脱碳塔液位自动调节切断阀，高压闪

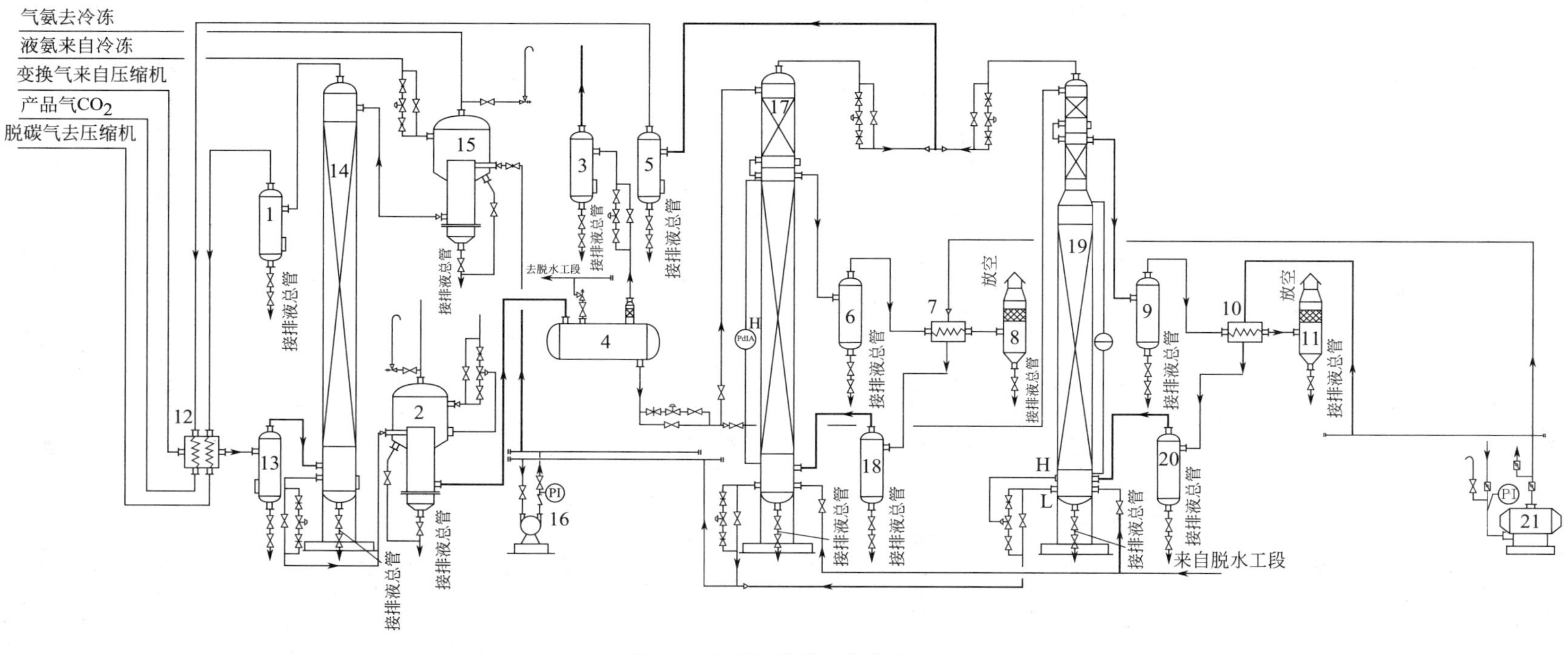

图 5-2 NHD脱碳工艺流程图

1—脱碳气分离器；2,15—氨冷器；3—高闪气分离器；4—高压闪蒸槽；5—低闪气分离器；6—解吸气分离器；7—空气冷却器；8—空气过滤器；9—解吸气分离器；10—空气冷却器；11—空气过滤器；12—气体换热器；13—进塔气分离器；14—脱碳塔；16—贫液泵；17,19—低闪气提塔；18,20—空气水分离器；21—鼓风机

蒸液位自动调节阀后切断阀，入塔气相阀。

⑤ 关闭系统进出口阀。

⑥ 其余按保压保液处理。

(3) 断电

① 迅速关闭脱碳塔液位自动调节阀、高压闪蒸液位自调、CO_2 出口大阀，入塔气相阀，高压闪蒸气回收阀。

② 停氨冷液位自动调节阀。

③ 停各机、泵。

④ 其余按保压保液处理。

(4) 断仪表空气

① 发紧急信号通知压缩机停车。

② 迅速关闭脱碳塔液位自动调节阀、高压闪蒸液位自动调节阀、低压闪蒸液位自动调节切断阀，CO_2 出口大阀，高压闪蒸气回收阀，停氨冷器，入塔气相阀、系统进出口阀。

③ 其余按保压保液处理。

(5) 自控系统故障

自控系统故障分为监视系统死机，下位机断电两种，必须分辨清楚。

① 监视器死机。监视器死机后，下位机仍在工作，仪表状态显示正常，此时迅速启用监视器。

② 下位机断电。监视器无故障时，显示均为下位机电源灯灭。下位机断电后，处理同仪表空气断。

(6) 着火、爆炸

① 迅速室内关闭所有阀门，按紧急停车按钮，通知压缩机停车。

② 视情况关闭着火处通道阀门，用灭火机灭火，停两泵一机。

③ 待火势小后，按长期停车处理。

(7) 系统发生重大泄漏

① 接急停信号令压缩机停车。

② 按着火爆炸处理。

(8) 系统严重超压

① 发急停信号，通知压缩机停车。

② 迅速开启塔后放空，系统卸压至正常范围。

③ 注意调节系统自控系统稳定。

④ 其余各项均按保压循环处理。

5. 脱水系统岗位操作

(1) 脱水开车要点

① 开车前检查。

应关阀门：溶液槽至溶液泵进口阀、溶液泵出口各阀、脱水塔排液阀、脱水液位前排液阀。

应开阀门：加热器蒸汽进口阀、冷凝液回收阀、各调节阀、流量计、前后切断阀，并关副线阀、脱碳来溶液阀、脱水塔排液底阀、水冷器冷却水阀、水冷放空阀。

检查各仪表投运情况。

② 引蒸汽。缓开系统蒸汽进口阀，由导淋处检查蒸汽量。慢引蒸汽入加热器，待出口冷凝液管发烫后，提高蒸气压力约 0.30MPa。

③ 引液。开启去脱水富液流量，并置去脱水富液流量于一定值投入自控，引溶液入脱水系统。初次开车时，先排净溶液过滤器中空气。

由溶液分流阀控制去上部与去中部流量的比例。

视情况开大蒸汽阀，维护蒸汽压力 0.30～0.40MPa。

脱水塔液位到达给定值后，将脱水液位自调投入自控。

开启溶液泵，向气提塔送液。

④ 调节。调节分流比，控制塔上部温度在指标内，保证出换热器贫液温度<35℃。

视情况调节蒸汽量，保证脱水塔温度在指标内。

视进脱碳塔贫液温度，适当调节去脱水富液流量，避免进脱碳塔温度超高。

（2）脱水停车要点

① 一般性停车。

关闭蒸汽阀及冷凝液回收阀，开启蒸汽导淋。

关闭脱水系统各调节阀，温度计切断阀。

关闭水冷器冷却水阀。

停溶液泵。

② 长期停车。

一般性停车后，开启各低点导淋及排液阀，将管道设备中溶液放入地下槽。

各处死角有积液者，可用蒸汽吹扫入脱水塔后排入地下槽。

必要时以软水冲洗系统，清洗水放入地下槽。

二、化学吸收法

1. 热钾碱法吸收反应原理

（1）纯碳酸钾水溶液和二氧化碳的反应　碳酸钾水溶液吸收 CO_2 的过程为：气相中 CO_2 扩散到溶液界面；CO_2 溶解于界面的溶液中；溶解的 CO_2 在界面液层中与碳酸钾溶液发生化学反应；反应产物向液相主体扩散。据研究，在碳酸钾水溶液吸收 CO_2 的过程中，化学反应速率最慢，起了控制作用。

纯碳酸钾水溶液吸收 CO_2 的化学反应式为

$$K_2CO_3+H_2O+CO_2 \longrightarrow 2KHCO_3 \tag{5-12}$$

脱碳后气体的净化度与碳酸钾水溶液的 CO_2 平衡分压有关。CO_2 平衡分压越低，达到平衡后溶液中残存的 CO_2 越少，气体中的净化度也越高；反之，平衡后气体中 CO_2 含量越高，气体的净化度越低。碳酸钾水溶液的 CO_2 平衡分压与碳酸钾浓度、溶液的转化率（表示溶液中碳酸钾转化成碳酸氢钾的摩尔分数）、吸收温度等有关。当碳酸钾浓度一定时，随着转化率，温度升高，CO_2 的平衡分压增大。

（2）碳酸钾溶液对原料气中其他组分的吸收　含有机胺的碳酸钾溶液在吸收 CO_2 的同时，也可除去原料气中的硫化氢、氰化氢，硫酸等酸性组分，吸收反应为

$$H_2S+K_2CO_3 \longrightarrow KHCO_3+KHS \tag{5-13}$$

$$HCN+K_2CO_3 \longrightarrow KCN+KHCO_3 \tag{5-14}$$

$$R—SH+K_2CO_3 \longrightarrow RSH+KHCO_3 \tag{5-15}$$

硫氧化碳，二硫化碳首先在热钾碱溶液中水解生成 H_2S，然后再被溶液吸收。

$$COS+H_2O \longrightarrow CO_2+H_2S \tag{5-16}$$

$$CS_2+H_2O \longrightarrow COS+H_2S \tag{5-17}$$

二硫化碳需经两步水解生成 H_2S 后才能全部被吸收，因此吸收效率较低。

2. 吸收溶液的再生

碳酸钾溶液吸收 CO_2 后，碳酸钾为碳酸氢钾，溶液 pH 减小，活性下降，故需要将溶液再生，逐出 CO_2，使溶液恢复吸收能力，循环使用，再生反应为

$$2KHCO_3 \longrightarrow K_2CO_3+CO_2+H_2O \tag{5-18}$$

压力越低，温度越高，越有利于碳酸氢钾的分解。为使 CO_2 能完全的从溶液中解析出来，可向溶液中加入惰性气体进行气提，使溶液湍动并降低解析出来的 CO_2 在气相中的分压。在生产中一般是在再生塔下设置再沸器，采用间接加热的方法将溶液加热到沸点，使大量的水蒸气从溶液中蒸发出来。水蒸气再沿塔向上流动，与溶液逆流接触，这样不仅降低了气相中的 CO_2 分压，增加了解析的推动力，同时增加了液相中湍动程度和解析面积，从而使溶液得到更好的再生。

碳酸钾溶液吸收 CO_2 越多，转变为碳酸氢钾的碳酸钾量越多；溶液再生越完全，溶液中残留的碳酸氢钾越少。通常用转化度或再生度表示溶液中碳酸钾转变为碳酸氢钾的程度。转化度 F_c 的定义为

$$F_c=\frac{\text{转换为 } KHCO_3 \text{ 的 } K_2CO_3 \text{ 的物质的量}}{\text{溶液中的 } K_2CO_3 \text{ 的总物质的量}} \tag{5-19}$$

再生度 i_c 的定义为

$$i_c=\frac{\text{溶液中总的 } CO_2 \text{ 物质的量}}{\text{总 } K_2O \text{ 的物质的量}} \tag{5-20}$$

转化度与再生度的关系见表 5-2。

表 5-2　设原始溶液中只有碳酸钾，浓度为 Nmol，当转化度为 F_c 则

项目	物质的量	CO_2 物质的量	K_2O 物质的量
K_2CO_3	$N(1-F_c)$	$N(1-F_c)$	$N(1-F_c)$
$KHCO_3$	$2NF_c$	$2NF_c$	NF_c

根据再生度的定义，

$$i_c=\frac{CO_2 \text{ 的物质的量}}{K_2O \text{ 的物质的量}}=\frac{N(1-F_c)+2NF_c}{N(1-F_c)+NF_c}=\frac{N(1+F_c)}{N}=1+F_c \tag{5-21}$$

即 i_c 比 F_c 大 1。对纯碳酸钾而言，$F_c=0$，$i_c=1$；对纯碳酸氢钾而言，$F_c=1$，$i_c=2$。再生后溶液的再生度越接近于 0，或再生度越接近于 1，表示溶液中碳酸氢钾含量越少，溶液再生的越完全。

3. 操作条件的选择

（1）溶液的组成

① 碳酸钾浓度。增加碳酸钾浓度，可提高溶液吸收 CO_2 的能力，从而可以减少溶液循环量与提高气体的净化度，但是碳酸钾的浓度越高，高温下溶液对设备的腐蚀越严重，在低温时容易析出碳酸氢钾结晶，堵塞设备，给操作带来困难。通常维持碳酸钾的质量分数为 25%～30%。

② 活化剂的浓度。二乙醇胺在溶液中的浓度增加，可加快吸收 CO_2 的速度和降低净化后气体中 CO_2 含量，但当二乙醇胺的含量超过5%时。活化作用就不明显了，且二乙醇胺损失增高。因此，生产中二乙醇胺的含量一般维持在 2.5%～5%。

氨基乙酸浓度增加，吸收 CO_2 速度和溶液再生速度均增加，且气体净化度随之提高。但当氨基乙酸含量增加到 50～60g/L 时，再增加氨基乙酸的浓度，吸收速度和气体的净化度就不再增加，因此，生产中氨基乙酸的含量一般为 30～50g/L。向溶液中加入硼酸，可以加快吸收 CO_2 的速度，从而减少氨基乙酸的用量，向溶液中加入 15～20g/L 的硼酸，可以使氨基乙酸的添加量由 50g/L 降至 20g/L 左右，并可保持同样的净化效果。

缓蚀剂，热碳酸钾溶液和潮湿的 CO_2 对碳钢有较强的腐蚀作用。生产中，防腐蚀的主要措施是在溶液中加入缓蚀剂。有机胺催化热钾碱法中一般以偏钒酸钾（KVO_3）或五氧化二钒为缓蚀剂。五氧化二钒在碳酸钾溶液中按式(5-22) 转变为偏钒酸钾。

$$V_2O_5 + K_2CO_3 \longrightarrow 2KVO_3 + CO_2 \tag{5-22}$$

偏钒酸钾是一种强氧化物质，能与铁作用，表面形成一层氧化铁保护膜（或称钝化膜），从而保护设备免受腐蚀。通常溶液中偏钒酸钾的质量分数为 0.6%～0.9%。以偏钒酸钾表示的含量乘以 0.659，等于以五氧化二钒表示的含量。

H_2S、H_2、CO 等还原性气体均能使五价钒还原成四价钒，降低缓蚀作用，向溶液中通入空气、氧或亚硝酸钾等氧化剂，能使四价钒重新氧化为五价钒。生产中保持溶液中五价钒的含量为总钒含量的 20%以上即可。

消泡剂：有机胺催化热的钾碱溶液，生产中使用很易起泡，从而影响溶液的吸收与再生效率，严重时会造成气体带液，被迫减产或停车处理。向溶液中加入消泡剂可以防止或减少起泡现象。消泡剂是一种表面活性大，表面张力大的一类物质，能迅速扩散到泡沫表面并造成泡沫表面张力的不均匀。使泡沫迅速破灭或不易形成。常用的消泡剂有硅酮类，聚醚类及高级醇类等。消泡剂在溶液中的浓度一般为几个到几十个立方厘米每立方米。

（2）吸收压力　提高吸收压力可增强吸收推动力，加快吸收速率，提高气体的净化度和溶液的吸收能力，同时也可使吸收设备的体积缩小。但压力达到一定程度时，上述影响就不明显了。生产中吸收压力由合成氨流程来确定。在以煤、焦为原料制取合成氨的流程中，一般压力为 1.3～2.0MPa。

（3）吸收温度　提高吸收温度可加快吸收反应速率，节省再生的耗热量。但温度增高，溶液上方 CO_2 平衡分压也随之增大，降低了吸收推动力，因而降低了气体的净化度。即吸收过程温度产生了两种相互矛盾的影响。为了解决这一矛盾，生产中采用了两段吸收两段再生的流程，吸收塔和再生塔均分为两段。从再生塔上段出来的大部分溶液（叫半贫液，占总量的 2/3～3/4)，不经冷却由溶液大泵直接送入吸收塔下段，温度为 105～110℃。这样不仅可以加快吸收反应，使大部分 CO_2 在吸收塔下段被吸收，而且吸收温度接近再生温度，可节省再生热耗。而从再生塔下部引出的再生比较完全的溶液（称贫液，占总量的 1/4～1/3）冷却到 65～80℃，被溶液小泵加压送往吸收塔上段。由于贫液的转化度低，且在较低温度下吸收，溶液的 CO_2 平衡分压低，因此可达到较高的净化度，使出塔碱洗气中 CO_2 降至 0.2%以下。

（4）再生工艺条件　在再生过程中，提高温度和降低压力，可以加快碳酸氢钾的分解速度。为了简化流程和便于将再生过程中解吸出来的 CO_2，送往后工序。再生压力应略高于大气压力，一般为 0.11～0.14MPa（绝压)，再生温度为该压力下溶液的沸点，因此，再生温度与再生压力和溶液组成有关，一般为105～115℃。

再生后贫液和半贫液的转化度越低，在吸收过程中吸收CO_2的速率越快。溶液的吸收能力也越大，脱碳后的碱洗气中CO_2浓度就越低。在再生时，为了使溶液达到较低的转化度，就要消耗更多的热量，再生塔和煮沸器的尺寸也要相应加大。在两段吸收两段再生的流程中。贫液的转化度约为0.15～0.25，半贫液的转化度约为0.35～0.45。

由再生塔顶部排出的气体中，水气比$n(H_2O)/n(CO_2)$越大，说明煮沸器提供的热量越多，溶液中蒸发出来的水分也越多，这时再生塔内各处气相中CO_2分压相应降低，所以再生速度也必然加快。但煮沸器向溶液提供的热量越多，意味着再生过程耗热量增加。实践证明，当$n(H_2O)/n(CO_2)$等于1.8～2.2时，可得到满意的再生效果，而煮沸器的耗热量也不会太大。再生后的CO_2纯度到98%以上。

4. 二段吸收二段再生典型流程

图5-3为以天然气为原料、蒸汽转化制气的本菲尔特脱碳工艺流程。

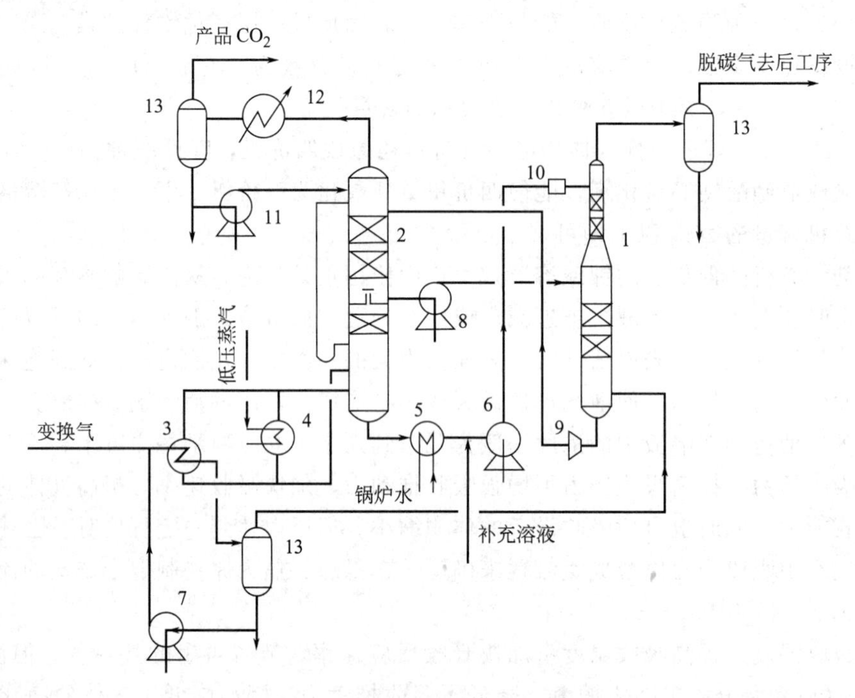

图5-3 本菲尔特脱碳工艺流程

1—吸收塔；2—再生塔；3—变换气再沸器；4—蒸汽再沸器；5—锅炉给水预热器；6—贫液泵；7—淬冷水泵；8—半贫液泵；9—水力透平；10—机械过滤器；11—冷凝液泵；12—二氧化碳冷却器；13—分离器

含二氧化碳18%左右的变换气于2.7MPa、127℃下从吸收塔1底部进入。在塔内分别用110℃的半贫液和70℃左右的贫液进行洗涤。出塔净化气的温度约70℃，经分离器13分离掉气体夹带的液滴后进入后工段。

富液由吸收塔底引出。为了回收能量，富液进入再生塔2前先经过水力透平9减压膨胀，然后借助自身的残余压力流到再生塔顶部。在再生塔顶部，溶液闪蒸出部分水蒸气和二氧化碳后沿塔流下，与由低变气再沸器3加热产生的蒸汽逆流接触，被蒸汽加热到沸点并放出二氧化碳。由塔中部引出的半贫液，温度约为112℃，经半贫液泵8加压进入吸收塔中部，再生塔底部贫液约为120℃，经锅炉给水预热器5冷却到70℃左右由贫液泵6加压进入吸收塔顶部。

再沸器3所需要的热量主要来自变换气。变换炉出口气体的温度约为250～260℃。为防止高温气体损坏再沸器和引起溶液中添加剂降解，变换气首先经过淬冷器（图中未画出），喷入冷凝水使其达到饱和温度（约175℃），然后进入变换气再沸器。在再沸器中和再生溶液换热并冷却到127℃左右，经分离器分离冷凝水后进入吸收塔。由变换气回收的热能基本可满足溶液再生所需的热能。若热能不足而影响再生时，可使用与之并联的蒸汽再沸器4，以保证贫液达到要求的转化度。

再生塔顶排出的温度为100～105℃，蒸汽与二氧化碳物质的量比为1.8～2.0的再生气经二氧化碳冷却器12冷却至40℃左右，分离冷凝水后，几乎纯净的二氧化碳气作为产品。

第二节 干法脱碳

干法脱碳是利用空隙率极大的固体吸附剂在高压、低温条件下，选择性吸收气体中的某种或某几种气体，再将所吸附的气体在减压或升温条件下，解吸出来的脱碳方法。常见的方法有变压吸附和变温吸附。这种固体吸附剂的使用寿命可长达十年之久，克服了湿法脱碳时大量的溶剂消耗，运行成本低，所以被广泛采用。

一、吸附的基本概念和吸附剂

1. 吸附的定义

当气体分子运动到固体表面上时，由于固体表面原子剩余引力的作用，气体中的一些分子便会暂时停留在固体表面上，这些分子在固体表面上的浓度增大，这种现象称为气体分子在固体表面上的吸附。相反，固体表面上被吸附的分子返回气体相的过程称为解吸或脱附。

被吸附的气体分子在固体表面上形成的吸附层，称为吸附相。吸附相的密度比一般气体的密度大得多，有可能接近液体密度。当气体是混合物时，由于固体表面对不同气体分子的引力差异，使吸附相的组成与气相组成不同，这种气相与吸附相在密度上和组成上的差别构成了气体吸附分离技术的基础。

吸附物质的固体称为吸附剂，被吸附的物质称为吸附质。伴随吸附过程所释放的热量叫吸附热，解吸过程所吸收的热量叫解吸热。气体混合物的吸附热是吸附质的冷凝热和润湿热之和。不同的吸附剂对各种气体分子的吸附热均不相同。

按吸附质与吸附剂之间引力场的性质，吸附可分为化学吸附和物理吸附。

化学吸附：即吸附过程伴随有化学反应的吸附。在化学吸附中，吸附质分子和吸附剂表面将发生反应生成表面配合物，其吸附热接近化学反应热。化学吸附需要一定的活化能才能进行。通常条件下，化学吸附的吸附或解吸速度都要比物理吸附慢。石灰石吸附氯气，沸石吸附乙烯都是化学吸附。

物理吸附：是由吸附质分子和吸附剂表面分子之间的引力所引起的，此力也叫范德华力。由于固体表面的分子与其内部分子不同，存在剩余的表面自由力场，当气体分子碰到固体表面时，其中一部分就被吸附，并释放出吸附热。在被吸附的分子中，只有当其热运动的动能足以克服吸附剂引力场的位能时才能重新回到气相，所以在与气体接触的固体表面上总是保留着许多被吸附的分子。由于分子间的引力所引起的吸附，其吸附热较低，接近吸附质的汽化热或冷凝热，吸附和解吸速度也都较快。被吸附气体也较容易地从固体表面解吸出来，所以物理吸附是可逆的。分离气体混合物的变压吸附过程系纯物理吸附，在整个过程中没有任何化学反应发生。本工艺为物理吸附。

2. 吸附剂

(1) 吸附剂的种类　工业上常用的吸附剂有：硅胶、活性氧化铝、活性炭、分子筛等，另外还有针对某种组分选择性吸附而研制的吸附材料。气体吸附分离成功与否，很大程度上依赖于吸附剂的性能，因此选择吸附剂是确定吸附操作的首要问题。

硅胶是一种坚硬、无定形链状和网状结构的硅酸聚合物颗粒，分子式为 $SiO_2 \cdot nH_2O$，为一种亲水性的极性吸附剂。它是用硫酸处理硅酸钠的水溶液，生成凝胶，并将其水洗除去硫酸钠后经干燥，便得到玻璃状的硅胶，它主要用于干燥、气体混合物及石油组分的分离等。工业上用的硅胶分成粗孔和细孔两种。粗孔硅胶在相对湿度饱和的条件下，吸附量可达吸附剂质量的80%以上，而在低湿度条件下，吸附量大大低于细孔硅胶。

活性氧化铝是由铝的水合物加热脱水制成，它的性质取决于最初氢氧化物的结构状态，一般都不是纯粹的 Al_2O_3，而是部分水合无定形的多孔结构物质，其中不仅有无定形的凝胶，还有氢氧化物的晶体。由于它的毛细孔通道表面具有较高的活性，故又称活性氧化铝。它对水有较强的亲和力，是一种对微量水深度干燥用的吸附剂。在一定操作条件下，它的干燥深度可达露点－70℃以下。

活性炭是将木炭、果壳、煤等含碳原料经炭化、活化后制成的。活化方法可分为两大类，即药剂活化法和气体活化法。药剂活化法就是在原料里加入氯化锌、硫化钾等化学药品，在非活性气氛中加热进行炭化和活化。气体活化法是把活性炭原料在非活性气氛中加热，通常在700℃以下除去挥发组分以后，通入水蒸气、二氧化碳、烟道气、空气等，并在700～1200℃温度范围内进行反应使其活化。活性炭含有很多毛细孔构造，所以具有优异的吸附能力。因而它用途遍及水处理、脱色、气体吸附等各个方面。

沸石分子筛又称合成沸石或分子筛，其化学组成通式为

$$[M(I)M(II)]O \cdot Al_2O_3 \cdot nSiO_2 \cdot mH_2O$$

式中，M（Ⅰ）和M（Ⅱ）分别为一价和二价金属离子，多半是钠和钙，n 称为沸石的硅铝比，硅主要来自于硅酸钠和硅胶，铝则来自铝酸钠和 $Al(OH)_3$ 等，它们与氢氧化钠水溶液反应制得的胶体物，经干燥后便成沸石，一般 $n=2 \sim 10$，$m=0 \sim 9$。

沸石的特点是具有分子筛的作用，它有均匀的孔径，如0.3nm、0.4nm、0.5nm、1nm细孔。有0.4nm孔径的沸石可吸附甲烷、乙烷，而不吸附三个碳原子以上的正烷烃。它已广泛用于气体吸附分离、气体和液体干燥以及正异烷烃的分离。

碳分子筛实际上也是一种活性炭，它与一般的碳质吸附剂不同之处，在于其微孔孔径均匀地分布在一个狭窄的范围内，微孔孔径大小与被分离的气体分子直径相当，微孔的比表面积一般占碳分子筛所有表面积的90%以上。碳分子筛的孔结构主要分布形式为：大孔直径与炭粒的外表面相通，过渡孔从大孔分支出来，微孔又从过渡孔分支出来。在分离过程中，大孔主要起运输通道作用，微孔则起分子筛的作用。

以煤为原料制取碳分子筛的方法有炭化法、气体活化法、炭沉积法和浸渍法。其中炭化法最为简单，但要制取高质量的碳分子筛必须综合使用这几种方法。

碳分子筛在空气分离制取氮气领域已获得了成功，在其他气体分离方面也有广阔的前景。

（2）吸附剂的物理性质　吸附剂的良好吸附性能是由于它具有密集的细孔构造。与吸附剂细孔有关的物理性能如下。

① 孔容（V_P）。吸附剂中微孔的容积称为孔容，通常以单位质量吸附剂中吸附剂微孔的容积来表示（cm^3/g）。孔容是吸附剂的有效体积，它是用饱和吸附量推算出来的值，也就是吸附剂能容纳吸附质的体积，所以孔容以大为好。吸附剂的孔体积（V_k）不一定等于孔容（V_P），吸附剂中的微孔才有吸附作用，所以 V_P 中不包括粗孔。而 V_k 中包括了所有孔的体积，一般要比 V_P 大。

② 比表面积。即单位质量吸附剂所具有的表面积，常用单位是 m^2/g。吸附剂表面积每克有数百至千余平方米。吸附剂的表面积主要是微孔孔壁的表面，吸附剂外表面是很小的。

③ 孔径与孔径分布。在吸附剂内，孔的形状极不规则，孔隙大小也各不相同。直径在零点几至数纳米的孔称为细孔，直径在数纳米以上的孔称为粗孔。细孔越多，则孔容越大，比表面也大，有利于吸附质的吸附。粗孔的作用是提供吸附质分子进入吸附剂的通路。所以粗孔也应占有适当的比例。活性炭和硅胶之类的吸附剂中粗孔和细孔是在制造过程中形成的。沸石分子筛在合成时形成直径为数微米的晶体，其中只有均匀的细孔，成型时才形成晶体与晶体之间的粗孔。

孔径分布是表示孔径大小与之对应的孔体积的关系，由此来表征吸附剂的孔特性。

④ 表观密度（d_l）。又称视密度。吸附剂颗粒的体积（V_l）由两部分组成：固体骨架的体积（V_g）和孔体积（V_k），即：

$$V_l = V_g + V_k \tag{5-23}$$

表观密度就是吸附颗粒的本身质量（D）与其所占有的体积（V_l）之比。

吸附剂的孔体积（V_k）不一定等于孔容（V_P），吸附剂中的微孔才有作用，所以 V_P 中不包括粗孔。而 V_k 中包括了所有孔的体积，一般要比 V_P 大。

⑤ 真实密度（d_g）。又称真密度或吸附剂固体的密度，即吸附剂颗粒的质量（D）与固体骨架的体积 V_g 之比。

假设吸附颗粒质量以 1g 为基准，根据表观密度和真实密度的定义则

$$d_l = \frac{1}{V_l};d_g = \frac{1}{V_g}$$

于是吸附剂的孔体积为

$$V_k = \frac{1}{d_l} - \frac{1}{d_g} \tag{5-24}$$

⑥ 堆积密度（d_b）。又称填充密度，即单位体积内所填充的吸附剂质量。此体积中还包括有吸附剂颗粒之间的空隙，堆积密度是计算吸附床容积的重要参数。

以上的密度单位常用 g/cm^3、kg/L、kg/m^3 表示。

⑦ 孔隙率（ε_k）。即吸附剂颗粒内的孔体积与颗粒体积之比。

$$\varepsilon_k = \frac{V_k}{V_g + V_k} = \frac{d_g - d_l}{d_g} = \frac{1 - d_l}{d_g} \tag{5-25}$$

⑧ 空隙率（ε）。即吸附颗粒之间的空隙与整个吸附剂堆积体积之比。

$$\varepsilon = \frac{V_b - V_l}{V_b} = \frac{d_l - d_b}{d_l} = 1 - \frac{d_b}{d_l} \tag{5-26}$$

表 5-3 列出了一些吸附剂的物理性质。

表 5-3　吸附剂的物理性质

吸附剂名称	硅胶	活性氧化铝	活性炭	沸石分子筛
真实密度/(g/cm^3)	2.1～2.3	3.0～3.3	1.9～2.2	2.0～2.5
表观密度/(g/cm^3)	0.7～1.3	0.8～1.9	0.7～1.0	0.9～1.3
堆积密度/(g/cm^3)	0.45～0.85	0.49～1.00	0.35～0.55	0.6～0.75
空隙率	0.40～0.50	0.40～0.50	0.33～0.55	0.30～0.40
比表面积/(m^2/g)	300～800	95～350	500～1300	400～750
孔容/(cm^3/g)	0.3～1.2	0.3～0.8	0.5～1.4	0.4～0.6
平均孔径/nm	1～14	4～12	2～5	—

二、变压吸附原理

变压吸附（英文 Pressure Swing Adsorption），简称 PSA。“P”表示系统内要有一定压力；“S”表示系统内压力升降波动情况发生；“A”表示该装置必须有吸附床层存在。该法技术较为先进、成熟、运行稳定、可靠、劳动强度小、操作费用低，特别是自动化程度高，全部微机控制准确可靠，其工作原理如下。

利用床层内吸附剂对吸收质在不同分压下有不同的吸附容量，并且在一定压力下对被分离的气体混合物各组分又有选择吸附的特性，加压吸附除去原料气中杂质组分，减压又脱附这些杂质，而使吸附剂获得再生。因此，采用多个吸附床，循环地变动所组合的各吸附床压力，就可以达到连续分离气体混合物的目的。当吸附床饱和时，通过均压降方式，一方面充分回收床层死空间中的氢气、一氧化碳；另一方面增加床层死空间中二氧化碳浓度，整个操作过程温度变化不大，可近似地看作等温过程。

三、工艺流程及操作指标

1. 流程框图

一般采用两段法变压吸附脱碳工艺。装置工艺流程如图 5-4 所示。

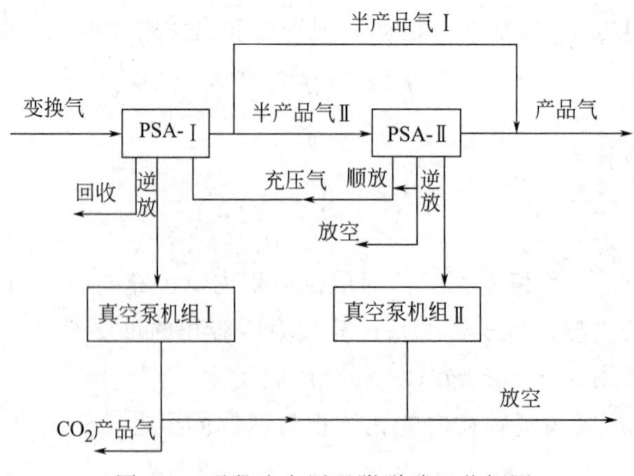

图 5-4　两段法变压吸附脱碳工艺框图

2. 流程叙述

PSA-Ⅰ工序：原料气首先进入气液分离器分离游离水，进入 PSA-I 工序。原料气由下而上同时通过处于吸附步骤的三个吸附床层，其中吸附能力较弱组分，如 H_2、N_2、CO 等绝大部分穿过吸附床层；相对吸附能力较强的吸附组分如 CH_4、CO_2、H_2O 等组分大部分被吸附剂吸附，停留在床层中，只有小部分穿过吸附床层进入下一工序，穿过吸附床层的气体称之为半产品气；当半成品气中 CO_2 含量指标达到约 6%～8%时，停止吸附操作。并随降压、抽空等再生过程从吸附剂上解吸出来，纯度合格 CO_2 可回收利用输出界区，其余放空。

半成品气进入 PSA-Ⅱ工序前分成两部分。

① 半成品气Ⅰ：PSA-Ⅰ工序送出半成品气通过流量调节系统进行分配，将约 1/3 半成品气Ⅰ直接送入产品气缓冲罐。

② 半成品气Ⅱ：经流量调节系统分配的 2/3 半成品气，进入 PSA-Ⅱ工序，进行第二次脱碳，出口气为半成品气Ⅱ。

PSA-Ⅱ工序：半产品气Ⅱ经中间产品缓冲罐送入 PSA-Ⅱ工序，将半成品气中的 CO_2 含量由 6%～8%脱至 3%～5%。经 PSA-Ⅱ工序脱碳后的净化气进入产品气缓冲罐与半成品气Ⅰ混合均匀，此时产品气中 CO_2 混合均匀后含量达到 3%～5%时，作为产品气输出界区。

真空泵机组Ⅰ：被吸附剂所吸附的 CO_2 组分虽通过逆放降压解吸，但仍有部分 CO_2 组分未能得到完全解吸，为此，需要通过抽空方式使吸附塔进一步降压，达到完全解吸的目的，同时吸附剂得到了再生。

真空泵机组Ⅱ：同真空泵机组Ⅰ作用完全相同，只是由于抽空量不一样，配置上也有所区别。

3. 工艺条件（以 2.1MPa50000m^3/h 两段法变压吸附、副产 CO_2 装置为例）

（1）原料气（变换气）

① 原料气组成如下。

组成	$\varphi(H_2)$/%	$\varphi(N_2)$/%	$\varphi(CO)$/%	$\varphi(CH_4)$/%	$\varphi(CO_2)$/%	H_2S	有机硫	Σ
指标	54.67	3.74	24.63	1.43	15.5	≤500mg/m^3	≤10mg/m^3	100

② 原料气流量：50000m^3/h；

③ 原料气温度≤40℃；

④ 原料气压力：2.1MPa。

（2）产品气（净化气）

① 产品气中 H_2 收率≥99.5%；

② 产品气中 CO 收率≥98.5%；

③ 产品气中 CO_2 含量≤3%～5%；

④ 产品气温度≤40℃；

⑤ 产品气压力：1.9～2.0MPa；

⑥ 产品气流量：43050m^3/h。

（3）副产物（解吸气）

① 解吸气压力：0.02～0.05MPa；

② 解吸气温度≤40℃；

③ 解吸气流量：6950m^3/h。

（4）其他

仪表空气压力：0.4～0.6MPa；

循环水压力：0.2～0.35MPa。

四、正常操作

1. 操作运行步骤

PSA-Ⅰ工序：主要设备有1台水分离器、8台吸附器 $T_0$101（A～H）、2台均压罐、1台中间产品缓冲罐、3台真空泵机组 $P_0$101（A～C）。

该工序采用8-3-5P/V工艺，即：三个吸附器同时进料，五次均压工艺。每个吸附器每一次循环均经历吸附（A）、第一次均压降（E_{1D}）、第二次均压降（E_{2D}）、第三次均压降（E_{3D}）、第四次均压降（E_{4D}）、第五次均压降（E_{5D}）、逆向放压（D）、抽空（V）、充压（R）、第五次压力均衡升（E_{5R}）、第四次压力均衡升（E_{4R}）、第三次压力均衡升（E_{3R}）、第二次压力均衡升（E_{2R}）、第一次压力均衡升（E_{1R}）、最终升压（F_R）15个步骤，八个吸附器在程序安排上相互错开，以保证原料气连续输入，半产品气连续输出。

2. 操作运行参数

（1）PSA-Ⅰ工序

① PSA-Ⅰ工序运行参数。原料气进口压力：2.1MPa；原料气进口温度：≤40℃；吸附温度：40℃；吸附周期：16min；吸附操作压力：2.1MPa；半成品气出口压力：2.0MPa；半成品气出口温度≤40℃；解吸气出口压力：－0.02MPa；解吸气出口温度：40℃。

② 各步骤压力及时间分配参数见表5-4。

表5-4 PSA-Ⅰ工序各步骤压力及时间分配表

序号	吸附步骤	压力/MPa	时间/s	序号	吸附步骤	压力/MPa	时间/s
1	吸附(A)	2.1	360	9	充压(R)	－0.03	30
2	一均降(E_{1D})	1.75	30	10	五均升(E_{5R})	0.39	30
3	二均降(E_{2D})	1.39	30	11	四均升(E_{4R})	0.75	30
4	三均降(E_{3D})	1.04	30	12	三均升(E_{3R})	1.14	30
5	四均降(E_{4D})	0.65	30	13	二均升(E_{2R})	1.45	30
6	五均降(E_{5D})	0.33	30	14	一均升(E_{1R})	1.67	30
7	逆放(D)	0.02	30	15	终充(F_R)	2.1	90
8	抽空(V)	－0.08	150				

③ 操作时间设定。在实际操作过程中，每个步骤均设置了时间操作窗口。当所设定的时间参数与实际操作不一致时，按实际现场操作指标进行改变。其具体原则如下。

a. 吸附时间的确定以出口半成品气中 CO_2 含量达到6%～8%为准。

b. 在确定了吸附时间的前提下，再确定各均压步骤时间，以压力刚达到平衡为准。

c. 从表5-4PSA-Ⅰ工序运行时序表可看出，第一次均压和第五次均压是重复过程，由于第五次均压时间较第一次均压时间长，故应以第五次均压时间为准进行设置。

d. 第二次均压、第四次均压、逆放和充压也是重复过程，也应以最长步骤时间为准进行设置。

e. 当第二次均压、第三次均压和第四次均压时间确定后，最终充压时间也确定了。

f. 在确定了均压步骤的同时，也确定了抽空步骤时间。

（2）PSA-Ⅱ工序

① PSA-Ⅱ工序运行参数。半成品气进口压力：2.05MPa；半成品气进口温度：≤

40℃；吸附温度约40℃；吸附周期：16min；吸附操作压力：2.05MPa；产品气出口压力：2.0MPa；产品气出口温度：≤40℃；解吸气出口压力：0.02MPa；解吸气出口温度：40℃。

② 各步骤压力及时间分配参数表见表5-5。

表5-5 PSA-Ⅱ工序各步骤压力及时间分配表

序号	吸附步骤	压力/MPa	时间/s	序号	吸附步骤	压力/MPa	时间/s
1	吸附(A)	2.05	360	8	抽空(V)	−0.08	180
2	一均降(E_{1D})	1.76	30	9	四均升(E_{4R})	0.1	30
3	二均降(E_{2D})	1.56	30	10	三均升(E_{3R})	0.78	30
4	三均降(E_{3D})	0.78	30	11	二均升(E_{2R})	1.56	30
5	顺放(P_P)	0.28	60	12	一均升(E_{1R})	1.76	30
6	四均降(E_{4D})	0.1	30	13	终充(F_R)	2.05	90
7	逆放(D)	0.02	30				

③ 操作时间设定。在实际操作过程中，每个步骤均设置了时间操作窗口、当所设定的时间参数与实际操作不一致时，按实现现场操作指标进行改变。其具体原则如下。

a. 吸附时间的确定以出口产品气中CO_2含量达到3%～5%为准设定。

b. 在确定了吸附时间的前提下，再确定各均压步骤时间，以压力刚达到平衡为准。

c. 从表5-5 PSA-Ⅱ工序运行时序表可看出，第二次均压和第四次均压是重复过程，故当设置了第四次均压时间时，也相应限制了第二次均压时，由于第四次均压时间较第二次均压时间长，故应以第四次均时间为准进行设置。

d. 同上述相似，第三次均压和逆放步骤也是重复过程，也应以最长步骤时间为准进行设置。

e. 当第一次均压和第二次均压时间确定后，顺放时间也确定了。

f. 在确定了均压步骤的同时，也确定了抽空步骤时间。

g. 最终充压时间的确定也是依据均压时间确定的。

上述表格中数值均为设计值，造成与实际操作的误差原因有许多，有如下因素组成。

吸附剂装填严实程度；真空泵运行参数变化；装置的气密性；原料气实际组成与设计值偏差；操作压力。

以上各项指标均有可能造成操作参数发生变化，这是正常现象，故需要在实际开车过程中进行摸索，但均不会出现偏离设计值很大的现象。操作人员在操作过程中应做好运行记录，当发现装置运行指标降低后，应及时查找原因及时解决问题，使装置能随时发挥最大经济效益。

3. 调节方法

① 吸附步骤。为了满足设计净化气中CO_2含量要求，吸附步骤压力要稳定。除进气压力要稳定外，吸附塔最终升压流量的调节直接影响吸附压力；其次原料气流量过小也会影响吸附压力的稳定；再次是流量要恒定。

② 均压步骤。由于存在阻力原因，两个塔之间均压后的压力不会完全一样，要求平衡后的压差在0.03MPa以内。设定的均压时间只需满足实际的均压达到平衡所需要的时间即可，由于存在吸附剂对混合气各组分吸附的原因，因此，均压达到平衡后的压力比上述步骤的理论压力低，均压时，混合气中二氧化碳浓度越高，实际均压平衡后的压力就越低。

③ PSA-Ⅱ工序顺放压差需控制在0.3～0.5MPa之间，既要保证该工序吸附床层再生，又要满足Ⅰ工序吸附床层充压气。

④ 一个吸附塔具有固定的负载杂质的能力。因此，在一个吸附再生循环里能提纯一定数量的原料气。如果循环时间（周期）过长，由于导入的原料气过多会造成脱碳气中CO_2含量升高；循环时间（周期）过短，则由于床层未均分利用而引起氢的损失增大（氢回收率降低）。因此，在操作时，循环时间（周期）的任何调整必须谨慎地进行。因为净化纯度的变化要滞后2～3个周期才能反应出来。

当脱碳气纯度不合格时，脱碳气中CO_2含量升高表明整个床层已遭污染。杂质组分已突破塔的出口端。造成此恶果的原因可能是操作调节不当，也可能是装置自控系统发生故障。一旦找出原因，经过处理后应尽快恢复正常状态。恢复的有效方法一是缩短循环时间（周期），二是降低负荷（减小处理气量）运转一段时间。如果两者结合起来则效果更好，产品纯度恢复得更快。但要注意缩短循环时间（周期）要保证每一步骤（如均压、顺放等）所需要的最少时间。特别是装置在增加负荷时，应提前2～3个周期缩短循环时间，才能有效保证净化气中CO_2含量不超标；减量时，则逐步延长循环时间，以提高有效气体回收率。

由此可见，操作中不应单纯追求脱碳气中CO_2含量，指标过低，则有效气体损失大；指标过高，则容易超标，影响后续工序。应根据实际情况调节。

五、故障与处理方法

发生故障是指界外条件供给失调或运行过程中操作失调或某一部分失灵，引起产品纯度下降，但在故障原因尚未确定之前，装置不需停运，可继续观察，待故障判明后决定停运或继续运行。如系统出现重大问题则应紧急停车。

可能发生的故障有以下几个方面：界外条件供给失常、操作失调、装置故障。

1. 界外条件供给失常

（1）停电　停电致使程序控制系统不能正常工作，由于程序控制系统无信号输出，所有程控阀自动关闭，使装置处于停运状态，相当于紧急停车。请按紧急停车处理。

（2）仪表空气压力下降　本装置要求仪表空气压力不低于0.4MPa。一旦仪表空气压力低于0.4MPa，压力下限报警装置发出报警信号，此时应迅速调整仪表空气或停车处理。否则，将使气动程控阀无法保持正常的开或关，调节系统仪表将失调，导致程序和全系统自控紊乱，产品气不合格，并有可能导致真空泵损坏。故要求仪表空气压力保持在0.4～0.6MPa。

2. 操作失调

（1）原料气处理量增大而未及时缩短周期时间　吸附器内的吸附剂对杂质的吸附能力是定量的，一旦处理量增大就应该相应缩短吸附周期时间，以使原料气带入的杂质量不超过吸附剂能承受的能力。如不及时缩短P吸附操作时间，CO_2等杂质就会很快超标，影响产品质量甚至导致吸附器内吸附剂失活。

（2）吸附器解吸真空度达不到要求　在该变压吸附工艺中，吸附剂的再生方式为降压（抽空）再生。如果由于设置的抽空时间不够或真空系统的其他原因，使吸附器解吸真空度达不到要求值，就将影响吸附剂再生效果，从而影响产品气质量和收率，这时可相应调整时间使抽真空时间加长，或检查真空系统的问题。

3. 装置故障

根据程控阀控制原理，就可以十分清楚判断问题出现的位置，以便维护人员以最快的速度处理和解决问题。

当出现阀门不动作情况时，首先应该按照原理图进行分析判断。第一步先检查程控阀是否有气源信号，如果在气源信号正常的情况下阀门不动作，可以确定程控阀出现故障。第二步检查电磁阀输出信号是否正确，当计算机输出控制信号正常，而电磁阀不切换时，可以确定是电磁阀出现故障。

（1）电磁阀故障　由于仪表气源的不洁净，可能会因为固体杂质导致气路堵塞，或阀内滑块不到位等。

处理方法：应停车或通过程序切换停用与之对应的吸附器后，更换或修理电磁阀。

（2）程序控制系统故障　故障可能表现在无信号输出，程序不切换，停留于某一状态，程序执行紊乱。故障及处理详见计算机系统技术手册的有关章节。

（3）程序控制阀故障　故障可能表现在程控阀内漏、外漏、阀门半开半闭或不能启闭。

（4）阀门内漏

① 密封垫片的密封面磨损。

处理方法：更换密封垫片，如果磨损是由于吸附剂颗粒或粉尘引起，应检查吸附塔过滤器。

② 阀门密封面未到位。

处理方法：松开阀杆的坚固螺丝，当阀板面与阀体密封面紧密时，拧紧螺丝。

③ 执行机构不到位。

处理方法：清理汽缸，检查有无固体杂质或更换密封圈或更换润滑油。

（5）半开半关或阀门不开　处理方法：检查仪表空气压力及汽缸内部是否串气。

（6）阀门外漏、阀杆处螺母松动

处理方法：用扳手压紧阀杆处螺母

阀杆密封填料失效处理方法：更换阀杆密封填料。

六、安全生产基本注意事项

① 操作人员必须按操作手册操作。凡新来人员，必须经过生产安全教育和操作法学习，实习操作技术，未经安全技术和操作法考试合格者，不准进行独立操作。

② 操作人员在上班时必须穿着整齐，不准携带易燃易爆物质进入现场，严格遵守劳动纪律，严格进行交接班，严格进行巡回检查，严格控制工艺指标，严格执行操作标准，严格执行有关安全规定。

③ 本装置界区内应随时保持清洁，不应堆有易燃易爆物质，尤其在交通要道上更不得堆放物品，以保证交通要道畅通。

④ 本装置界区内应设有消防器材，操作人员都应知道消防器材的放置地点和使用方法，平时严禁乱动。消防器材每年定期检查。

⑤ 设备在未卸去压力时，绝对禁止任何修理工作及焊接，拧紧螺丝，并禁止使用铁器敲击设备。

⑥ 设备使用的压力表必须是检验合格并打上铅封的，如压力表指针不回零或误差大于级数时，不得继续使用。每年必须校验一次压力表，并打上铅封。对于采用压力变送器的压力指示仪表使用前必须校好零点。

⑦ 严禁在本装置界区内吸烟和动火。凡有爆炸及燃烧气体的容器及管道检修动火前，即应报请厂安全技术部门及车间同意，先用氮气或空气置换、吹尽，经现场分析合格，并采取了安全措施，领取了动火证后方可动火。

防止违节动火，没有批准动火证，不与生产系统隔离，不进行清洗置换合格，不把周围易燃物消除，不按时作动火分析，没有消防措施及无人监护，严格禁止动火。

⑧ 确保设备、管道、阀门的气密性。检修后还应试漏，合格后方能开车，使用过程中随时注意杜绝气体泄漏现象。

⑨ 仪表系统发生故障时应由仪表人员进行修理，仪表人员应与工艺操作人员密切配合，在停车检修后再启动时，必须注意吸附塔内的压力，以防止发生高压逆放现象发生。

⑩ 装置必须置换合格后方可开车。

⑪ 装置置换、充压应控制带水量，防止水分突破提纯段活性氧化铝吸附水分的能力，造成吸附剂的损坏；净化段必须经提纯段除水后进入。

⑫ 本系统不允许常压开车，且提纯段和净化段应同时启动程序运行。

⑬ 系统开车后，气水分离器、提纯段进气总管及逆放总管必须按规定排水。

⑭ 系统低负荷运行时，必须保证提纯段吹扫气量。

⑮ 系统停车后，仔细检查各手动阀的正确启闭状态，特别是大气可能进入系统的管线上手动阀必须关闭。

⑯ 吸附塔切除后，切入前必须仔细检查该塔处于正确的压力状态后，方可按下切入按钮。

⑰ 系统停车后，电磁阀无动作，油泵运行不允许超过一小时。

⑱ 系统带压需在控制室手动程控阀时，必须仔细检查现场情况并确认应开关的程控阀阀号后，方可手动。

第六章　甲醇合成

目前，工业上合成甲醇的流程分两类，一类是高压合成流程，使用锌铬催化剂，操作压力25～30MPa，操作温度330～390℃；另一类是低中压合成流程，使用铜系催化剂，操作压力5～15MPa，操作温度235～285℃。选用何种工艺合成甲醇，应根据实际情况确定。联醇和双甲工艺的合成氨厂，采用中压合成副产甲醇；单醇生产厂家一般选5.0MPa的低压合成流程。进合成塔的气体成分主要为氢、一氧化碳和二氧化碳，一般二氧化碳含量少于一氧化碳或不含二氧化碳，氢碳比的范围为2～5，除此以外还有氮和甲烷等惰性气体。合成塔出口的甲醇含量一般为5%左右，水蒸气含量则决定于进口二氧化碳的量。总之，甲醇合成反应是在加压下进行的，通常含有CH_3OH、H_2、CO、CO_2、N_2、CH_4等气体组分，反应较为复杂。

第一节　甲醇合成的基本原理

本节从甲醇合成的反应热效应、化学平衡和化学反应速率等方面讲述甲醇合成的原理，为工艺条件的选择和优化操作奠定基础。

一、甲醇合成反应的热效应

加压下某真实气体的反应热效应，等于其理想气体的反应热加上反应前后真实气体与同温度的理想气体的焓差。如图6-1所示。

$$\Delta H_{T,p}=\Delta H_1+\Delta H_R+\Delta H_2$$

式中　ΔH_1，ΔH_2——等温焓差；

ΔH_R——某理想气体在温度T时的反应热。

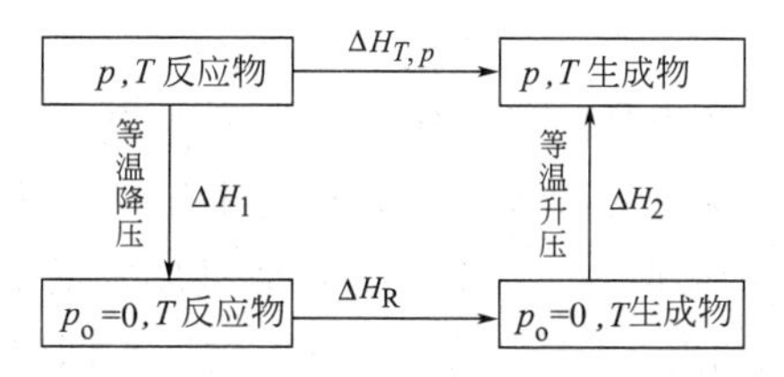

图6-1　加压下反应热效应框图

当反应体系中存在多个化学反应时，如甲醇合成系统，常含有CO、CO_2、H_2、CH_3OH、H_2O、CH_4、N_2等组分，独立反应为

$$CO+2H_2 = CH_3OH-\Delta H_{R1} \tag{6-1}$$

$$CO_2+3H_2 = CH_3OH+H_2O-\Delta H_{R2} \tag{6-2}$$

在T，p条件下甲醇合成系统的反应热效应$\Delta H_{T,p}$可用下式进行计算。

$$\Delta H_{T,p}=\Delta H_1+f_1\Delta H_{R1}+f_2\Delta H_{R2}+\Delta H_2+\sum X_i\cdot\Delta H_{Ri} \tag{6-3}$$

式中　ΔH_1，ΔH_2——等温焓差；

ΔH_{R1}，ΔH_{R2}——分别为反应式(6-1)、式(6-2)的理想气体反应热；

ΔH_{Ri}——在温度T时副反应i的理想反应热；

X_i——生成的 i 副产物与甲醇的摩尔比；

f_1、f_2——分别为 CO、CO_2 生成甲醇的分率，$f_1+f_2=1$。

总之，加压下甲醇合成时的热效应包括两部分：主要的部分是生成 1kmol 甲醇为基准的所有反应的理想气体反应热总和；另一部分是计算出的等温焓差。均可粗略地用普遍化焓差图计算，有的还可用同一温度、压力条件下的文献数据 $\Delta H_1+\Delta H_2$ 来估算，但尽可能选择与系统组成相近的数据。根据经验数据，甲醇合成系统中，在同样的温度和压力条件下，当有较多的 CO_2 参加反应时，热效应小得多。

二、甲醇合成反应的化学平衡

研究甲醇合成平衡，可以做出反应方向与限度的判断，避免制定在热力学上不可能或十分不利的生产操作或设计条件。

合成甲醇的原料气中，一般都含一氧化碳和二氧化碳，因此它是一个复杂反应系统。当达到化学平衡时，每一种物质的平衡浓度或分压，必需满足每一个独立化学反应的平衡常数关系式。

前面已说明，甲醇合成反应系统中，如不计其他副反应，则可能的反应有

$$CO+2H_2 \longrightarrow CH_3OH \tag{6-4}$$

$$CO_2+3H_2 \longrightarrow CH_3OH+H_2O \tag{6-5}$$

$$CO_2+H_2 \longrightarrow CO+H_2O \tag{6-6}$$

这三个反应中，只有两个是独立的，其中任意一个反应，都可由合并其他两个反应得到，如果写出三个平衡常数（K_{pi}）式。

$$K_{p1}=\frac{p_m}{p_{CO}p_{H_2}^2}=\frac{1}{p}\ \frac{y_m}{y_{CO}y_{H_2}^2} \tag{1}$$

$$K_{p2}=\frac{p_m p_{H_2O}}{p_{CO_2}p_{H_2}^3}=\frac{1}{p^2}\frac{y_m y_{H_2O}}{y_{CO_2}y_{H_2}^3} \tag{2}$$

$$K_{p3}=\frac{p_{CO}p_{H_2O}}{p_{CO_2}p_{H_2}}=\frac{y_{CO}y_{H_2O}}{y_{CO_2}y_{H_2}} \tag{3}$$

显然 $K_{p3}=K_{p2}/K_{p1}$。当平衡时，各组分平衡分压 p_i 应同时满足其中两式，式（3）当然也就自然满足。若已知其中两个平衡常数值，即可求得一定的温度、压力和原料气组成条件下，系统中五个组分的平衡浓度 y_i，因此平衡常数是反应系统重要的基础数据。

CO 与 CO_2 同时参加反应时，对一定的原料气组成，不同温度、压力条件下的平衡组成和平衡常数值见表 6-1。

不同原料气组成时的平衡组成及平衡常数的计算结果如表 6-2 所示。

由表 6-1、表 6-2 所列数据可见，增高压力，降低温度，K_{p1} 和 K_{p2} 都增大，即有利于平衡。温度和压力相同时，气体组成对于甲醇合成反应的平衡常数值有影响。

根据表 6-1，可以明显地看出在一定的原料气组成情况下，温度低，压力高对生成甲醇的平衡有利，这是由于两个合成甲醇反应式(6-1）和式(6-2)，都是放热的可逆反应，反应时分子数减少的缘故。值得提出的是一氧化碳的平衡浓度，当条件变化时的改变幅度比二氧化碳大得多，例如在各种压力下，温度低，明显地对一氧化碳转化有利，对二氧化碳则虽有影响，但影响的幅度不大。这是由于温度低，对反应式(6-3)，CO 转化有利，对反应式(6-5)，变换反应也有利，而对于二氧化碳来说，温度低对反应式(6-4)，CO_2 转化有利，而对于反

表 6-1 不同温度、压力下甲醇合成的平衡组成和平衡常数值

压力/MPa(atm)	温度/℃	平衡组成(y_i)摩尔分数							平衡常数/atm^{-2}	
		H_2	CO	CH_3OH	N_2	CH_4	CO_2	H_2O	$K_{p1}\times10^3$	$K_{p2}\times10^5$
5.0 (50)	225	0.51	0.033	0.1434	0.006	0.180	0.108	0.013	6.4870	5.1652
	250	0.54	0.054	0.0382	0.005	0.168	0.103	0.010	2.0182	2.4821
	275	0.57	0.005	0.0564	0.005	0.156	0.095	0.010	0.7024	1.2858
	300	0.59	0.117	0.0285	0.004	0.148	0.089	0.011	0.2690	0.7121
	325	0.60	0.131	0.01360	0.004	0.141	0.083	0.011	0.1127	0.4162
	350	0.60	0.139	0.0065	0.004	0.142	0.079	0.017	0.0505	0.2540
	375	0.60	0.145	0.0032	0.004	0.141	0.075	0.021	0.0240	0.1607
	400	0.60	0.150	0.0015	0.004	0.141	0.071	0.024	0.0120	0.1049
15.0 (150)	225	0.39	0.005	0.2422	0.006	0.208	0.082	0.059	12.0492	12.5398
	250	0.43	0.014	0.2057	0.006	0.198	0.093	0.041	3.1634	4.7429
	275	0.47	0.032	0.1666	0.006	0.187	0.007	0.030	0.9783	2.0751
	300	0.51	0.059	0.1229	0.005	0.175	0.095	0.024	0.3427	1.0053
	325	0.55	0.088	0.0809	0.005	0.163	0.089	0.021	0.1337	0.5318
	350	0.57	0.114	0.0482	0.005	0.154	0.082	0.022	0.0573	0.3040
	375	0.58	0.130	0.0271	0.004	0.148	0.076	0.023	0.0266	0.1850
	400	0.59	0.142	0.0149	0.004	0.144	0.071	0.026	0.0131	0.1179
30.0 (300)	250	0.30	0.003	0.3017	0.007	0.225	0.051	0.101	9.6451	22.3736
	275	0.36	0.010	0.2570	0.007	0.212	0.070	0.074	2.1020	6.0591
	300	0.41	0.022	0.2142	0.006	0.200	0.081	0.055	0.5980	2.2003
	325	0.46	0.043	0.1608	0.006	0.188	0.185	0.042	0.2019	0.9502
	350	0.50	0.070	0.1245	0.005	0.175	0.083	0.035	0.0775	0.1642
	375	0.53	0.007	0.0839	0.005	0.164	0.078	0.032	0.0332	0.2513
	400	0.56	0.120	0.0529	0.005	0.155	0.073	0.032	0.0155	0.4481

注：上表计算时的原料气组成。

	y_{0H_2}	y_{0CO}	y_{0M}	y_{0CH_4}	y_{0CO_2}	y_{0H_2O}	y_{0H_2O}
摩尔分数/%	62.85	13.05	0	0.47	14.06	9.24	0.33

表 6-2 不同原料气组分在 5.0MPa 下甲醇的平衡组成 y_M 及平衡常数 K_{p1} 值

温度/℃ \ 组成	一		二		三	
	$K_{p1}\times10^3$/atm^{-2}	y_M	$K_{p1}\times10^3$/atm^{-2}	y_M	$K_{p1}\times10^3$/atm^{-2}	y_M
225	7.9226	0.4605	8.9022	0.2874	6.4870	0.1434
250	2.1682	0.2888	2.4015	0.2157	2.0182	0.0982
275	0.7151	0.1580	0.7567	0.1295	0.7026	0.0564
300	0.2693	0.0781	0.2766	0.0663	0.2699	0.0285
325	0.1117	0.0369	0.1130	0.0317	0.1127	0.0136
350	0.0499	0.0175	0.0501	0.0151	0.0505	0.0065
375	0.0237	0.0085	0.0237	0.0073	0.0240	0.0032
400	0.0119	0.0043	0.0119	0.0037	0.0120	0.0016

注：上表中的原料气组成一中 H_2、CO 的摩尔分数为表 6-1 中 H_2、CO 的摩尔分数的 2/3，1/3；二中 H_2、CO 的摩尔分数为表 6-1 中 H_2、CO 的摩尔分数的 0.3，0.2 倍；三同表 6-1。

应式(6-5)，则温度低，对二氧化碳的生成有利。由表 6-1 可见，低压下，二氧化碳的平衡浓度随温度的升高略有降低，而高压下，二氧化碳的平衡浓度随温度升高先升后降。总之，一氧化碳的平衡浓度随条件的变化比较敏感，而二氧化碳相对不敏感，温度低时，二氧化碳与一氧化碳平衡转化率之比较温度高时小得多，这个结论对制定生产条件有一定的指导意义，即高温甲醇流程的原料气中二氧化碳的含量不宜过高，以避免一氧化碳利用率不高，同时多消耗氢气而且甲醇的浓度稀。对低温甲醇流程的原料气中，二氧化碳的浓度允许高些，当然生产条件的制定，还要考虑动力学因素。

加压下甲醇合成的平衡常数，不仅与温度、压力有关，而且与组成有关。运用 SHBWR 状态方程则能计算不同温度、压力和组成下的平衡常数值，文献已论述了用此方程计算甲醇合成系统热力学函数的可靠性，而用一般的普通化逸度系数图则误差较大，实践也证明，用 SHBWR 状态方程所得的热力学数据，已用于多个甲醇合成塔的设计和改造，如上海吴泾化工厂的高压法铜基催化剂甲醇合成塔的设计等，效果良好，但应用该法需要逐点（状态点）加以计算，且计算时对初值要求较高，不便于设备计算或流程模拟计算中状态不断变化情况下对平衡数据的调用。因此有必要在甲醇工业生成操作条件范围内，以 SHBWR 状态方程为基础。在几种初始组成下，集中计算相应的平衡常数值，寻找适当的模型（$K_p=I(T)$ 或 $K_p=f(T, p)$），用一组 SHBWR 状态方程计算值对所选模型进行参数拟合，使回归方程计算值与原 SHBWR 状态方程计算值的相对误差满足工程应用的要求。

在温度、压力、组成范围内计算结果表明：温度效应明显，压力效应在低温时明显，浓度效应一般不明显，只有在低温、高压下有差别。因此对平衡常数的关联，首先应考虑温度效应，然后再叠加压力效应。至于浓度效应的回归，一方面由于计算繁琐，另一方面浓度影响小，没有必要，所以可以分别考虑几种组成，以供选择。

三、甲醇合成反应动力学

动力学是研究反应速率的科学，一个化学反应要在工业上实现，首先必须从热力学角度判断反应进行的限度，即化学平衡问题，同时还要研究动力学，了解各种因素对反应速率的影响，以确定反应能迅速进行的条件。例如将 H_2、CO 气在高压下混合在一起，尽管从热力学角度看，常温下两者可以反应生成 CH_3OH，但如不用催化剂并保持一定的温度，即使经历若干年，混合气体仍然不会有什么变化。

影响甲醇合成速率的因素很多，对于这些因素与合成速率之间关系的规律性认识，对优化设计是非常重要的。实验指出：压力、温度、气体组成、空速、催化剂的颗粒大小等，对甲醇合成的反应速率和生产强度均有影响。在实验的基础上，建立的动力学方程能表示各种反应条件对反应速率的定量关系。

随着化学工程学的迅速发展和电子计算机的普遍应用，传统的反应器设计方法正在改变，依赖大规模式中间试验将逐渐减少，而用解析方法模拟多相催化反应器的性能，以基础原理来指导大型反应器的设计，则是化学反应工程发展的一个方向，因此研究甲醇合成气-固相催化反应动力学，为放大设计和控制使用提供可靠的数学模型，是十分必要的。同时动力学研究结果还有助于阐明反应的机理，为强化生产和进一步改进催化剂性能指明方向。

甲醇合成反应属气-固相催化反应，其特点是反应主要在催化剂内表面上进行的，多孔催化剂上的催化过程，可以认为由下列几个步骤所组成。

① 反应物从流体主体扩散到催化剂表面；

② 反应物从催化剂颗粒外表面向微孔内扩散；

③ 反应物在催化剂内表面化上吸附；

④ 被吸附的反应物在内表面上起化学反应；

⑤ 反应生成物从内表面上解吸；

⑥ 生成物由微孔向外表面扩散；

⑦ 生成物从颗粒外表面扩散到流体主体。

以上①、②称为外扩散过程，②、⑥称为内扩散过程，③、④、⑤称为本征反应过程。

内、外扩散之所以加以区别是因为两者本质上不同，外扩散过程是气体经过催化剂上气体滞流层而进行的，它主要与气体的物理性质和流动状态有关，气膜越薄，外扩散进行得越快。内扩散过程则是反应物或生成物在催化剂内部的微孔中进行的，外部气体的流动状态对其并不发生影响，主要是与催化剂的孔结构及颗粒大小有关，而且外扩散是单纯的扩散过程，内扩散却与表面化学反应同时进行，即在微孔中边扩散边反应。

反应总速率决定于上述七步中阻滞作用最大的一步，这一步称为控制阶段。由于反应条件的变化，内、外扩散及表面催化反应过程本身都有可能在不同程度上影响反应的速率，所以气-固相催化反应按控制阶段可划分如下。

（1）动力学控制　如内、外扩散是很易进行，其阻滞作用可忽略不计，反应速率则取决于以上所说的③、④、⑤步或其中任一步或两步都称为动力学控制，此时气相主体中反应物A的浓度 C_{Ag} 和催化剂表面上反应物浓度 C_{As} 以及催化剂颗粒中的浓度 C_{Ac} 差不多相等，$C_{Ag} \approx C_{As} \approx C_{Ac}$，$C_{Ac} \geqslant C_A^*$，$C_A^*$ 为化学反应平衡浓度。

（2）外扩散控制　如外扩散过程阻滞作用最大，则反应由外扩散过程所控制，反应速率与外扩散速率相当，称为外扩散控制。这时 $C_{Ag} \geqslant C_{As} \approx C_{Ac}$，$C_{Ac} \approx C_A^*$

（3）内扩散控制　如内扩散过程阻滞作用最大，称内扩散控制，此时 $C_{Ag} \approx C_{As} \geqslant C_{Ac}$，$C_{Ac} \approx C_A^*$。

除了这几种控制外，在它们之间尚有若干过渡区。

对于甲醇合成过程，在工业操作条件下外扩散过程阻滞作用一般可略去不计。不再研究。

关于内扩散控制或介于内扩散控制和动力学控制过渡区的动力学规律，即有内扩散阻滞的反应动力学，是重点研究的宏观动力学问题。如果反应速率以催化剂单位内表面上单位时间的反应量来表示，则由于存在内扩散阻滞，故催化剂颗粒内的反应物浓度 C_A 必小于外表面浓度 C_{As}，越靠近中心，C_A 值越小。此时催化剂颗粒的实际反应速率 r_G 为

$$r_G \equiv \int_v^{si} K_s f(C_A) \mathrm{d}s \tag{6-7}$$

相应于化学动力学控制时的速率为　$r_i \equiv K_s f(C_{As}) S_i$　（6-8）

式中　K_s——化学反应速率常数；

S_i——催化剂内表面积；

$f(C_{As})$，$f(C_A)$——动力学方程中的浓度项。

因此求实际反应速率 r_G 时，必先求得 C_A 与 S 的函数关系，即颗粒内组分的浓度分布。为此需借助于各种微孔模型以及固体颗粒的结构模型，根据孔内边扩散边反应的原理，写出基本的微分方程，由边界条件求得颗粒内浓度分布方程，从而可以求出内扩散阻滞时的反应速率，习惯上用内表面利用率来表示内扩散阻滞和程度，即为实际反应速率与理论反应速率之比。

$$\xi \equiv \frac{\int_v^{s_i} k_s f(c_A) ds}{k_s f(c_{As}) S_i} \tag{6-9}$$

如对于球形颗粒一级不可逆反应的内表面利用率可推导得

$$\xi \equiv \frac{1}{\phi_s}\left[\frac{1}{th(3\phi_s)} - \frac{1}{3\phi_s}\right] \tag{6-10}$$

其中

$$\phi_s = \frac{R_p}{3}\sqrt{\frac{k_s \cdot S_i}{(1-\varepsilon)Def}} \tag{6-11}$$

式中 R_p——球形催化剂颗粒半径；

S_i——单位体积催化剂床层的内表面积；

ε——床层空隙率；

k_s——化学反应速率常数；

$th(x)$——双曲正切函数；

Def——组分在多孔催化剂中的有效扩散系数。

$$Def = \frac{\theta}{\delta} De \tag{6-12}$$

式中 θ——催化剂空隙率；

δ——曲节因子。

$$De = \frac{1}{\frac{1}{D_B}} + \frac{1}{D_K} \tag{6-13}$$

式中 D_B——分子扩散系数，由经验公式计算；

D_K——努森扩散系数，由经验公式计算。

由式(6-6)，式(6-7) 可见，求宏观反应速率是以化学反应动力学为基础的，同时要知道在多孔催化剂有效扩散系数或曲节因子的实际数据，因此从动力学的研究工作来看，测定曲节因子是必要的，但要准确测定曲节因子很不容易，为了工业应用往往直接测定工业催化剂粒度的反应速率，与同一条件下动力学控制时的速率相比，即可求出该反应条件下的内表面利用率，也可以用这些实验数据估算曲节因子。改变粒度、温度、浓度等条件可以得出这些条件对内表面的利用率的影响。有必要时还可以做催化剂寿命对活性的影响，由此得到的对本征动力学方程进行多因素校正后的宏观动力学方程，可在工业反应器设计时使用。

建立气-固相催化反应动力学方程，最重要的工作是求得准确的实验数据，为此确定合理的实验流程，设计合适的反应器，严格地进行气体净化，尽可能采用精密的测试手段，并对测量仪表和工具进行校准（如对热电偶、流量计、色谱仪校准），仔细进行操作，使实验误差减至最小。另外，还需要在催化剂活性极为稳定的时期，测定动力学数据。

甲醇合成动力学的研究者很多，结果不完全一致，为了客观的反映这个领域内的研究成果，本节着重介绍 20 世纪 50 年代开始至今，在锌-铬系催化剂上和铜基催化剂上甲醇合成反应动力学及某些机理研究结果，供读者参考。

在甲醇合成系统中，三个可能的反应，以下简写为反应（1)，反应（2)，反应（3)。

$$CO + 2H_2 \longrightarrow CH_3OH \tag{1}$$

$$CO_2 + 3H_2 \longrightarrow CH_3OH + H_2O \tag{2}$$

$$CO_2 + H_2 \longrightarrow CO + H_2O \tag{3}$$

1. 锌-铬系催化剂上甲醇合成反应动力学

1953 年意大利 Natta 等提出，Zn-Cr 催化剂上甲醇合成反应速率为吸附在催化剂活性表面上 CO 与 H_2 的三分子表面化学反应速率所控制，其反应速率 r_1

$$r_1=\frac{f_{CO}f_{H_2}^2-f_{CH_3OH}/K_{eq}}{(A+Bf_{CO}+Cf_{H_2}+Df_{CH_3OH})} \tag{6-14}$$

式(6-11) 是各组分的逸度系数 f_i 由 Newton 普遍化逸度图计算；K_{eq}是 CO 和 H_2 合成甲醇的平衡常数；常数 A、B、C、D 是温度的函数。

日本内田于 1958 年发表了 Zn-Cr 催化剂上的本征动力学方程式，测试时使用直流积分反应器，压力 9～15MPa 反应，温度 300～400℃，空速 10000～50000h^{-1}，原料气中 $n(H_2)/n(CO)$等于 2～10，不含 CO_2，催化剂颗粒 2～3mm，按照不均匀表面吸附理论，假设甲醇解吸为控制步骤，内田等根据实验数据确定动力学方程如下。

$$r_1=K\left[(p_{CO}p_{H_2}^2)^{0.7}-\frac{p_{CH_3OH}}{(p_{CO}p_{H_2}^2)^{0.3}K_{eq}}\right] \tag{6-15}$$

1970 年，美国 Brown 和 Bennett 发表了在高压循环无梯度反应器中有关 Zn-Cr 催化剂上甲醇合成的本征动力学及宏观动力学研究结果，反应压力 20.7MPa，温度 300～400℃，催化剂粒度为 0.4mm，宏观动力学研究时使用的工业颗粒催化剂。本征动力学的研究结果表明 Natta 方程式(6-11) 仍适用，但 Zn-Cr 催化剂的活性是当时 Natta 所用的催化剂的四倍。在上述条件下，工业颗粒催化剂的宏观反应速率可以下式表示

$$r=K(C-C_{eq})^n \tag{6-16}$$

式中，C 及 C_{eq}是气相中 CO 的浓度及 CO 的平衡浓度。Brown 等未测试催化剂的曲节因子，若曲节因子之值为 7.2，则各效率因子的模型计算与实验值的符合程度最好。

众多研究，几乎都未考虑 CO_2 的作用，都是 CO 与 H_2 合成 CH_3OH 的反应速率方程式。铜基催化剂问世以后，大多研究转向铜基催化剂，在铜基催化剂上甲醇合成动力学的研究，近年来比早年的 Zn-Cr 催化剂上动力学研究向前迈进了一步。

2. 铜基催化剂上甲醇合成反应动力学

近年来，主张甲醇既由 CO 生成又可以由 CO_2 生成的研究者很多，许多人认为反应过程中生成中间化合物如 HCOOH、HCHO 等。

何奕工等采用 TPD-MS 联用，“原位” X 射线衍射和原位红外光谱等实验技术以及催化反应动力学装置，对合成甲醇反应中 CO_2 和微量 O_2 的作用进行了研究。认为 O_2 的作用是在反应过程中先转换为 CO_2 或吸附态 CO_2，然后反应是在含 CO_2 的气氛中进行。根据实验结果和理论分析认为 CO_2 在反应气中的含量在 1.3%左右，即可维持高反应速率和催化剂的稳定性，在 CO_2 含量很低（＜1.0%）和较高（＞8%）时，甲醇生成速率均降低。他们主张 CO 和 CO_2 均生成甲醇，并提出了单纯 CO 加氢反应的机理以及有 CO_2 存在时的反应机理及其相应的中间化合物。

1985 年 Liu 发表了用示踪同位素 O^{18} 在铜锌氧化物催化剂上研究 CO_2 在甲醇合成中的作用一文。研究是在 1.7MPa，220℃，间歇反应器中进行的，原料气使用 H_2、CO 以及少量（约为 CO 的 1/50）含 O^{18} 的 CO_2，当无水蒸气时 CO^{18} 生成很快，生成 $CH_3O^{18}H$ 的速率约为生成 CH_3OH 的 50%；有水蒸气存在时，抑制 $CH_3O^{18}H$ 的生成，但并不抑制 CO^{18} 或 CH_3OH 的生成，其结果表明，在催化剂上至少有以下 4 个并行反应：

①（CO-CO_2）交换；

② CO 氢化；

③ CO_2 氢化和水煤气变化；

④ CO_2 中的氧与晶格氧之间的交换发生。

同年，Forzatti 在 3～9.5MPa，215～245℃，气体组成：CO 1.7%～17.4%，CO_2 1.6%～11%范围内，用当量直径为 4.95mm 的工业粒度催化剂在 CSTR 反应器内，共做 40 组实验，实验设计时粗略地使实验点在变量空间中均匀的分布，建立了甲醇合成的速率模型，并由实验数据进行参数估值。得出代表反应 $CO+2H_2 = CH_3OH$ 和 $CO_2+H_2 = CO+H_2O$ 的反应速率式(6-14) 和式(6-15)。

$$r_1=\frac{(f_{CO}f_{H_2}^2-f_{CH_3OH}/K_{eq1})}{(C_1+C_2f_{CO}+C_3f_{CO_2}+C_4f_{H_2})} \tag{6-17}$$

$$r_2=\frac{(f_{CO_2}-f_{CO}f_{H_2O}/K_{eq2})}{C_6} \tag{6-18}$$

式中 $C_1 \sim C_4$，C_6——温度的函数；

f_{CO}，f_{H_2}，f_{CH_3OH}，f_{CO_2}，f_{H_2O}——各组分的逸度；

K_{eq1}、K_{eq2}——分别为两反应的平衡常数。

以上 Forzatti 研究的特点是以反应（1）和反应（3）为关键反应，同时考虑了 CO 与 H_2 和 CO_2 与 H_2 生成甲醇的宏观速率，模型计算值与实验值相当吻合。为研究目前较广泛的铜基催化剂、中低压甲醇合成提供了很好的理论依据。

第二节 甲醇合成催化剂及工艺条件

甲醇合成是有机工业中最重要的催化反应过程之一。没有催化剂的存在，合成甲醇反应几乎不能进行。合成甲醇工业的进展，很大程度上取决于催化剂的研制成功以及质量的改进。在合成甲醇的生产中，很多工艺指标和操作条件都由所用催化剂的性质决定。

一、甲醇合成催化剂的发展

从 19 世纪中叶至 20 世纪初，甲醇这种醇类最简单的分子，仅能从木材中蒸馏得到，用 60～100kg 木材来分解蒸馏，只获得约 1kgCH_3OH。而用 700g 甲烷转换所得的 CO 与 H_2，在一定条件下合成，就可生产约 1kg 甲醇。1923 年德国 BASF 公司在高温高压下使用 ZnO 及 Cr_2O_3 的催化剂，第一次有 CO 与 H_2 大规模合成甲醇，这家公司最早建立的工业规模的氨合成装置，无疑为甲醇催化过程的发展提供了有益的经验，尤其是高压操作的经验，因此甲醇工业的发展一开始就与氨合成工业的发展紧密相连，这是由于两者有很多相似之处，它们都属于在高温高压下进行的可逆、放热催化反应过程。

然而，甲醇的合成还必须克服更多的属于化学本质的困难，在氨的合成过程中，氢和氮的分子反应，只生成氨而没有其他副反应；但一氧化碳可通过许多不同的途径与氢气反应，在可能的诸多反应中，合成甲醇是热力学上最不利的反应之一，因此为寻求使反应过程定向进行的高选择性催化剂，进行了大量的研究和探索，从时间上看，甲醇合成在工业上实现比氨的合成整整迟了十年。

经过大量研究，人们逐渐认识到，在各种不同的催化剂中，只含 ZnO 或 CuO 的催化剂才具有实际意义。但是纯 ZnO 或 CuO 的催化活性相当低，这些化合物与其他金属氧化物构成的某些多组分催化剂则具有较高的活性和较长的寿命，催化剂的活性与制备的原料和方法密切相关。因此以氧化锌和氧化铜为基本成分的催化剂组成的配比，以及制备方法的研究是1930年以后甲醇合成催化剂研究的重要方向，与此内容相应的有许多专利。

1966年以前国外的甲醇合成工厂几乎都使用锌铬催化剂，基本上沿用了1923年德国开发的30MPa的高压工艺流程。锌铬催化剂的活性温度较高（320～400℃），为了获取较高的转化率，必须在高压下操作。从20世纪50年代开始，很多国家着手进行低温甲醇催化剂的研究工作。1966年以后，英国ICI公司和德国的Lurgi公司先后提出了使用铜基催化剂，操作压力为5MPa，1966年末ICI公司在英国Bilingham工厂的低压（5MPa）甲醇合成装置，正式投入工业生产，使低压法最先问世。以后许多国家又提出了中压法，如ICI公司采用10MPa下操作，日本气体化学公司使用了15MPa操作的流程，丹麦Topsϕe公司提出了操作压力4.8～18MPa的流程。目前总的趋势是由高压向低、中压发展。低、中压流程所用的催化剂都是含铜催化剂。

1954年中国开始建立甲醇工业，使用锌铬催化剂。对含铜催化剂的研究，是从20世纪60年代后期开始的，现在有些品种已在工业上应用。如C207型铜、锌、铝氧化物联醇催化剂，C301型铜，锌、铝氧化物催化剂和C303型铜、锌、铬氧化物催化剂等。南京化学工业公司研究院、中国科学院长春应用化学研究所、天津大学、西南化工研究院等单位的研究者对低温合成甲醇铜基催化剂的活性组分，催化剂的制备方法，进行了大量的研究和探讨，在理论和实践方面做出了贡献。

为了提高甲醇合成催化剂的反应活性，以逐步扩大甲醇合成装置的生产规模。往往将多种氧化物按一定比例混合，组成活性和选择性都较好的抗老化催化剂。

二、甲醇合成催化剂的活性组分及促进剂

1. 单组分氧化物催化剂的性质

（1）氧化锌　目前在甲醇合成工业中，不用纯氧化锌作催化剂，但ZnO是大多数混合催化剂中最重要的组分，因此对纯ZnO的催化性能的了解，有助于阐明混合催化剂的催化机理。

研究表明，ZnO对甲醇合成的选择性很好，在低于380℃的温度下，能生成纯的甲醇；纯ZnO的寿命很短；ZnO的活性与制备的原料和工艺条件有关。燃烧金属锌所得的氧化锌，活性很差，在电子显微镜下观察，这种催化剂是由三角形的星状晶体组成；把沉淀的氢氧化锌进行烧结所得的ZnO活性则与原来和锌结合的阴离子有关，例如用$Zn(NO_3)_2$为原料比用$ZnCl_2$或$ZnSO_4$所得催化剂的活性要好得多；ZnO的活性与沉淀剂也有关系，用NH_4OH、NaOH、Na_2CO_3作沉淀剂时所得的催化剂活性不同；自碱式碳酸锌制得的ZnO比自碳酸锌或乙酸锌所得的ZnO活性下降得快，而且选择性差，会生成较多的高级醇，因为碱金属离子对高级醇的生成，能起明显的助催化作用，因此在甲醇合成催化剂的制备过程中，不能带入碱金属离子。

ZnO的催化活性与其晶体的大小有关，晶体较小的氧化锌，活性较高。将一些锌的化合物热解制得的ZnO，其晶体大小与原化合物种类以及热解的温度有关，ZnO晶体随热解温度的升高而增大。表6-3列出了由不同原料，不同加热温度下热解所得的ZnO晶体大小。

表6-3　各种制备方法所得氧化锌晶体大小

制备ZnO的方法	平均晶体大小/nm	制备ZnO的方法	平均晶体大小/nm
将碱式碳酸锌在300℃下加热	20	将硝酸锌在500℃下加热	>100
将碱式碳酸锌在500℃下加热	40	将甲酸锌在500℃下加热	50
将碳酸锌(菱锌矿)在350℃下加热	10	将草酸锌在500℃下加热	50
将碳酸锌(菱锌矿)在500℃下加热	17	将金属锌燃烧	>100
将乙酸锌在300℃下加热	25		

(2) 氧化铜　虽然在某些最活泼的甲醇合成催化剂中含有CuO的成分，但纯的氧化铜只具有非常低的活性，氧化铜本身会很快地还原成金属铜，并迅速地结晶出来。

(3) 氧化铬　纯的氧化铬（Cr_2O_3）是活性较差的催化剂，其活性与制备方法有关，用氨处理$Cr_2(NO_3)_3$所生成的$Cr(OH)_3$制得的氧化铬，具有较好的催化活性，其活性与由$Zn(NO_3)_2$及氨得到的氧化锌相当。总之，氧化铬单独作为催化剂的活性和选择性都差。

具有工业意义的甲醇合成催化剂是由两种或多种氧化物所组成，要求具有选择性好，寿命长和耐毒物的性能。

2. 双组分氧化物混合催化剂

(1) 氧化锌-氧化铬　以ZnO为主要成分的两元催化剂的助催化剂可分成两类，一类是晶内助催化剂，包括离子半径在0.06～0.09nm的氧化物，因氧化锌的离子半径为0.075nm，因此这些氧化物能与ZnO形成固溶体。属于这类助催化剂的氧化物有FeO、MgO、CdO等，使用时不能使这些氧化物还原为金属，例如FeO，不能使其还原为Fe，以免促进甲烷的生成，而只能以ZnO-FeO固溶体形式存在，对甲醇的合成才有助催化作用。另一类是晶间助催化剂，包括难还原的高熔点的氧化物，其中最重要的是氧化铬。在使用前的还原过程中高价铬还原为低价铬，生成亚铬酸锌（$ZnO\cdot Cr_2O_3$）和ZnO，亚铬酸锌起晶间助催化作用，在工业甲醇合成的温度范围内，具有阻止ZnO再结晶的作用，因此在催化剂中含有非常少量的氧化铬，常足以改善ZnO的寿命，使催化剂具有很高的抗老化能力，但是氧化铬含量不能太多，以免降低选择性。

(2) 氧化铜-氧化锌　CuO和ZnO两种组分有相互促进的作用。所有CuO-ZnO混合催化剂在甲醇分解中所显示的活性较这两种氧化物中任何单独的一种都要高（当然，在甲醇合成反应与分解反应催化活性之间，不一定完全相似，特别在催化剂的选择性方面），某些含CuO而不含ZnO的催化剂如Cr_2O_3-CuO催化剂，其活性也相当高，但当有ZnO同时存在时活性却大大增加，而且在Cr_2O_3存在下，含ZnO和CuO的催化剂的反应活化能较ZnO为低，可见CuO加到ZnO中去与Cr_2O_3加到ZnO中的作用不同。但由于CuO-ZnO二元催化剂对老化的抵抗力差以及对毒物十分敏感，因此虽有很高的活性，而几乎不被采用，有实际意义的含铜催化剂都是三组分氧化物催化剂。

3. 三组分氧化物混合催化剂

工业上应用的三元催化剂主要有CuO-ZnO-Cr_2O_3和CuO-ZnO-Al_2O_3两大类。Al_2O_3不是ZnO好的助催化剂，而对铜却有非常好的助催化作用，但含铝的三元催化剂没有含铬的抗老化能力强，而且由于Al_2O_3对甲醇有脱水作用，因此在使用含Al_2O_3的催化剂时应特别小心，不要在高于300℃温度下操作。

三、工业用甲醇合成催化剂

自从由一氧化碳加氢合成甲醇工业化以来，合成催化剂和合成工艺不断研究改进。就目前来说，虽然实验室研究出了多种甲醇合成催化剂，但工业上应用的甲醇合成催化剂主要有锌铬催化剂和铜基催化剂。催化剂的选择性与活性既决定于其组成，又决定于其制备方法。催化剂的生产分为两个主要阶段——制备阶段和还原活化阶段。对于所有的甲醇合成催化剂来说，有害的杂质是铁、钴、镍，因为它们促进副反应的进行，以及使催化床层的温度升高；碱金属化合物的存在则降低了选择性，使其生成高级醇。因此，在催化剂的制备及还原活化阶段所用的还原材料中，有害杂质的含量需严格控制。

1. 锌铬催化剂

（1）锌铬催化剂的制备　锌铬催化剂的制备方法有干法和湿法两种。

干法是将氧化锌和铬酐细粉按一定比例在混合器中混合均匀，并添加少量的铬酐水溶液和石墨，然后送入压片机挤压成 ϕ5mm×5mm 或 ϕ9mm×9mm 的片剂，在温度为 90～110℃下干燥 24h，即可制得锌铬催化剂成品，这一方法的缺点是组分在片剂上分布不均匀。

湿法一般是用锌和铬的硝酸盐溶液，用碱沉淀，经洗涤、干燥后成型而制得催化剂成品。也有将铬酐溶液加进氧化锌的悬浮液中，充分混合，然后分离水分，将制得的糊状物料烘干，掺进石墨后成型。湿法制得的催化剂，化学组成较为均匀，可以保证 ZnO 和 CrO_3 之间充分反应，而且由于晶粒较小，细孔较多，一般比表面较大，其活性比用干法制取的高 10%～15%。

锌铬催化剂还原前的化学组成一般是符合分子式 $ZnO \cdot ZnCrO_4 \cdot H_2O$ 的，未还原的催化剂大约含 ZnO(55.0±1.5)%、CrO_3(34.0±1.0)%、石墨 1.3%～1.5%，吸水不超过 2.0%，其余为结晶水。杂质 Fe_2O_3 应小于 0.01%、K_2O 应小于 0.01%、SO_3 小于 0.1%。

国产 M-2 型锌铬催化剂，是用干法制造的，其规格为 9mm×9mm 的圆柱形催化剂，还原前含 ZnO(58±2)%、CrO_3(34±1.5)%、Cr_2O_3<1%，S（折合成 SO_3）<0.09%、Fe_2O_3<0.03%、碱金属总和换算成 K_2O 含量<0.03%、水分<3%、石墨 0.6%～1%。

（2）锌铬催化剂的还原　用以上两种方法制得的催化剂，需用氢或一氧化碳将其还原后才能使用，其还原反应为

$$2ZnCrO_4 \cdot H_2O + 3H_2 = ZnO + ZnCr_2O_4 + 5H_2O$$

$$2ZnCrO_4 \cdot H_2O + 3CO = ZnO + ZnCr_2O_4 + 3CO_2 + 2H_2O$$

在还原过程中，高价铬还原为低价铬，同时析出一定量的水分。还原后生成的亚铬酸锌（$ZnCr_2O_4$）起晶间助催化作用，即在工业合成甲醇的温度范围内，它具有阻止活性组分 ZnO 再结晶的性质。还原条件在很大程度上影响催化剂的活性、强度和使用寿命。

在生产实践中常以出水量的多少来衡量还原的程度，为便于计算催化剂的理论出水量，可将还原反应简写为

$$2CrO_3 \cdot H_2O + 3H_2 = Cr_2O_3 + 5H_2O$$

从反应式可知，2×100kg CrO_3 还原后得到 5×18kg 的水，1t 催化剂如含 340kg CrO_3 则还原后应放出的水量为 340×5×18/(2×100)=153kg 水/t 催化剂。

目前，工业上锌铬催化剂的还原，都是直接在合成塔中进行的，根据试验摸索，在低压下还原活化较在高压下还原的催化剂活性高，一般采用 7～15MPa 压力下还原。并注意温度、空速和出水速度的调节，尤其在 220℃左右时出水速度增大，应尽量保持十几个小时恒温操作，在 190～220℃之间升温不宜过快。从出水量来看，一般在 350～360℃还原基本结束，据报道，还原后 $ZnO \cdot Cr_2O_x$ 化合物中的剩余氧含量会影响催化剂的活性，应使 x 尽量与 3 接近，这最后的去氧过程需要较高的温度，因此在还原过程中温度应达到 400℃，并恒温 4～5h，国内 M-2 型还原操作最高温度也是 400℃。总的还原时间历时 7～8 昼夜。

由于还原以后的催化剂的体积将减小 10%～15%，为了更好地利用合成反应器的有效空间和创造理想的还原条件，充分利用还原时间进行生产，已经研究在合成塔外还原法和使用预还原锌铬催化剂。锌铬催化剂在合成塔外进行预还原，一般在常压下进行。由于预还原可以选择有利的操作条件，因此可以提高催化剂的活性。用甲醇蒸气预还原催化剂的方法，操作方便，过程平稳。也有报道催化剂在压片前先在流化床中进行还原，由于能及时移出热量，使还原期缩短到 6～12h，催化剂的活性也不低。

（3）锌铬催化剂的中毒和寿命　锌铬催化剂的活性和寿命，除了与制备、还原条件有关以外，合成过程的条件也有很大影响。合成气体中的硫化物能使催化剂中毒，这是因为硫化物与ZnO生成ZnS的缘故，气体中油分也会影响催化剂的活性，因此有些工厂在合成塔前设置油过滤器。循环气中氢和一氧化碳的比例较高时能减少副反应的发生和延长催化剂的寿命。保持较低的操作温度对催化剂的寿命有利，并且产品质量也好，但操作稳定程度较差，一般锌铬催化剂使用初期热点温度可按（385±5)℃，使用末期操作温度可达（410±5)℃，最高不超过420℃。

总的来说，锌铬催化剂的耐热性、抗毒性以及力学性能较令人满意，锌铬催化剂使用寿命长，使用范围宽，操作控制容易，目前国内外仍有一部分工厂采用锌铬催化剂生产甲醇。

锌铬催化剂的粉尘能伤害人体的鼻黏膜，对呼吸系统有刺激作用，装卸催化剂时要注意加强防尘措施。

2. 铜基催化剂

铜基催化剂的主要特点是活性温度低，对甲醇反应平衡有利，选择性也好，允许在较低的压力下操作。据ICI公司使用铜基催化剂和锌铬催化剂进行比较，见表6-4。由表6-4可知，得到同样的出口甲醇浓度，铜基催化剂所需的压力低得多，而在同样的压力下，使用铜基催化剂所得的出口甲醇浓度要高得多。据前苏联文献报道，使用两种催化剂所得的产品质量见表6-5，可见用铜基催化剂所得的粗甲醇纯度高，因此目前各国绝大部分工厂均采用铜基催化剂合成甲醇，由于铬对人体有害，因此工业上采用Cu-Zn-Al氧化物催化剂较Cu-Zn-Cr氧化物催化剂更为普遍。中国研制的72-2、72-7型联醇催化剂，以及C301型催化剂均由Cu-Zn-Al氧化物组成。

表6-4　两种催化剂比较

压力/MPa	合成塔出口甲醇/%	
	锌铬催化剂(出口温度375℃)	铜基催化剂(出口温度270℃)
33	5.5	18.2
20	2.4	12.4
10	0.6	5.8
5	0.15	2.5

注：气体组成为惰性气25%，进口$\varphi(H_2)/\varphi(CO+CO_2)=2$，出口$\varphi(CH_3OH)/\varphi(H_2O)=2$。

表6-5　用两种催化剂所得粗甲醇质量的比较（不考虑水含量）

组成	用CHM-1铜基催化剂制得粗甲醇/%	用锌-铬催化剂制得粗甲醇/%	组成	用CHM-1铜基催化剂制得粗甲醇/%	用锌-铬催化剂制得粗甲醇/%
甲醇	99.7090	94.8180	二甲醚	0.1333	4.4642
正丙醇	0.0221	0.2798	甲基-正-丙醚	0.0040	0.0230
异丁醇	0.0090	0.1697	甲酸甲酯	0.0685	0.0343
仲丁醇	0.0128	微量	异丁醛	—	0.0007
正丁醇	—	0.0195	丁酮	0.0014	0.0022
3-戊醇	0.0055	0.0062	乙酸甲酯	0.0036	微量
异戊醇	0.0044	0.0048	丙烯醛	—	0.0007
1-戊醇	0.0023	—			

（1）铜基催化剂的制备　铜基催化剂一般采用共沉淀法制备，例如ICI公司有一种催化剂是将组分的硝酸盐或乙酸盐溶液共沉淀制得的，沉淀终了时pH不超过10。将沉淀物仔细地清洗，并在105～150℃下烘干，然后在200～400℃下煅烧，这时有一部分生成混合盐。

将物料磨碎并成型。催化剂的活性与其制备工艺有关，其中共沉淀过程是关键，其后的干燥、煅烧等热处理过程对活性也有影响。

(2) 铜基催化剂的还原 制成的混合氧化物催化剂，需经还原后才具有活性。催化剂还原的好坏，决定催化反应的产品数量、质量、消耗指标及其催化剂的使用寿命。因此，采用正确的还原方法，严格控制还原条件，是决定发挥催化剂性能的关键。工业上可使用氢、一氧化碳或甲醇蒸气作为还原剂，还原气体中需含少量二氧化碳，并在较低压力下操作。在此过程中，一般认为，氧化铜被还原为一价铜或金属铜，这是一个强放热反应，还原操作的关键是升温和还原速度不能太快，以免破坏催化剂的结构和超温烧结，工业上用出水速率控制还原操作的进程。

文献报道了 CHM-1 型催化剂在工业反应器中的还原情况。该催化剂还原前的组成为：ZnO 含量为 24%～28%、CuO 含量为 52%～54%、Al_2O_3 含量为 4.8%～6.2%、WO_3 含量为 0.02%～0.06%、H_2O 含量为 2.5%～3.5%、CO_2 含量为 2.5%～4%。CHM-1 型催化剂还原升温进程见表 6-6。出水量与温度的关系和出水量与时间的关系分别如图 6-2、图 6-3 所示。

表 6-6 CHM-1 型催化剂还原升温进程表

操作	温度/℃	升温速度/(℃/h)	时间/h	操作	温度/℃	升温速度/(℃/h)	时间/h
升温	100	10	10	升温	160	1	10
	130	2	15	保温	160	0	5
	140	1	10	升温	170	1	10
保温	140	0	5		180	2	5
升温	150	1	10	保温	180	0	5
保温	150	0	35	合计			120

注：1. 还原时，压力 0.5～0.7MPa，空速不小于 1500/h，气体组成 H_2 不大于 1%、CO_2 0.1%～0.2%、其余为 N_2。
2. 在 35～40h 保温期间温度为 145～185℃，大量出水，出水速率 1.6～2.0kg/h[t(cat)]。

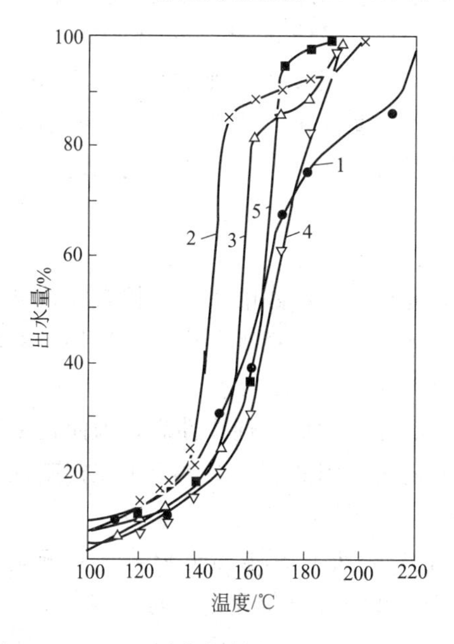

图 6-2 CHM-1 型催化剂在工业反应器中还原出水量与温度的对应关系

1,2,3,4,5—表示在不同的工业反应器中不同次试验

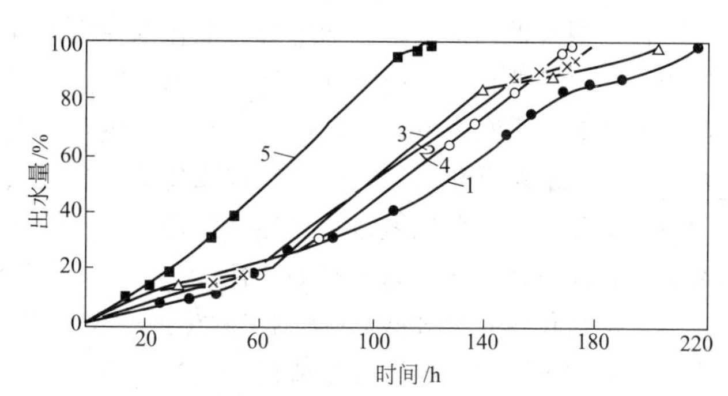

图 6-3 CHM-1 型催化剂在工业反应器中还原出水量与时间的关系

1,2,3,4,5—表示在不同的工业反应器中不同次试验

还原过程用出水量控制，用氢还原氧化铜时反应如下。

$$CuO + H_2 \Longrightarrow Cu + H_2O \qquad \Delta H = -84.9kJ/mol$$

还原 1t CHM-1 催化剂需 $150m^3$ H_2，此时生成 120kg 水以及放出 564840kJ 热，实际上由于在工业催化剂中含 2%～3%水，以及碱性碳酸盐相当于含 CO_2 量为 2%～3.5%，还原介质中也含 CO_2，CO_2 被氢还原生成水，因此实际出水量>120kg/t（cat）。干燥阶段约放出 20kg/t(cat) 的水（11.5%），碱式碳酸铜分解成氧化铜的阶段放出 35.1kg/t(cat) 的水（20.1%），由氧化铜还原为铜时放出 119kg/t(cat) 的水（68.4%）。实际进程是：当将催化剂加热到 110～120℃时出水 9%～12%（催化剂干燥），温度到达 120～140℃进行缓慢的还原，而 140～160℃则还原激烈，并在 10℃的范围内放出 50%～65%水，在此温度区间内需要长时间的保温，每小时最高出水量不大于 2kg/t（cat）。均匀的出水保证了均匀的还原速率，当从 160～170℃加热到 180～200℃放出 15%～20%水。

按表 6-6 还原升温进程，从催化剂升温开始至反应气体进料，总共需 120h。绝不能在未还原好的催化剂上进料，以免催化剂温度突然升高或燃烧。因此在 180℃时应检验还原是否完全，方法是逐步提高还原剂的含量至 5%～10%，此时出水速率如不高于还原时的出水速率，则认为还原完全，可以转入正常生产。

日本三菱瓦斯化学株式会社（简称 M.G.C.）新泻工厂的四层冷激式甲醇装置，采用该公司自行开发的低温高活性 M-5 催化剂，主要成分是铜、锌，还有极少量硼，催化剂的升温还原采用低压低氢法，其方法是首先充氮气，控制压力约 1MPa，然后点火（开工预热炉）升温，以 30℃/h 升温速率升温，当温度升高到 180℃时，向系统内加入氢气，氢含量由 0.2%慢慢提高到 1%左右，还原结束时再在 10%氢含量下运转 1h，整个升温还原约 36h。

还原后的催化剂遇空气会自燃，因此使用后的废催化剂应使其钝化，即表面缓慢氧化后卸出，方法是在氮气中加入少量空气，使其在反应器内循环，用进口气中的氧含量来控制温度，开始时进口氧含量为 0.4%～0.8%，出口小于 0.01%，催化床层的温度则不超过 300℃，钝化结束时循环气中氧的含量要增至 2%～3%，如果温度不变则说明钝化已完成。值得一提的是新催化剂经还原后钝化，再还原，其活性与未经钝化的几乎相等，因此铜基催化剂也可在反应器外进行预还原，经钝化后再装入反应器内，在反应器内还原钝化过的催化剂比还原新催化剂快得多。

ICI 公司卸废催化剂时，边卸边用水喷淋，预先不进行钝化。

（3）铜基催化剂的中毒和寿命　催化剂使用的寿命也与合成甲醇的操作条件有关，铜基催化剂比锌铬催化剂的耐热性差得多，因此防止超温是延长寿命的最重要措施。另外，铜基催化剂对硫的中毒十分敏感，因此原料气中硫含量应小于 $0.1cm^3/m^3$。

总之，铜基催化剂与锌铬催化剂相比的主要优点是活性温度低，选择性高，因而粗甲醇中所含杂质少，主要问题是耐热性、耐毒性不及锌铬催化剂。因此有些专利提出在铜基催化剂中加入硼或稀土元素以提高耐热性。

为了强化现有的 30MPa 下的甲醇生产，还提出了在锌铬催化剂表面上覆盖一层铜化合物，用碱式碳酸铜的氨配合物或硝酸铜的水溶液浸泡已成型的锌铬催化剂，加铜量约为 7%左右。这种催化剂活性比一般锌铬催化剂高 20%～25%，同时还提高了选择性，因而所得的甲醇产品质量好。

（4）国外甲醇合成铜基催化剂一览表（表 6-7、表 6-8）

表 6-7 用于合成甲醇 Cu-Zn-Al 氧化物催化剂

公司	组成 $\omega(CuO):\omega(ZnO):\omega(Al_2O_3)$/%	反应气	温度/℃	压力/MPa	空速/h^{-1}	甲醇产量/[kg/(L·h)]
BASF	12:62:25	2	230	20.0	10000	3.290
BASF	12:62:25	2	230	10.0	10000	2.086
ICI	24:38:38	2	226	5.0	12000	0.7
ICI	60:22:8	1	250	5.0	40000	0.5
ICI	60:22:8	2	226	10.0	9600	0.5
前苏联科学院	64:32:4	3	250	5.0	1000	0.3
Du Pont	66:17:17	1	275	7.0	200mol/h	4.75

注：反应气 1、2、3 分别表示 $H_2+CO+CO_2$、$H_2+CO+CO_2+CH_4$、$CO+H_2$，N_2 有时用于稀释剂。

表 6-8 用于合成甲醇 Cu-Zn-Cr 氧化物催化剂

公司	组成 $\omega(CuO):\omega(ZnO):\omega(Cr_2O_3)$/%	反应气	温度/℃	压力/MPa	空速/h^{-1}	甲醇产量/[kg/(L·h)]
BASF	31:38:5	3	230	5.0	10000	0.755
BASF	31:38:5	4	230	5.0	10000	1.275
ICI	40:40:20	2	250	4.0	6000	0.26
ICI	40:40:20	2	250	8.0	10000	0.77
Topsφe	40:10:50	1	260	10.0	10000	0.48kg/(kg·h)
前苏联科学院	33:31:39	3	250	15.0	10000	1.1
前苏联科学院	33:31:39	3	300	15.0	10000	2.2
Metall-Ge-Sell-Schaft	60:30:10	1	250	10.0	9800	2.28
日本气体化学公司	15:48:37	3	270	14.5	10000	1.95kg/(kg·h)

注：反应气 1、2、3、4 分别表示 $H_2+CO+CO_2$、$H_2+CO+CO_2+CH_4$、$CO+H_2$、$CO+H_2+O_2$，N_2 有时用于稀释剂。

(5) 几种国产铜基甲醇催化剂的性能 国产铜基甲醇催化剂具有代表性的有以下三种：C207、C301、C303。

① C207 型铜基催化剂。C207 型铜基催化剂主要用于 10～13MPa 下的联醇生产，也可用于 25～30MPa 下的甲醇合成。

C207 型铜基催化剂为铜、锌、铝的氧化物，某厂使用的 C207 型催化剂含 CuO 为 48.0%，含 ZnO 为 39.1%，含 Al_2O_3 为 3.6%。外观为棕黑色光泽圆柱体，粒度 ϕ5mm×5mm，堆密度 1.4～1.5kg/L，侧压机械强度 1.4～2.6MPa。此种催化剂易吸潮及吸收空气中硫化物，应密封贮存。其使用温度范围为 235～315℃，最佳使用温度范围为 240～270℃，催化剂孔结构见表 6-9。

表 6-9 C207 型催化剂孔结构

项目	孔容/(mL/g)	比表面积/(m^2/g)	主要孔半径/10^{-10}m	平均孔半径/10^{-10}m
还原前	0.1695	71.2	20～50	47.5
还原后	0.1868	55.2	50～70	68

② C301 型铜基催化剂。C301 型铜基催化剂由南京化工研究院研制，在上海吴泾化工厂以石脑油为原料年产 8 万吨的甲醇合成装置上，经高压下使用，取得良好效果。某批号的 C301 型铜基催化剂含 CuO 为 58.01%，含 ZnO 为 31.07%，含 Al_2O_3 为 3.06%，含 H_2O 为 4.0%。外观为黑色光泽圆柱体，粒度 ϕ5mm×5mm，堆积密度 1.6～1.7kg/L。华东化工学院在进行 C301 铜基催化剂曲节因子测定时，测定了该催化剂还原后的物性如下：孔容

0.1253mL/g，颗粒密度 3.63g/mL，比表面积 45.66m^2/g，孔隙率 0.4528，平均孔半径 54.9×10^{-10}m，曲节因子 2.1g。催化剂的使用度范围为 230～285℃。

③ C303 型铜基催化剂。C303 型铜基催化剂是 Cu-Zn-Cr 型低温甲醇催化剂。某厂生产的该催化剂含 CuO 为 36.3%，含 ZnO 为 37.1%，含 Cr_2O_3 为 20.3%，含石墨为 6.3%。外观为棕黑色圆柱状 ϕ4.5mm×4.5mm 颗粒，颗粒密度 2.0～2.2kg/L。其活性指标为：用含 CO 为 4.6%，含 CO_2 为 3.5%，含 H_2 为 83.4%，含 N_2 为 8.5%的原料气，在操作压力 10.0MPa 下，并在温度 227～232℃下，当入口空速为在标准状态下 3700L/(kg·h) 时，出口甲醇含量大于 2.6%；入口空速在标准状态下 7900L/(kg·h) 时，出口甲醇含量大于 1.4%。

第三节　甲醇合成工艺条件

合成甲醇反应是多个反应同时进行的，除了主反应之外，还生成二甲醚、异丁醇、甲烷等副反应。因此，如何提高合成甲醇反应的选择性，提高甲醇的收率是个核心问题，合成甲醇除了选择适当的催化剂之外，选择适宜的工艺条件也是很重要的。最主要的工艺条件是反应温度、压力、空速及原料气的组成等。

一、反应温度

在甲醇合成反应过程中，温度对于反应混合物的平衡和速率都有很大影响。

对于化学反应来说，温度升高会使分子的运动加快，分子间的有效碰撞增多，并使分子克服化合时的阻力的能力增大，从而增加了分子有效结合的机会，使甲醇合成反应的速率加快；但是，由一氧化碳加氢生成甲醇的反应和由二氧化碳加氢生成甲醇的反应均为可逆的放热反应，对于可逆的放热反应来讲，温度升高固然使反应速率常数增大，但平衡常数的数值将会降低。因此，甲醇合成存在一个最适宜温度。催化剂床层的温度分布要尽可能接近最适宜温度曲线。

另一方面，反应温度与所选用的催化剂有关，不同的催化剂有不同的活性温度。一般 Zn-Cr 催化剂的活性温度为 320～400℃，铜基催化剂的活性温度为 200～290℃。对每种催化剂在活性温度范围内都有较适宜的操作温度区间，如 Zn-Cr 催化剂为 370～380℃，铜基催化剂为 250～270℃。

为了防止催化剂迅速老化，在催化剂使用初期，反应温度宜维持较低的数值，随着使用时间增长，逐步提高反应温度，但必须指出的是：整个催化剂层的温度都必须维持在催化剂的活性温度范围内。因为如果某一部位的温度低于活性温度，则这一部位的催化剂的作用就不能充分发挥；如果某一部位的催化剂温度过高，则有可能引起催化剂过热而失去活性。因此，整个催化剂层温度控制应尽量接近于催化剂的活性温度。

另外，甲醇合成反应速率越高，则副反应增多，生成的粗甲醇中有机杂质等组分的含量也增多，给后期粗甲醇的精馏加工带来困难。

因此，严格控制反应温度并及时有效地移走反应热是甲醇合成反应器设计和操作的关键问题。为此，反应器内部结构比较复杂，一般采用冷激式和间接换热式两种。

二、压力

压力也是甲醇合成反应过程的重要工艺条件之一。从热力学分析，甲醇合成是体积缩小的反应，因此增加压力对平衡有利，可提高甲醇平衡产率。在高压下，因气体体积缩小了，则分子之间互相碰撞的机会和次数就会增多，甲醇合成反应速率也就会因此加快。因而，无论对于反应的平衡或速率，提高压力总是对甲醇合成有利。但是合成压力不是单纯由一个因素来决定的，它与选用的催化剂、温度、空间速度、碳氢比等因素都有关系。而且，甲醇平衡浓度也不是随压力而成比例的增加，当压力提高到一定程度也就不再往上增加。另外，过高的反应压力对设备制造、工艺管理及操作都带来困难，不仅增加了建设投资，而且增加了生产中的能耗。对于合成甲醇反应，目前工业上使用三种压力，即高压法、中压法、低压法。最初采用锌铬催化剂，因其活性温度较高，合成反应在较高的温度下进行，相应的平衡常数小，则需采用较高的压力，一般选用 25～30MPa。在较高的压力和温度下，一氧化碳和氢生成二甲醚、甲烷，异丁醇等副产物，这些副反应的反应热高于甲醇合成反应，使床层温度提高，副反应更加速，如果不及时控制，会造成温度猛升而损坏催化剂。目前普遍使用的铜系催化剂，其活性温度低，操作压力可降至 5MPa。低压法单系列的日产量可达 1000～2000t 以上，但低压法生产也存在一些问题，即当生产规模更大时，低压流程的设备与管道显得庞大，而且对热能的回收也不利，因此发展了压力为 10～15MPa 的甲醇合成中压法，中压法也采用铜系催化剂。

三、气体组成

甲醇由一氧化碳、二氧化碳与氢反应生成，反应式如下。

$$CO+2H_2 \rightleftharpoons CH_3OH$$

$$CO_2+3H_2 \rightleftharpoons CH_3OH+H_2O$$

从反应式可以看出，氢与一氧化碳合成甲醇的摩尔比为 2，与二氧化碳合成甲醇的摩尔比为 3，当一氧化碳与二氧化碳都有时，对原料气中氢碳比（f 或 M 值）有以下两种表达方式。

$$f=\frac{n(H_2)-n(CO_2)}{n(CO)+n(CO_2)}=2.05\sim2.15$$

或

$$M=\frac{n(H_2)}{n(CO)+1.5(CO_2)}=2.0\sim2.05$$

不同原料采用不同工艺所制得的原料气组成往往偏离 f 值或 M 值。例如，用天然气（主要组成为 CH_4）为原料采用蒸汽转化法所得的粗原料气氢气过多，这就需要在转化前或转化后加入二氧化碳调节合理的氢碳比。而用重油或煤为原料所制得的粗原料气氢碳比太低，需要设置变换工序使过量的一氧化碳变换为氢气和二氧化碳，再将过量的二氧化碳除去。

生产中合理的氢碳比应比化学计量比略高些，按化学计量比值，f 值或 M 值约为 2，实际上控制得略高于 2，即通常保持略高的氢含量。过量的氢对减少羰基铁的生成与高级醇的生成，及延长催化剂寿命起着有益的作用。

此外，原料气中含有一定量的 CO_2，可以减少反应热量的放出，利于床层温度控制，同时还抑制二甲醚的生成。

甲醇原料气的主要组分是 CO、CO_2 与 H_2，其中还含有少量的 CH_4 或 N_2 等其他气体组分。CH_4 或 N_2 在合成反应器内不参与甲醇的合成反应，会在合成系统中逐渐累积而增多。这些不参与甲醇合成反应的气体称之为惰性气体。循环气中的惰性气增多会降低 CO、CO_2、H_2 的有效分压，对甲醇的合成反应不利，而且增加了压缩机动力消耗。但在系统中又不能排放过多，因会引起过多的有效气体的损失。

一般控制的原则：在催化剂使用初期活性较好，或者是合成塔的负荷较轻、操作压力较低时，可将循环气中的惰性气体含量控制在20%～25%；反之，则控制在15%～20%。

控制循环气中惰性气体含量的主要方法是排放粗甲醇分离器后气体。排放气量的计算公式如下。

$$V_{放空} \approx \frac{V_{新鲜} \times I_{新鲜}}{I_{放空}}$$

式中 $V_{放空}$——放空气体的体积，m^3/h；

$V_{新鲜}$——新鲜气的体积，m^3/h；

$I_{放空}$——放空气中惰性气含量，%；

$I_{新鲜}$——新鲜气中惰性气含量，%。

实际上因有部分惰性气溶于液体甲醇中，所以放空气体体积要较计算值为小。此外，为了减少放空气的体积，应尽量减少新鲜气中惰性气体含量。

四、空速

气体与催化剂接触时间的长短，通常以空速来表示，即单位时间内，每单位体积催化剂所通过的气体量。其单位是$m^3/(m^3$ 催化剂·h)时，简写为h^{-1}。

在甲醇生产中，气体一次通过合成塔仅能得到3%～6%的甲醇，新鲜气的甲醇合成率不高，因此新鲜气必须循环使用。此时，合成塔空速常由循环机动力、合成系统阻力等因素来决定。如果采用较低的空速，反应过程中气体混合物的组成与平衡组成较接近，催化剂的生产强度较低，但是单位甲醇产品所需循环气量较小，气体循环的动力消耗较少，预热未反应气体到催化剂进口温度所需换热面积较小，并且离开反应器气体的温度较高，其热能利用价值较高。

如果采用较高的空速，催化剂的生产强度虽可以提高，但增大了预热所需传热面积，出塔气热能利用价值降低，增大了循环气体通过设备的压力降及动力消耗，并且由于气体中反应产物的浓度降低，增加了分离反应产物的费用。

另外，空速增大到一定程度后，催化床温度将不能维持。在甲醇合成生产中，空速一般控制在10000～30000h^{-1}之间。

综上所述，影响甲醇合成反应过程的工艺条件有温度、压力、气体组成、空速等因素，在具体情况下，针对一定的目标，都可以找到该因素的最佳或较佳条件，然而这些因素间又是互相有联系的。例如调节组成或压力使之反应速率增大，但是如果此时的催化床温度过高，不符合要求，这种增产的潜力就无法发挥。因此目前固定床甲醇合成催化反应器，在使用活性较高的铜基催化剂情况下，增产的主要薄弱环节是移热问题。可见在设计或操作反应器时，必须分析诸条件中的主要矛盾因素及约束条件，然后在允许条件下加以改进解决，才能在总体上获得效益，否则将起到相反的作用。

第四节　甲醇合成的工艺流程

一、甲醇合成流程概要

甲醇合成工序的目的是将造气至净化工序制得的主要含CO、CO_2和H_2的新鲜气，在一定压力、温度下合成反应生成粗甲醇。其化学反应方程式如下。

$$CO + 2H_2 \longrightarrow CH_3OH$$

$$CO_2+3H_2 \longrightarrow CH_3OH+H_2O$$

新鲜气中主要成分是 CO、CO_2 和 H_2，根据化学计量的要求及反应速率的考虑，$n(H_2-CO_2)$与 $n(CO+CO_2)$ 的摩尔比一般在 2.05～2.15 范围内。由化学反应方程知，CO_2 与 H_2 发生甲醇合成反应时，H_2 的消耗量较多，而且反应生成的水使粗甲醇的水含量增加，因此一般控制 CO_2 含量小于 9%。合成气中会含有少量的甲烷、氮和氩，它们的存在会降低甲醇合成的速率，但对甲醇合成催化剂无毒害作用。习惯上把它们称为惰性气体，因此，不必脱除。对催化剂有毒害作用的硫化物，经过上游脱硫工序的处理，其含量已降至允许浓度以下。这些都为甲醇合成反应创造了条件。

经过了一系列流程制得的新鲜气在合成工序中如不能充分利用制取甲醇，则不论物料还是能量都是很大的损失，所以甲醇合成是甲醇生产的关键工序，甲醇合成塔又是合成工序的关键设备。合成工序的设备和管路在高压下操作，为了安全、防漏、防爆，对设备的设计和制造，以及生产操作和管理都提出了较高的要求。合成前的上游流程都是为满足合成工艺要求而配制的，所以合成技术的发展变化，必然影响全局，例如当甲醇合成的催化剂由锌铬催化剂改为铜基催化剂时，则上游净化处理不得不做相应的变化。

甲醇合成工艺流程有多种，其发展的过程与新催化剂的应用，以及净化技术的发展密不可分。最早的甲醇合成是应用锌铬催化剂的高压工艺流程。高压法是在压力为 30MPa、温度为 360～400℃下操作的，此法的特点是技术成熟，但投资及生产成本较高。自从铜基催化剂的发现以及脱硫净化技术解决后，出现了低压工艺流程。低压法的操作压力为 4～5MPa，温度 200～300℃，其代表性流程有 I. C. I. 低压法和 Lurgi 低压法。由于低压法操作压力低，导致设备体积相当庞大，所以在低压法的基础上发展了中压甲醇合成流程，中压法的操作压力为 10MPa 左右。另外还有将合成氨与甲醇联合生产的联醇工艺流程。从生产规模来看，目前世界甲醇装置日趋大型化，单系列年产 30×10^4t、60×10^4t 甚至 100×10^4t 以上。从生产流程上看，新建甲醇厂普遍利用中、低压流程。

甲醇合成流程虽有多种，但是许多基本步骤是共同具备的。图 6-4 是一个最基本的流程示意图。新鲜气由压缩机压缩到所需要的合成压力与从循环机机来的循环气混合后分为两股，一股为主线进入热交换器，将混合气预热到催化剂活性温度，进入合成塔；另一股副线不经过热交换器而是直接进入合成塔以调节进入催化层的温度。经过反应后的高温气体进入热交换器与冷原料气换热后，进一步在水冷却器中冷却，然后在分离器中分离出液态粗甲醇，送精馏工序提纯制备精甲醇。为控制循环气中惰性气的含量，分离出甲醇和水后的气体需小部分放空（或回收至前制气工段），大部分进循环机增压后返回系统，重新利用未反应的气体。

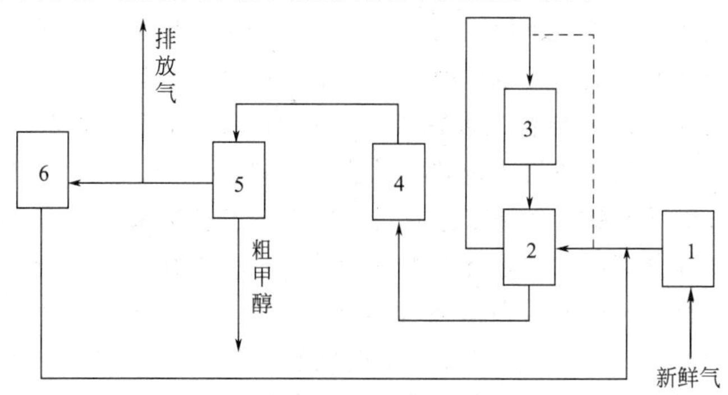

图 6-4　甲醇合成工艺流程示意

1—新鲜气压缩机；2—热交换器；3—甲醇合成塔；4—水冷却器；5—甲醇分离器；6—循环机

由此可知，合成工序主要由两部分组成，包括甲醇的合成与甲醇的分离，前者在合成塔中进行，后者由一系列传热设备和气液分离设备来完成。

由于平衡和速率的限制，CO、CO_2 和 H_2 的单程转化率低，为了充分利用未反应原料气，较好的措施是分离出甲醇后把未反应的气体返回合成塔重新反应，这就构成了循环流程。气体在流动过程中必有阻力损失，使其压力逐渐降低，因此，必须设有循环压缩机来提高压力。循环压缩机设在合成塔之前对合成反应是最有利的，因为在整个循环中，循环机出口处的压力最大，压力高对合成反应有利。

采用循环流程的一个必然结果是惰性气体在系统中积累，CO、CO_2 和 H_2 因生成甲醇而在分离器中排出，惰性气体除少量溶解于液体甲醇中外，多数留在系统中，这将影响甲醇合成速率，为此应设有放空管线，但放空时为避免有效成分损失过多，放空位置应选择循环中惰性气体浓度最大的地点。设在甲醇分离器后是合适的。

新鲜气补入的位置，不宜在合成塔的出口或甲醇分离之前，以免甲醇分压降低，减少甲醇的收率，最有利的位置是在合成塔的进口处。

由以分析可知，如图 6-4 所示的设备和管线的安排是适当的，它是甲醇合成流程的共性，下面介绍具有代表性的甲醇合成流程。

二、高压法甲醇合成工艺流程

高压法合成甲醇是发展最早，使用最广的工业合成甲醇技术。高压工艺流程指的是使用锌铬催化剂，在 300～400℃，30MPa 高温高压下合成甲醇的工艺流程。自从 1923 年第一次用这种方法合成甲醇成功后，已有 50 年的时间，世界上甲醇生产都沿用这种方法，只是在设计上，有某些细节不同，例如甲醇合成塔内移热方法有冷管型连续换热式和冷激型多段换热式两大类；反应气体在催化层中流动的方式有轴向和径向或者轴径向的；有副产蒸汽的合成塔，也有不副产蒸汽的合成塔。

经典的高压工艺流程是采用往复式压缩机压缩气体，在压缩过程中，气体中夹带了润滑油，油和水蒸气混合在一起，为饱和状态，甚至过饱和状态，呈细雾状悬浮在气流中，经油水分离器仍不能分离干净。此外合成系统中的循环气是利用循环压缩机进行循环的，如用往复式循环压缩机，压缩时循环气中也夹带了润滑油，这两部分的油滴、油雾都不允许进入合成塔，以免催化剂活性下降，所以对高压工艺流程中使用往复式压缩机的情况下，应该设置专门的滤油设备。

另外，还必须除去气体中的羰基铁，主要是五羰基铁 $Fe(CO)_5$，一般在气体中含 3～5mg/m^3，这是碳素钢被 CO 气体腐蚀所造成的。形成的羰基铁在温度高于 250℃时分解成极细的元素铁，而元素铁是生成甲烷的有效催化剂，这不仅增加了原料的消耗，而且使反应区的温度剧烈上升，从而造成催化剂的烧结和合成塔内件的损坏。气体中有硫化物，也会加剧羰基腐蚀，这是因为硫化氢与管道表面相互作用时，破坏了金属的氧化膜而促进羰基腐蚀。为了除去羰基铁，一般在流程中设置活性炭过滤器。

图 6-5 表示某一高压法甲醇合成工艺流程。由压缩工段送来的具有 31.36MPa 压力的新鲜原料气，先进入铁油分离器，并在此与循环压缩机送来的循环气汇合。这两股气体中的油污、水雾及羰基化合物等杂质同时在铁油分离器中除去，然后进入合成塔。CO 与 H_2 在塔内于 29.4～31.36MPa、360～420℃下在锌铬催化剂上反应生成甲醇。反应后的气体经塔内热交换器预热刚进入塔内的原料气，温度降至 160℃以下，甲醇含量约 3%左右。经塔内热交换后的反应气体出塔后进入喷淋式冷凝器，出水冷凝器的反应气体温度下降至 30～35℃，

再进入甲醇分离器。分离出来的液体甲醇减压至 0.98～1.568MPa 后送入粗甲醇中间贮槽。分离出来的气体，压力降至 29.99MPa 左右，送至往复式循环压缩机提高压力后，返回合成系统内。

为了维持循环气中惰性气体含量在 15%～20%，在甲醇分离器后设有放空管。

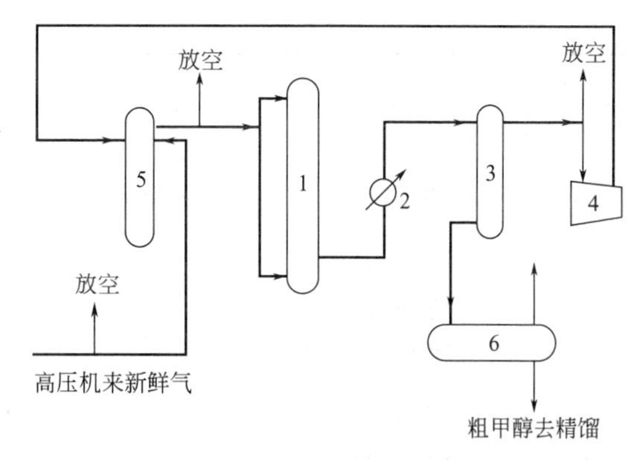

图 6-5　高压法甲醇合成系统流程

1—合成塔；2—水冷凝器；3—甲醇分离器；4—循环压缩机；5—铁油分离器；6—粗甲醇中间槽

该流程中采用自热式连续合成塔，原料气分两路进入合成塔。一路经主线由塔顶进入，并沿塔壁与内体的环隙流至塔底，再经塔内下部的热交换器预热后，进入分气盒；另一路经过副线从塔低进入，不经热交换器而直接进入分气盒。在甲醇生产中可用副线来调节催化剂底层的温度，使 H_2 与 CO 能在催化剂的活性温度范围内合成甲醇。

三、低压法甲醇合成工艺流程

近年来，甲醇的合成，大多采用铜系低温高活性催化剂，可在 5MPa 低压下将 $CO+H_2$ 合成气体或含有 CO_2 的 $CO+H_2$ 合成气进行合成，并得到较高的转化率。

目前，低压法甲醇合成技术主要是英国 I. C. I. 低压法和德国 Lurgi 低压法。此外，还有美国电动研究所的三相甲醇合成技术，三相甲醇合成虽已研究成功，但尚未建立大规模的生产厂。

1. I. C. I. 低压法甲醇合成工艺流程

1966 年，英国 I. C. I. 公司在成功地开发了铜基低压甲醇合成催化剂之后，建立了世界上第一个低压法甲醇合成工厂，即英国 Teesside 地区 Billing ham 工厂。该厂以石脑油为原料，日产甲醇 300t。到 1970 年，最多日产量能达到 700t。催化剂使用寿命可达 4 年以上。由于低压法合成的粗甲醇杂质含量比高压法得到的粗甲醇杂质含量低得多，净化比较容易，利用双塔精馏系统，便可以得到纯度为 99.85%的精制产品甲醇。

I. C. I. 低压法甲醇生产是甲醇生产工艺上的一次重大变革。世界上采用 I. C. I. 低压法建厂的国家很多，其中以天然气（或石脑油）为原料的 I. C. I. 低压法甲醇工厂列于表 6-10 中。

表 6-10　I. C. I. 低压法甲醇工厂

国别	公司	厂址	规模/(t/d)	原料	承包商	投产日期
英国	I. C. I.	Billingham	330	石脑油	H/G	1966.12
韩国	Toesumg Lumber Industries Co.	Ulsan	165	石脑油	Power-Gas	1970
美国	Georgia Pacific Corp.	Plagurmine Louisiana	1000	天然气	Power-Gas	1970
美国	Monsanto Chemical Co.	Texas City Texas	1000	天然气	Chemico	1970
美国	Celancse Chemical Co.	Cledr Lake Texas	2000	天然气	Power-Gas	1971
英国	I. C. I.	Billingham	1100	天然气	H/G	1972
阿尔及利亚	ALMER	Araew	330	天然气	H/G	1972

续表

国别	公司	厂址	规模/(t/d)	原料	承包商	投产日期
法国	Uyine kuhlmann	Compiegne	600	天然气	Power-Gas	1972
巴西	Melanor	Comacari Bania	1800	石脑油	Power-Gas	1972
德国	Elf Mineral GmbH	Speyer	800	石脑油	H/G	1973
以色列	Gad Chemicals Ltd.	Haife	150	石脑油		1973
罗马尼亚	Techimport	Victoria	605	天然气	Uhde	1974
利比亚	Occidental Petro. Corp. & Libyan National Oil Corp.	Marsa Bregn	1000	天然气		1975

20世纪70年代，中国轻工业部四川维尼纶厂从法国Speichim公司引起了一套以乙炔尾气为原料日产300t低压甲醇装置，该甲醇装置为英国I. C. I. 专利技术。

下面以英国Biling ham工厂为例，说明以天然气（或石脑油）为原料的低压法甲醇合成工艺过程。

I. C. I. 低压甲醇合成工艺流程如图6-6所示。

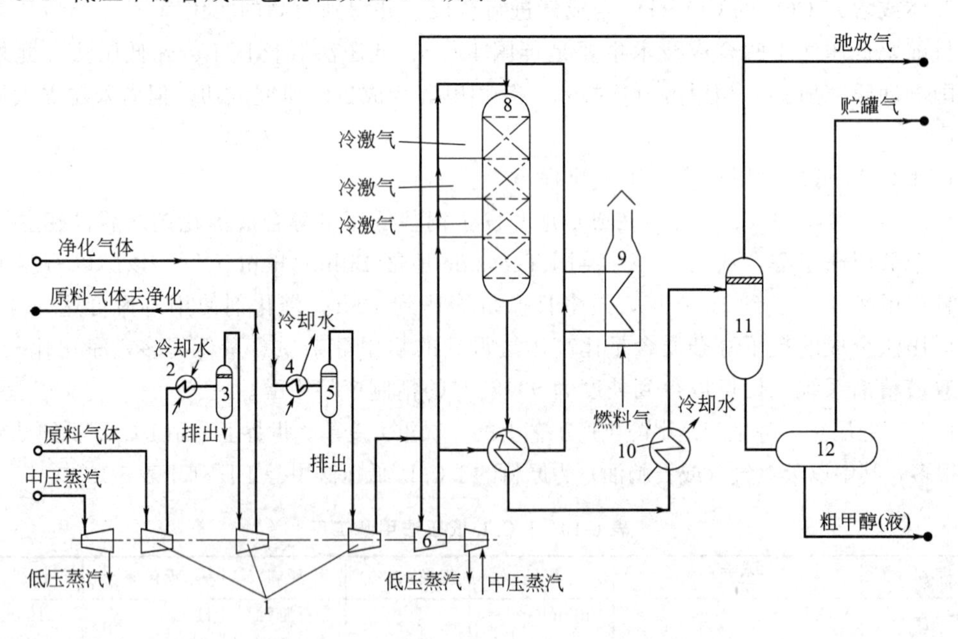

图6-6 低压法冷激式甲醇合成流程

1—原料气压缩机；2—冷却器；3—分离器；4—冷却器；5—分离器；6—循环气压缩机；7—热交换器；8—甲醇合成塔；9—开工加热炉；10—甲醇冷凝器；11—甲醇分离器；12—中间贮槽

该工艺使用多段冷激式合成塔。合成气在51-1型铜基催化剂上进行CO、CO_2加氢合成甲醇的化学反应，反应在压力5MPa，温度230～270℃下进行。新鲜原料气与分离甲醇后的循环气混合后进入循环压缩机，升压至5MPa。此入塔气体分为两股，一股进入热交换器与从合成塔出来的反应热气体换热，预热至245℃左右，从合成塔顶部进入催化剂床层进行甲醇合成反应。另一股不经预热作为合成塔各层催化剂冷激用，以控制合成塔内催化剂床层温度。根据生产的需要，可将催化剂分为多层（三、四或五层），各催化剂层的气体进口温度，可用向热气流中喷入冷的未反应的气体（即冷激气）来调节。最后一层催化剂气体出口温度为270℃左右。合成塔出口甲醇含量为4%。从合成塔底部出来的反应气体与入塔原料气换热后进入甲醇冷凝器，绝大部分甲醇蒸气在此被冷却冷凝，最后由甲醇分离器分离出来粗甲醇，减压后进入粗甲醇贮槽。未反应的气体作为循环气在系统中循环使用。为了维持系统中惰性气体的含量在一定范围内，甲醇分离器后设有放空装置。催化剂升温还原时需用开工加热炉。

I. C. I. 低压甲醇合成工艺有如下特点。

① 合成塔结构简单。I. C. I. 工艺采用多段冷激式合成塔，结构简单，催化剂装卸方便，通过直接通入冷激气调节催化剂床层温度。但与其他工艺相比，醇净值低，循环气量大，合成系统设备尺寸大，需设开工加热炉，温度调控相对较差，现已采用副产蒸汽等温甲醇合成工艺的开发思路。

② 粗甲醇中杂质含量低。由于采用了低温、活性高的铜基催化剂，合成反应可在5MPa压力及230～270℃温度下进行。低温低压的合成条件抑制了强放热的甲烷化反应及其他副反应，因此粗甲醇中杂质含量低，减轻了精馏负荷。

③ 合成压力低。由于合成压力低，合成气压缩机在较小的生产规模下，可选用离心式压缩机。在用天然气、石脑油等为原料，蒸汽转化制气的流程中，可用副产的蒸汽驱动透平，带动离心式压缩机，降低了能耗。离心压缩机排出压力仅为5MPa，设计制造容易，也安全可靠。而且驱动蒸汽透平所用蒸汽的压力为4～6MPa，压力不高，所以蒸汽系统较简单。

④ 能耗低。I. C. I. 甲醇合成工艺作为第一个工业化的低压法工艺，在甲醇工业的发展历程中具有里程碑的意义，相对于高压法工艺是一个巨大的技术进步。表6-11列出了I. C. I. 低压法与高压法动力消耗的比较。

表6-11　I. C. I. 低压法与高压法合成工段动力消耗比较　　kW·h/t甲醇

项　目	I. C. I. 低压法(5MPa)	高压法(30MPa)
压缩合成气动力消耗	200	520
压缩循环气动力消耗	125	60
合　计	325	580

由表6-11可知，低压法动力消耗比高压法低得多，节省了能耗。

由于I. C. I. 低压法具有以上特点，目前世界上现有的低压法合成甲醇，绝大部分还是I. C. I. 法合成技术。

2. Lurgi低压法合成甲醇工艺流程

20世纪60年代末，德国Lurgi公司在Union Kraftstoff Wesseling工厂建立了一套年产4000t的低压甲醇合成示范装置。在获取了必要的数据及经验后，1972年底，Lurgi公司建立了3套总产量超过30×10⁴t/a的工业装置。Lurgi低压法甲醇合成工艺与I. C. I. 低压工艺的主要区别在于合成塔的设计。该工艺采用管壳型合成塔。催化剂装填在管内，反应热由管间的沸腾水移走，并副产中压蒸汽。

Lurgi低压甲醇合成工业化后，很快得到了广泛的应用，其中一些以天然气（或石脑油）为原料的工厂列表6-12中。

表 6-12 Lurgi 低压法甲醇工厂

国别	原料	规模/(t/a)	国别	原料	规模/(t/a)
奥地利	天然气/石脑油	60000	美国	天然气+CO_2	390000
中国	天然气+CO_2	200000	美国	天然气+CO_2	810000
意大利	天然气	45000	美国	石脑油	300000
美国	天然气	380000	马来西亚	天然气	660000
墨西哥	天然气	150000	印度尼西亚	天然气	330000
美国	天然气	375000	缅甸	天然气	150000

20 世纪 80 年代，齐鲁石油化工公司第二化肥厂引进了德国 Lurgi 公司的低压甲醇合成装置。

下面介绍以减压渣油为原料的 Lurgi 低压甲醇合成流程。该工艺是在 6MPa 压力下用部分氧化法造气，采用石脑油萃取法回收炭黑。脱硫后的气体一部分直接进入合成系统，另一部分则经过 CO 高温变换再脱除部分 CO_2 后进入合成塔。合成的粗甲醇通过三塔精馏制得产品精甲醇。

图 6-7 为合成工段流程。由脱碳工段来的高氢气体与循环气混合，进入循环机加压，再与脱硫后的气体混合，经换热器换预热至 225℃，进入管壳型甲醇合成塔的列管内，在铜基催化剂的作用下，于 5MPa、240～260℃温度下进行甲醇合成反应。甲醇合成反应放出的热量很快被沸腾水移走。合成塔壳程的锅炉给水是自然循环的，这样通过控制沸腾水上的蒸汽压力，可以保持恒定的反应温度。反应后出塔气体与进塔气体换热后温度降至 91.5℃，经锅炉给水换热器冷却到 60℃，再经水冷器冷却到 60℃，进入甲醇分离器，分离出来的气体大部分回到循环机入口，少部分排放。液体粗甲醇则送精馏工段。

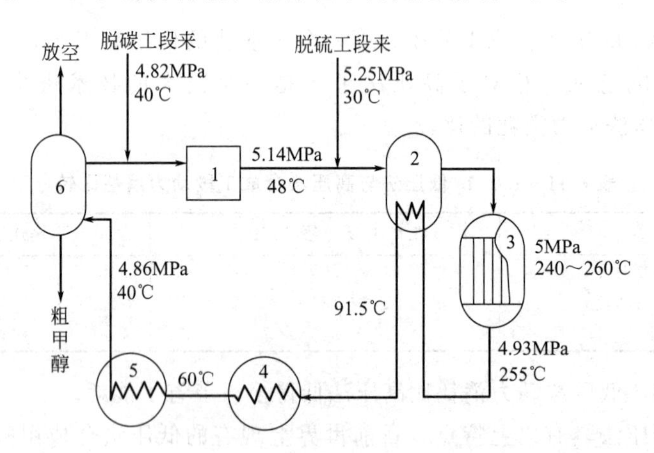

图 6-7 Lurgi 低压甲醇合成流程

1—循环机；2—热交换器；3—合成塔；4—锅炉给水换热器；5—水冷器；6—分离器

Lurgi 低压法合成甲醇的主要特点如下。

① 采用管壳式合成塔。这种合成塔温度容易控制，同时，由于换热方式好，催化剂床层温度分布均匀，可以防止铜基催化剂过热，对催化剂寿命有利，且副反应大大减少，允许含 CO 高的新鲜气进入合成系统，因而单程气体转化率高，出口反应气体含甲醇 7%左右，循环气量较少，其结果是设备、管道尺寸小、动力消耗低。

② 无需专设开工加热炉，开车方便。开工时直接将蒸汽送入甲醇合成塔将催化剂加热升温。

③ 合成塔可以副产中压蒸汽，非常合理的利用了反应热。

总之，Lurgi 低压法合成甲醇投资和操作费用低，操作简便，但不足之处是合成塔结构复杂，材质要求高，装填催化剂不方便。

目前，低压法甲醇技术主要是英国 I. C. I. 法和德国 Lurgi 法。这两种方法的工艺技术见表 6-13。

表 6-13 I. C. I 法和 Lurgi 法制甲醇工艺技术指标

项 目	I. C. I. 法	Lurgi 法	项 目	I. C. I. 法	Lurgi 法
1. 合成压力/MPa	5(中压法 10)	5(中压法 8)	7. 循环气:新鲜气	10 : 1	5 : 1
2. 合成反应温度/℃	230～270	225～250	8. 合成反应热的利用	不副产中压蒸汽	副产中压蒸汽
3. 催化剂成分	Cu-Zn-Al	Cu-Zn-Al-V	9. 合成塔型式	冷激型	管束型
4. 空时产率/[t/(m^3 · h)]	0.33(中压法 0.5)	0.65	10. 设备尺寸	设备较大	设备紧凑
5. 进塔气中 CO 含量/%	约 9	约 12	11. 合成开工设备	要设加热炉	不设加热炉
6. 出塔气中 CH_3OH 含量/%	3～4	5～6	12. 甲醇精制	采用两塔流程	采用三塔流程

综上所述，Lurgi 法的催化剂活性高，产率比 I. C. I. 法高 1 倍左右，使生产费用降低；其次是合成塔可副产 4～5MPa 的中压蒸汽，热能利用好。另外，Lurgi 法的循环气与新鲜气的比例低，不仅减少了动力消耗，而且缩小了设备与管线、管件的尺寸，从而节省了设备费用。I. C. I. 法有副反应，生成烃类，在 270℃ 易生成石蜡，在冷凝分离器内析出，而 Lurgi 法因采用管式合成塔能严格控制反应温度而不会生成石腊。因此 Lurgi 法技术经济先进，对于新建的甲醇厂 Lurgi 的技术更具有竞争力，特别是当采用重油为原料时，则值得采用 Lurgi 法的配套技术。

四、中压法甲醇合成工艺流程

中压法甲醇合成工艺是在低压法基础上进一步发展起来的。由于低压法操作压力低，导致设备体积庞大，不利于甲醇生产的大型化，所以发展了动力为 10MPa 左右的甲醇合成中压法。它能更有效地降低建厂费用和甲醇生产成本。I. C. I. 公司在 51-1 型催化剂的基础上，通过改变催化剂的晶体结构，制成了成本较高的 51-2 型催化剂。由于这种催化剂在较高压力下能维持较长的寿命，1972 年 I. C. I. 公司建立了一套合成压力为 10MPa 的中压甲醇合成装置，所用合成塔与低压法相同，也是四段冷激式，工艺流程与低压法也相似。Lurgi 公司也发展了 8MPa 的中压法甲醇合成，其工艺流程和设备与低压法类似。

日本三菱瓦斯化学公司开发了合成压力为 15MPa 左右的中压法甲醇合成工艺。该公司新泻工厂的甲醇工艺生产流程如图 6-8 所示。以天然气为原料经镍催化剂蒸汽转化后的新鲜合成气由离心式压缩机增压至 14.5MPa，与循环气混合，在循环段增压至 15.5MPa 送入合成塔。合成塔为四层冷激式，塔内径 200mm，采用低温高活性 Cu-Zn 催化剂，装填量 30t，反应温度 250～280℃，反应后的出塔气体经换热后，冷凝至甲醇分离器，分离后的粗甲醇送往精馏系统。分离器出口气体大部分循环，少部分排出系统供转化炉燃料用。工艺流程中设有开工加热器。

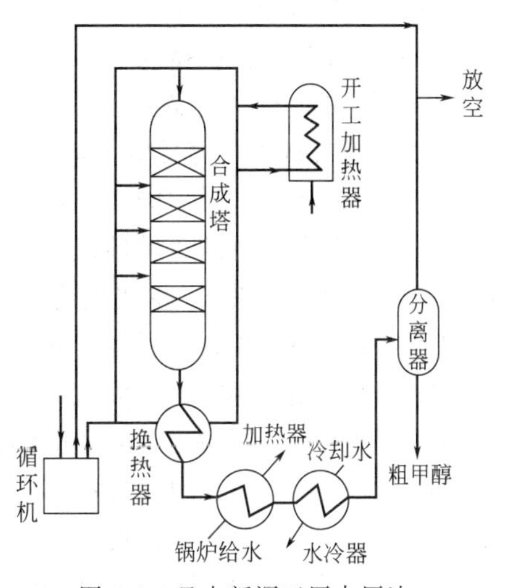

图 6-8 日本新泻工厂中压法甲醇生产工艺流程

出合成塔的气体与入塔气在换热器换热后进废热锅炉副产0.3MPa低压蒸汽。

五、联醇工艺流程

1. 联醇生产及其特点

与合成氨联合生产甲醇通称为联醇，针对中国中小型合成氨装置的特点，在铜洗工段前，设置甲醇合成塔，用合成氨原料气中的CO、CO_2及H_2合成甲醇。操作压力10～13MPa，采用铜基催化剂，催化剂床层温度240～280℃，合成塔一般采用自热式合成塔。

在合成氨生产中设置联醇工段，是中国合成氨生产工艺开发的一种新的配套工艺，具有中国特色，既生产氨又生产甲醇，达到实现多种经营的目的，提高经济效益。目前，联醇产量约占中国甲醇总产量的40%。

联醇生产主要特点如下。

① 充分利用现有合成氨生产装置，只需增添甲醇合成与精馏两套设备就可以生产甲醇，所以投资省、上马快。

② 在合成氨厂设置联醇生产，不仅可以使变换工段CO指标放宽，变换的蒸汽消耗降低，而且可以使铜洗工段进口CO含量降低，铜洗负荷减轻，从而使合成氨厂的变换、压缩和铜洗工段能耗降低。

2. 联醇生产的工艺特点

联醇生产是甲醇在合成氨工艺中，与传统的甲醇生产工艺相比具有如下特点。

① 联醇生产串联在合成氨工艺中，所以既要满足合成氨的工艺条件，又要满足合成甲醇的要求。任何一方工艺条件变化都会影响合成氨与甲醇合成的生产与操作，因此在生产中要有补充的调节手段，以维持两个合成生产的正常进行。

② 由于联醇生产串联在合成氨工艺中，合成甲醇后的气体还需精制，才能进行合成氨反应。所以原料气经甲醇合成后必须满足合成氨生产的需要。合成甲醇后的气体采用部分循环，另一部分气体送铜洗工段精制后，然后进行合成氨生产。

③ 与合成氨工艺相比，联醇采用铜基催化剂，其抗毒性较差，因此必须采用特殊的净化措施，既保证合成甲醇所必需的CO、CO_2及H_2，又要保证总硫含量小于1.0mL/m^3。

3. 联醇生产的工艺要求

联醇生产与传统的甲醇生产有上述区别，所以联醇生产工艺除有一般甲醇生产的工艺要求外，还有联醇工艺的特殊要求。

（1）甲醇生产一般要求

① 原料气进入甲醇反应器前必须把主要组分配成一定比例，并清除对催化剂有害的物质，特别是设备、管道中的铁、镍所生成的羰基铁$Fe(CO)_5$与羰基镍$Ni(CO)_4$，以及溶解性的铁、镍化合物，防止碱性氧化物与碱金属随气体带入催化剂床层。因为微量铁、镍化合物的带入会使CO和H_2生成烷烃的反应增加，碱金属的带入会引起高级醇生成量增加，使合成的粗甲醇中杂质含量增加，并使有效气体消耗上升。

② 合成催化剂在200℃以上开始反应，为使整个催化剂床层均匀达到活化温度，入塔气体必须经过预热。同时为了防止碳钢设备在高温下产生氢腐蚀，出塔气体必须经过冷却。为了满足入塔与出塔气体对温度的要求，采用在塔内进行换热的方法，既提高了入塔气体的温度，又降低了出塔气体的温度。

③ 经合成反应生成的甲醇与未反应的H_2、N_2、CO、CO_2等气体必须得到及时的分离，降低反应生成物的温度，这样有利于提高合成反应的速率。

(2) 联醇生产的特殊要求

① 联醇工艺与合成氨生产串联，但为了提高催化剂的利用效率，经合成分离后的一部分气体可去铜洗进行精制，除去残存的 CO、CO_2 后作为合成氨的原料气体使用，而另一部分气体则用循环机进行循环，继续合成甲醇。

② 由于联醇工艺与合成氨生产串联，因此生产能力是以合成氨产量与甲醇产量之和，即所谓“总氨”产量来表示。在“总氨”生产能力不变的情况下，甲醇生产能力用醇氨比（甲醇产量/总氨产量）来表示，醇氨比可以在一定范围内调整。调整的方法，一般是以改变原料气中 $n(H_2)/n(CO)$ 的比例，精确地说是调整 $n(H_2-CO_2)/n(CO+CO_2)=f$。因此在联醇生产中，既要有合成氨生产时调节氢氮比的手段，又必须有能够调整 f 值的控制手段。一般说来，联醇生产中经常用改变 CO 在变换反应中的转化率，或在变换炉进、出口之间设置一条近路，来调节原料气中 CO 的含量，对醇氨比在一定范围内进行调节。目前，多数联醇工厂醇氨比以 1∶8 发展到 1∶4 甚至 1∶2 或 1∶1。

③ 联醇生产作为合成氨流程中一个环节，甲醇生产会影响合成氨及整个系统的生产，如催化剂活性的衰退，甲醇反应器的开停及操作条件变化等原因，都会造成铜洗气中 CO、CO_2 的含量变化，使铜性负荷产生波动，甚至影响氨合成塔的正常生产；甲醇反应器后的气液分离情况，会影响铜液组成；在甲醇生产不正常或事故状态下，要维持合成氨的生产等。

4. 联醇生产工艺流程

联醇生产形式较多，一般采用如图 6-9 所示的工艺流程。

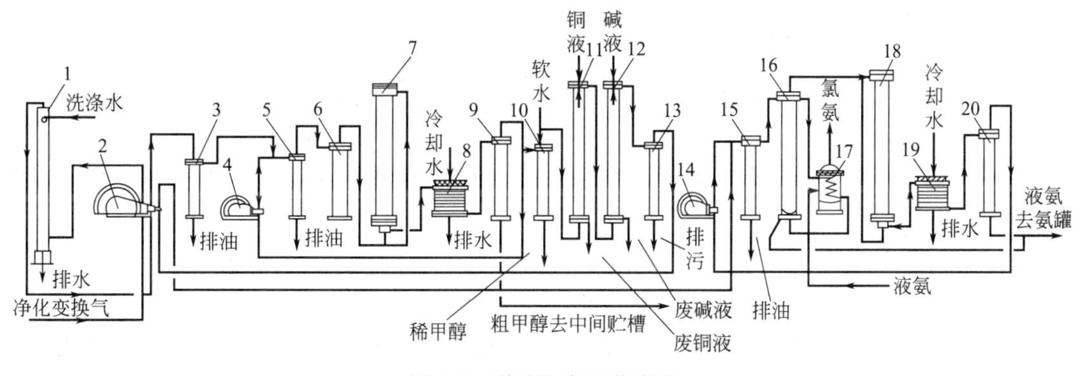

图 6-9　联醇生产工艺流程

1—水洗塔；2—压缩机；3—油分离器；4—甲醇循环机；5—滤油器；6—炭过滤器；7—甲醇合成塔；8—甲醇水冷凝器；9—甲醇分离器；10—醇后气分离器；11—铜洗塔；12—碱洗塔；13—碱液分离器；14—氨循环机；15—合成氨滤油器；16—冷凝塔；17—氨冷器；18—氨合成塔；19—合成氨水冷器；20—氨分离器

由变换送来经过净化的变换气，其中含有约 28%左右的 CO_2，为了减少氢气的消耗与提高粗甲醇的质量，变换气经压缩机加压到 2MPa 进入水洗塔，用水吸收 CO_2，使 CO_2 降低到 1.5%～3.0%。然后回压缩机进一步加压到 13MPa 左右，经水冷器和油分离器除去其中的油和水后，与甲醇循环机出口的循环气混合，进循环机滤油器进一步分离油水后，进入活性炭过滤器，除去气体中夹带的少量润滑油、铁锈及其他杂质，出来的是比较纯净的甲醇合成原料气，经甲醇合成塔之主、副线进入甲醇合成塔。

原料气在自热式甲醇合成塔内的走向为：由合成塔主线进塔的气体，从塔上部沿塔内壁与催化剂筐之间的环隙向下，进入热交换器的管间，经加热后到塔内换热器上部，与由塔副线进来，未经加热的气体混合进入分气盒，分气盒与插在催化剂内的冷管相连，气体在冷管内受到催化剂层合成反应气的加热。从冷管出来的气体经集气盒进入中心管。冷管的结构、排列方式、长度、传热面积直接影响催化剂床层的最佳反应温度，所以冷管是甲醇合成塔设计的关键部分。

中心管内装有电加热器，俗称“电炉”，如果进气经换热后达不到催化剂的起始反应温度，则可启用电加热器进一步加热。达到反应温度的气体出中心管，从上部进入催化剂床层，CO 和 H_2 在催化剂作用下进行甲醇合成反应，并且释放出热量，加热尚未参加反应的冷管内气体。反应气体到达催化剂床层底部后，出催化剂筐经分气盒外环隙流入热交换器管内，把热量传给进塔冷气，温度小于160℃沿副线管外环隙从塔底出塔。合成塔副线不经过热交换器，通过改变副线进气量来控制催化剂床层温度。维持催化剂床层热点温度在 260～280℃范围之内。

出塔气体进入水冷凝器，使合成的气态甲醇、二甲醚、高级醇、烷烃与水冷凝或溶解为液体，然后在分离器中把液体分离出来。被分离出来的液体粗甲醇减压后到粗甲醇中间贮槽，以剩余压力送往精馏工段。经分离后的一部分气体，由循环机加压后，循环回合成塔继续合成甲醇；另一部分气体经醇后气分离器，进一步除去气体中少量甲醇，进铜洗塔、碱洗塔进行精制，使精制后气体中 $\varphi(CO+CO_2)<25cm^3/m^3$，再回压缩机，加压到 32MPa，送氨合成系统。醇后气分离器分离下来的少量稀甲醇，减压后去粗甲醇中间贮槽。

必须指出的是联醇生产的原料气的精脱硫应予加强，否则引起催化剂中毒，寿命缩短，更换频繁。联醇的精甲醇质量逊于单醇，尤其在碱性、臭味与水互溶性指标逊于单醇，在精馏工序应采取措施。

第五节　甲醇合成主要设备

甲醇合成主要设备有甲醇合成塔、水冷凝器、甲醇分离器、滤油器、循环压缩机、粗甲醇贮槽。

一、甲醇合成塔

合成甲醇的反应器，又叫甲醇的合成塔、甲醇转换器，是甲醇合成系统最重要的设备。合成塔内 CO、CO_2 与 H_2 在较高压力、温度及有催化剂的条件下直接合成甲醇。因此，对合成塔的机械结构及工艺要求都比较高，是合成甲醇工艺中一个最复杂的设备。有所谓“心脏”之称。为了讨论方便，从以下几方面来介绍甲醇合成塔。

1. 工艺对合成塔的要求

① 从合成甲醇反应原理可知：甲醇合成是放热反应，在合成塔结构上必须考虑到，要将反应过程中放出的热量不断移出。否则，随着反应进行将使催化剂温度逐渐升高，偏离理想的反应温度，严重时将烧毁催化剂。因此，合成塔应该能有效地移去反应热，合理地控制催化剂层的温度分布，使其接近最适宜的温度分布曲线，提高甲醇合成率和催化剂的使用寿命。

② 甲醇合成是在有催化剂的情况下进行的，合成塔的生产能力与催化剂的充填量有关，因此，要充分利用合成塔的容积，尽可能多装催化剂，以提高生产能力。

③ 反应器内件结构合理，能保证气体均匀地通过催化剂层，减少流体阻力，增加气体的处理量，从而提高甲醇的产量。

④ 进入合成塔的气体温度很低，所以在设备的结构上要考虑到进塔气体的预热问题。

⑤ 高温高压下，氢气对钢材的腐蚀加剧，而且在高温下，钢的机械强度下降，对出口管道

不安全，因此，出塔气体温度不得超过160℃，在设备结构上必须考虑高温气体的降温问题。

⑥ 保证催化剂在升温、还原过程中操作正常，还原充分，提高催化剂的活性，尽可能达到最大的生产能力。

⑦ 为防止氢、一氧化碳、甲醇、有机酸及羰基物在高温下对设备的腐蚀，要选择耐腐蚀的优质钢材。

⑧ 结构简单、紧凑、坚固、气密性好，便于制造、拆装、检修和装卸催化剂。

⑨ 便于操作、控制、调节。当工艺操作在较大幅度范围内波动时，仍能维持稳定的适宜条件。

⑩ 节约能源，应能较好的回收利用反应热。

2. 甲醇合成塔的分类

甲醇合成塔的类型很多，可按不同的分类方法进行分类。

(1) 按冷却介质种类分类　可分为自热式甲醇合成塔和外冷式甲醇合成塔。

甲醇合成反应为可逆放热反应，在反应过程中必须排出热量，否则反应热将使反应混合物的温度升高，而且，可逆放热反应的最佳温度分布曲线要求随着化学反应的进行，相应地降低反应混合物的温度，使催化剂达到最大的生产能力，所以必须设法从催化剂床层中移出反应热。为了利用反应热，在甲醇合成工业中，常采用冷原料气作为冷却剂来使催化剂床层得到冷却而原料气则被加热到略高于催化剂的活性温度，然后进入催化剂床层进行合成反应，这种合成塔称为自热式甲醇合成塔。若冷却剂采用其他介质，则这种合成塔称为外冷式甲醇合成塔。

(2) 按操作方式分类　可分为连续换热式和多段换热式两大类。

① 连续换热式合成塔。连续换热式合成塔的基本特征是反应气体在催化剂床层内的反应过程与换热过程是同时进行的。在合成塔内装有许多管子作为反应气体与冷却剂之间的换热面。连续换热式合成中既有自热式的，也有外冷式的。

连续自热式合成塔常在催化剂床层内设置管子（这种管子常叫作冷管），作为冷却剂的冷原料气走管内，通过管壁与反应产物进行换热，结果使催化剂床层得到冷却而原料气则被加热到略高于催化剂的活性温度，然后进入催化剂床层进行反应。在这种合成塔内，反应物的化学反应热足以将原料气预热到所规定的温度，做到热量自给，而不需另用载热体。在合成塔的下部设置列管式换热器或螺旋板换热器，以便用进料气来冷却反应后的产物。

连续外冷式合成塔是用其他介质作为冷却剂，如lurgi管壳型甲醇合成塔中采用高压沸腾水作为冷却剂，催化剂装在管内，而冷却剂走在管间与反应产物进行连续换热。

② 多段换热式合成塔。多段换热式合成塔的特点是反应过程与换热过程分开进行。即在绝热情况下进行反应，反应后的气体离开催化剂床层，再与冷却剂换热而降低温度，再进行下一段绝热反应，使绝热反应和换热过程依次交替进行多次。

多段换热式又可分为两类：多段间接换热式和多段直接换热式。

多段间接换热式催化反应器的段间换热过程是在间壁式换热器中进行。多段直接换热式是向反应混合气体中加入部分冷却剂，两者直接混合，来降低反应混合物的温度，所以又称为冷激式，一般合成甲醇所用的就是这种冷激式反应器，冷却剂就是原料气。

(3) 按反应气流动的方式分类　轴向式、径向式和轴径向式。

轴向式合成塔中的反应气在催化剂床层中轴向流动并进行化学反应，流动阻力较大。径向式合成塔中反应气在催化剂床层中则是径向流动，可减少流动阻力，节约动能消耗。而轴径向合成塔中既有轴向层也有径向层。

3. 甲醇合成塔的基本结构

甲醇合成塔主要由外筒、内件构成。

① 外筒。甲醇合成反应是在较高压力下进行的，所以外筒是一个高压容器，一般由多层钢板卷焊而成，有的则用扁平绕带绕制而成。

② 内件。为了满足开工时催化剂的升温还原条件，一般设开工加热器，可放在塔外，也可放在塔内，若加热器安装在合成塔内，一般用电加热器，成为内件的组成部分。进、出催化剂床层的气体的热交换器，有的放在塔外，也有放在塔内的。所以合成塔内件主要是催化剂管，有的还包括电加热器和热交换器。

(1) 催化剂管　甲醇合成塔内件的核心是催化剂管，它的设计好坏直接影响合成塔的产量和消耗定额，它的形式与结构首先是尽可能实现催化剂床层以最佳温度分布。在直径大的合成反应器中为了使气体分布均匀，设有气体分布器。有的合成反应器为减小流体阻力而采用径向式催化剂管。有的合成生产为了利用热能而设计副产蒸气的甲醇合成塔。下面介绍几种常用的催化剂管。

① 连续换热式催化剂管。连续换热式甲醇合成塔的特点是反应气体在催化剂床层内的反应过程与换热过程同时进行，应尽可能符合最佳温度曲线。

a. 自热式。在自热式甲醇合成催化剂管中，根据不同的冷管结构，主要可分为单管逆流式、双套管并流式、三套管并流式、单管并流式、以及 U 形管式。其结构及轴向温度分布示意图分别见图 6-10、图 6-11、图 6-12、图 6-13、图 6-14。

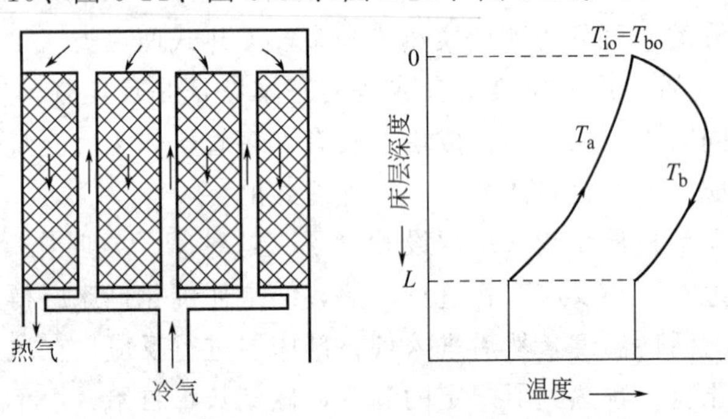

图 6-10　单管逆流式催化床及温度分布示意

T_a—冷管温度；T_b—催化床温度

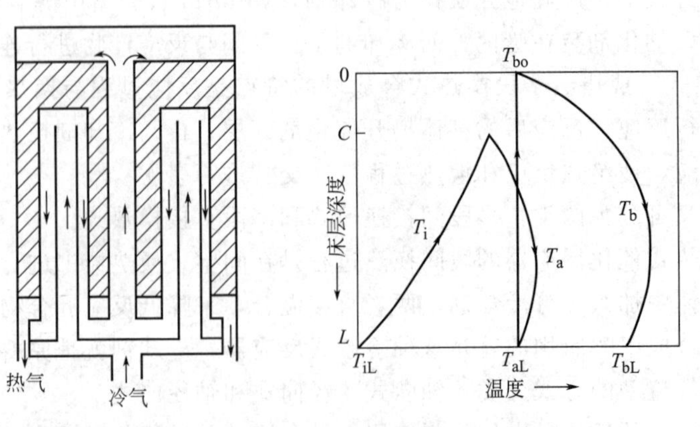

图 6-11　双套管并流式催化床及温度分布示意

T_i、T_a、T_b—内冷管、外冷管、催化床层温度；

C—冷管顶端右床层中的位置；L—催化床高度

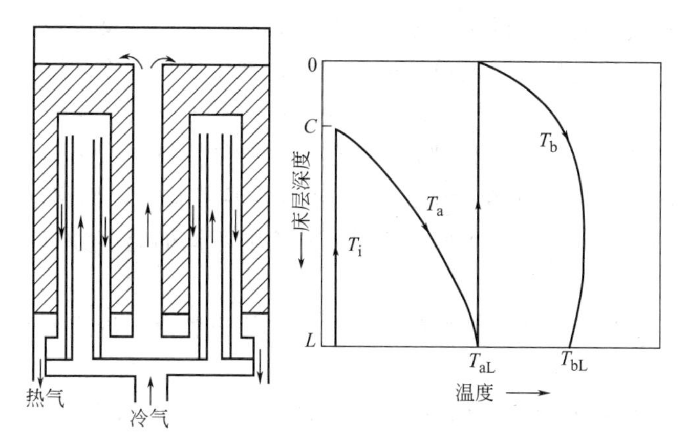

图 6-12 三套管并流式催化床及温度分布示意

T_i、T_a、T_b—内冷管、外冷管、催化床层温度；

C—冷管顶端右床层中的位置；L—催化床高度

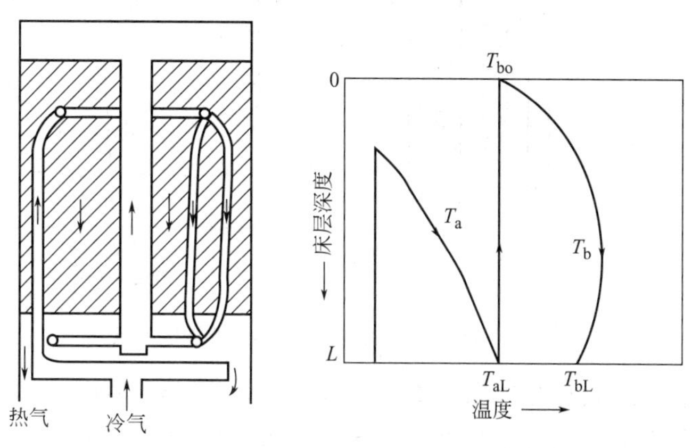

图 6-13 单管并流式催化床及温度分布示意

T_a—冷管温度；T_b—催化床温度

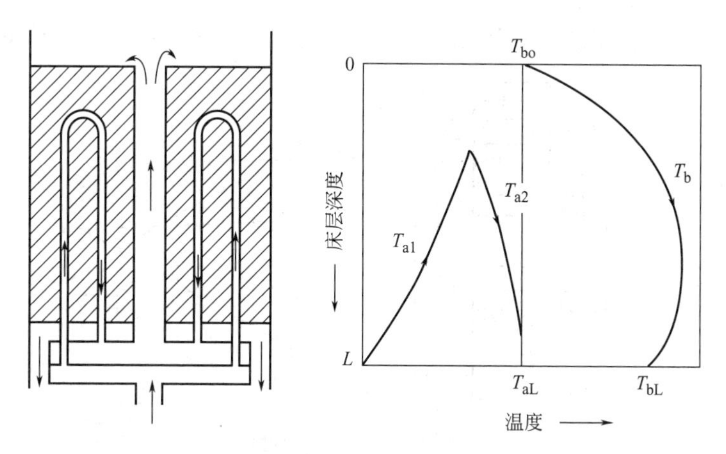

图 6-14 U 形管式催化床及温度分布示意

T_{a1}、T_{a2}—U 形冷管上行管和下行管温度；T_b—催化床层温度

由图可见，凡并流式及 U 形管式连续换热式催化剂床层上部都有一绝热段，原料气在略高于催化剂起始活性温度的条件下进入催化剂床层，进行绝热反应，依靠自身的反应热迅

速地升高温度，达到或接近相应的最佳温度，再进入冷却段，边反应边传热，力求遵循最佳温度曲线相应地向冷管传递热量。而单管逆流式催化剂床层只有冷却段。

在冷却段中，催化剂床层的实际温度分布由单位体积催化剂床层中反应放热量和单位体积催化剂床层中冷管排热量之间的相对大小决定。冷管排热量的大小与冷管的传热面积和传热系数有关，也与催化剂床层和冷管中冷气体之间的温度有关，而温差既随着床层高度变化，也与冷管的结构有关。因此，不同的冷管结构会有不同的温度分布而影响到催化剂床层的生产强度。

传统的高压法甲醇生产和中压法联醇生产中多采用三管套并流式或单管并流式，其他的冷管结构较少采用。

b. 单管外冷式。单管外冷式结构及催化剂床层温度分布见图 6-15 所示。

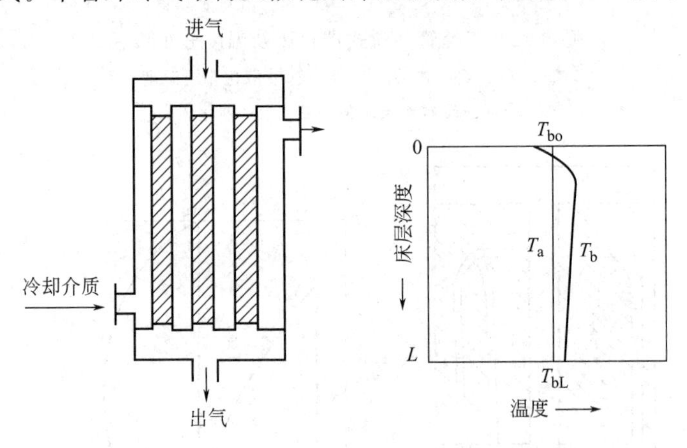

图 6-15 单管外冷式催化床及温度分布示意

由图可知，单管外冷式催化剂床层中也只有冷却段，而且是催化剂装填在管内，冷却介质走管外，所以冷却介质通过管壁与管内的催化剂床层换热。这种合成塔结构即为 lurgi 甲醇合成塔结构，广泛应用于中低压法甲醇生产中。

② 多段换热式催化剂筐。

a. 多段间接换热式。图 6-16 为三段间接换热式甲醇合成催化剂筐及其操作状况。

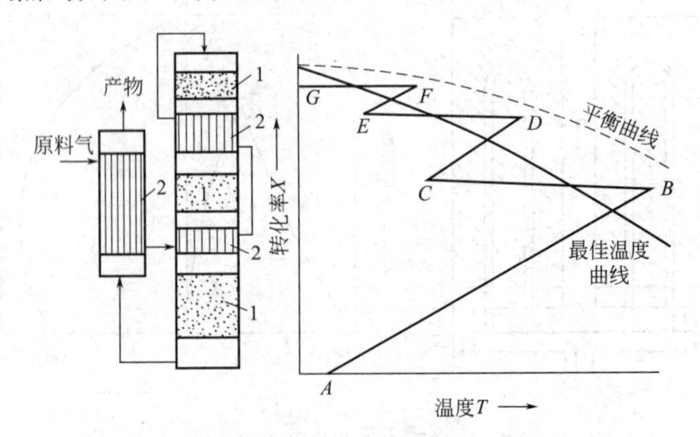

图 6-16 三段中间间接换热式催化床及其操作状况

1—催化床；2—换热器；A～G—操作点

图中 AB 是第一段绝热操作过程中甲醇转化率与温度的关系，叫做绝热操作线，CD 及 EF 分别是第二段及第三段的绝热操作线。在间接换热过程中只有温度变化，而无混合气体的组成变化，因此冷却线 BC 及 DE 与温度轴平行。FG 是离开第三段催化剂床层的热气体在床外换热器中加热进入系统原料气的过程。冷原料气依次经过三段换热后，达到催化剂的活性反应温度，进入催化剂床层开始甲醇合成反应。

b. 多段冷激式。图 6-17 表示三段原料气冷激式催化剂筐及其操作状况。

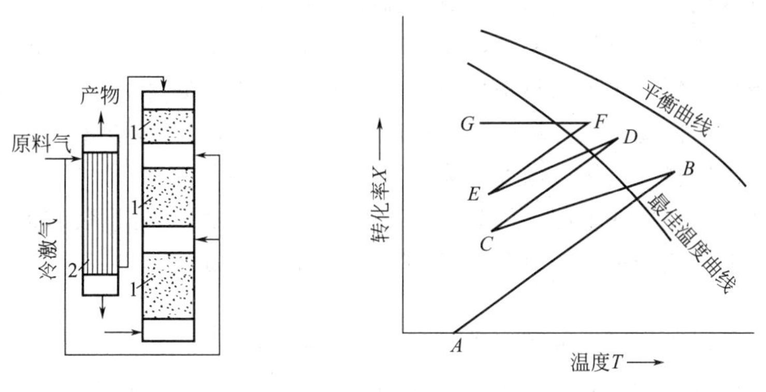

图 6-17　三段原料气冷激式催化床及其操作状况

1—催化床；2—换热器；A～G—操作点

图 6-17 中 AB、CD、EF 分别是第一段、第二段及第三段的绝热操作线。由于冷激过程中反应后的气体与新鲜气混合，则气体组成发生了变化，因此段间冷却线 BC 及 DE 与温度轴不平行。

原料气冷激后，使反应气体的转化率降低，这相当于段间有部分返混，所以同样的初始气体组成及气体处理量，若要达到同样的最终反应率，则原料气冷激式所耗用的催化剂比间接换热式多得多。

间接换热式不便于装卸催化剂及设备检修，特别是大型装置的甲醇合成反应器，不便在催化剂床层中装配冷管，也不便于在各段催化剂床层间装置换热器，因此大多采用多段原料气冷激式。

多段换热式反应器的段数越多，其过程越接近于最佳温度曲线，催化剂床层的生产强度越高，但是段数过多，设备结构则复杂，操作也不方便。

③ 径向催化剂筐。径向催化剂筐如图 6-18 所示。流体沿中心管向下流动，同时经中心管壁上的小孔流入催化剂床层，在催化剂床层中由内向外流动，再经催化剂床层外侧器壁上的小孔流入外围的环隙集合后流出反应器。图中起分流作用的中心管称为分流流道或分气管，起合流作用的环隙称为合流流道。

在径向催化剂筐中，由于气体通过多孔的分气管作径向流动，气体的流通截面积大，流速小，流程短，使催化剂床层压力降显著减小，从而节约动力消耗，降低对循环压缩机的要求。另外，在径向合成塔中，还可以采用较细颗粒的催化剂，提高催化剂的有效系数，从而提高设备的生产强度。但径向合成塔的设计应保证气体分布均匀，对分布流道的制造要求较高，且要求催化剂有较高的机械强度，以避免由于催化剂颗粒破损而堵塞布气小孔，破坏了气体的均匀分布。

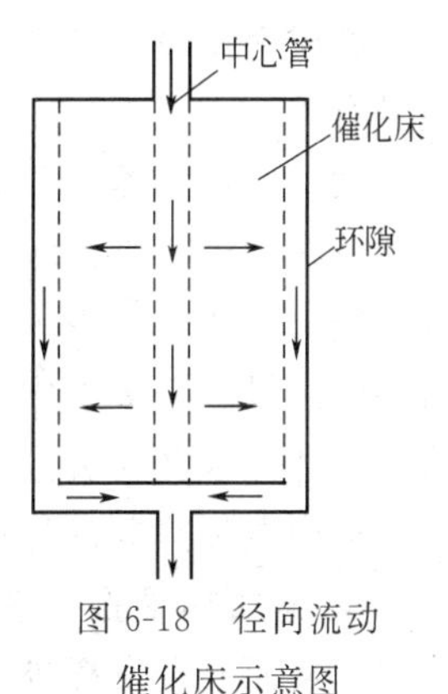

图 6-18　径向流动催化床示意图

径向甲醇合成催化剂筐有内冷式的，也有单段和多段冷激式的。

（2）热交换器　在甲醇合成塔内，CO、CO_2 及 H_2 在催化剂的作用下进行反应生成甲醇。对于高压法使用锌铬催化剂生产甲醇时，出催化剂床层的反应气体温度约 380℃，而进合成塔的原料气的温度约 30℃，为了达到塔内甲醇合成反应的自身热量平衡，合理安排冷热交换，回收反应热，维持催化剂床层适宜温度，需要设置热交换器。在热交换器内，反应后的热气体被冷却后引出甲醇合成塔，而冷原料气被加热到 300℃左右，再进入催化剂床层中冷管进一步被加热到催化剂的反应活性温度 330～340℃，进入催化剂床层开始反应。对于使用铜基催化剂的情况，反应温度较锌铬催化剂低，一般进热交换器的反应热气体温度为 270～280℃，与冷原料气换热后温度下降到 180～200℃。

一般热交换器放在塔的下部。但对于大直径的甲醇合成塔，为了装卸催化剂方便和充分利用高压空间，有把热交换器放在塔的上部或塔外的。下面简要介绍塔内热交换器的结构形式。

塔内热交换器有列管式、螺旋板式、波纹板式等多种形式。其中列管式应用得较多，原因是列管式换热器制造工艺成熟、坚固、容易清理检修等优点，但是列管式换器占空间较大。为了多装催化剂，提高合成塔的生产能力，要求塔内换热器传热效率高、占空间小，因此，目前广泛采用小管密排及管内插入麻花铁来提高管内对流传系数，而管外则采取减小折流板间距及双程列管式换热器等措施来增加管外的对流传热系数，从而来提高列管式换热器的传热系数，使换热器的传热能力得到提高，但这样做也会增加流体在换热器的流动阻力。

在设计换热器时，不仅要求传热效率高，热损失少，流体阻力小，所占空间小、制造简单、清洗检修方便、操作稳定、结构可靠、紧凑，而且换热器的传热面积既要适应正常生产的要求，还要满足催化剂升温还原和催化剂活性衰退至一定限度的需要。因此换热器的传热面积要有一定的富裕量，以适应因催化剂使用后期活性下降，必须提高原料气进催化剂床层温度的要求，富裕的换热器传热面积应使催化剂使用后期不开电加热器为宜。催化剂使用过程中，活性由高到低变化，另外，当气体流量、组成、压力等变动时，换热器传递的热量发生改变，而原料气进催化剂床层的温度必须维持在一定的范围内，为控制催化剂床层的温度，在换热器的中心设置冷气副线，该股气体不经过换热器而直接进入催化剂床层中的冷管，来控制和调节催化剂床层的温度。

在设计热交换器时，换热器传热面积得有一定的富裕量，但不宜过大，以致在催化剂使用后期，仍然需要开大冷气副线，长期开大冷气副线说明高压空间没有被充分利用，而且还原初期副线全开时仍不能抑制催化剂床层温度上升，给操作带来麻烦。各种形式的换热器传热面积应根据设计条件，通过计算确定，它与冷管传热面、电加热器功率、催化剂装填量和型号有关。

（3）电加热器　甲醇合成塔内安装电加热器的主要目的是用于催化剂的升温还原，电加热器所在的中心管是塔内气体必经的通道。甲醇合成塔大型化以后，为了充分利用合成塔高压空间，一般不在塔内设置电加热器，而在塔外设置开工加热炉，提供甲醇合成塔还原时所需要的热量。但多数中小型合成塔仍然在合成塔内安装电加热器。下面简要介绍塔内电加热器的设计要求及安装注意事项。

塔内电加热器设计的一般要求如下。

① 电加热器的功率应满足催化剂升温还原过程中所需要的热量，使催化剂得到充分的还原，从而充分发挥催化剂的活性。

② 气流通过电加热器时阻力应小。

③ 材料消耗少，节省贵重金属。

④ 使用寿命长，电热元件的局部温度不得超过其允许值。

⑤ 密封、绝缘性能可靠。

⑥ 结构简单，制造、安装、使用、检修方便。

电加热器的电热元件是通过合成塔顶盖或筒体上开孔，用中心吊杆悬挂在催化剂筐的中心管内，或悬挂在催化剂筐的上部。其引出线通过密封绝缘套管固定在合成塔盖上，电源进线与此相连。在安装时，电热元件和中心吊杆及催化剂筐中心管管壁间的绝缘距离，根据温度和500V电压级，不应小于5mm，以免产生击穿现象。电热元件的下端不固定，以免受热弯曲而减少绝缘距离，甚至短路。

4. 典型的甲醇合成塔

甲醇合成塔的类型很多，每一种合成塔都有其自身的特点和适用场合。传统的高压法甲醇合成或中压联醇生产中多用连续的三套管并流和单管并流式。中低压法甲醇生产中，多用多层冷激式合成塔和管束式合成塔及两者的改进型合成塔。无论在多大压力下操作，为减少阻力而应采用径向合成塔或轴径向复合式合成塔。下面对几种代表性的甲醇合成塔及主要操作特性加以介绍。

(1) 三套管并流式合成塔 图6-19为三套管并流式甲醇合成塔的结构。它主要由高压外筒和合成塔内件两部分组成，而内件由催化剂筐、热交换器和电加热器组成。

① 高压外筒。高压外筒是一个锻造的或由多层钢板卷焊而成的圆筒容器。容器上部的顶盖用高压螺栓与筒体连接，在顶盖上设有电加热器和温度计套管插入孔。筒体下部设有反应气体出口及副线气体进口。

② 内件。合成塔的内件由不锈钢制成。内件的上部为催化剂筐，中间为分气盒，下部为热交换器。催化剂筐的外面包有玻璃纤维（或石棉）保温层，以防止催化剂筐大量散热。由于大量散热，不仅靠近外壁的催化剂温度容易下降，给操作带来困难，更主要的是使外筒内壁受热的辐射而温度升高，加剧了氢气对外筒内壁的腐蚀，更重要的是使外筒内壁的温度差升高，进而使外筒承受了巨大的热应力，这是很不安全的。因此，为了安全起见，外筒的外部也包有保温层，以减少外筒内外壁的温差，从而降低热应力。催化剂筐上部有催化剂筐盖，下部有筛孔板，在筛孔板上放有不锈钢网，避免放置在上面的催化剂漏下。在催化剂筐里装有数十根冷管，冷管是由内冷管、中冷管及外冷管所组

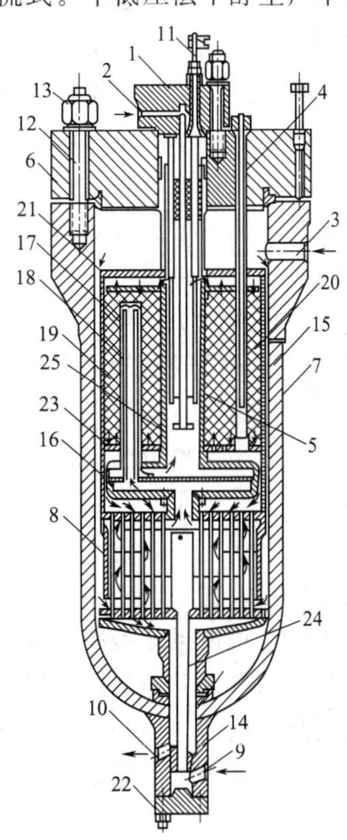

图6-19 高压法甲醇合成塔

1—电炉小盖；2—二次副线入口；3—主线入口；4—温度计套管；5—电热炉；6—顶盖；7—触媒筐；8—热交换器；9—次副线入口；10—合成气出口；11—导电棒；12—高压螺栓；13—高压螺母；14—异径三通；15—高压筒体；16—分气盒；17—外冷管；18—中冷管；19—内冷管；20—催化剂；21—催化剂筐盖；22—小盖；23—筛孔板；24—冷气管；25—中心管

成的三套管，其中内冷管与中冷管一端的环缝用满焊焊死，另一端敞开，使内冷管与中冷管间形成一层很薄的不流动的滞气层。由于滞气层的隔热作用，进塔气体自下向上通过内冷管时，冷气的温升很小，这样冷气只是经中冷管与外冷管的环隙，才起热交换作用，而内冷管仅起输送气体的作用，有效的传热面是外冷管。中外冷管间环隙上端气体的温度略高于合成塔下部热交换器出口气体的温度，环隙下端气体的温度略低于进入催化剂床层气体的温度，而与冷套管顶部催化剂床层的温度差很大，从而提高了冷却效果，使冷管的传热量与反应过程的放热量相适应，及时移出催化剂床层中的反应热，保证甲醇合成反应在较理想的催化剂活性温度范围内进行，从而达到较高的甲醇合成率。此外，在催化剂筐内还装有两根温度计套管和一个用来安装电加热器的中心管。

热交换器与催化剂筐下部相连接。热交换器的外壁也需要保温。

热交换器的中央有一根冷气管，从副线来的气体经过此管，不经热交换器而直接进入分气盒，进而被分配到各冷管中，用来调节催化剂床层的温度。

催化剂筐中心管中的电加热器由镍铬合金制成的电热丝和瓷绝缘子等组成。电加热器的电源可以是单相的，也可以是三相的。当开车升温、催化剂还原和操作不正常时，可以用电加热器来调节进催化剂床层气体的温度。此外，在塔外设有电压调节器，可根据操作情况来调节电加热器的电压，从而改变电加热器的加热能力。

合成塔内气体流程如下：主线气体从塔顶进塔，沿外筒与内件的环隙顺流而下，这样流动可以避免外筒内壁温度升高，从而减弱了对外筒内壁的脱炭作用，也防止塔壁承受巨大的热应力。然后气体由塔下部进入热交换器管间，与管内反应后的高温气体进行换热，这样进塔的主线气体得到了预热。副线气体不经过热交换器预热，由冷气管直接进入与预热了的主线气体一起进入分气盒的下室，然后被分配到各个三套管的内冷管及内冷管与中冷管之间的环隙，由于环隙气体为滞气层，起到隔热的作用，所以气体在内管中的温度升高极小，气体在内管上升至顶端再折向外冷管下降，通过外冷管与催化剂床层中的反应气体进行并流换热，冷却了催化剂床层，同时，使气体本身被加热到催化剂的活性温度以上。然后，气体经分气盒的上室进入中心管（正常生产时中心管内的电加热器停用），从中心管出来的气体进入催化剂床层，在一定的压力、温度下进行甲醇合成反应。首先通过绝热层进行反应，反应热并不移出，用以迅速提高上层催化剂的温度，然后进入冷管区进行反应，为避免催化剂过热，由冷管内气体不断地移出反应热。反应后的气体出催化剂筐，进入热交换器的管内，将热量传给刚进塔的气体，自身温度降至150℃以下，从塔底引出。

进塔气体流程可示意如下。

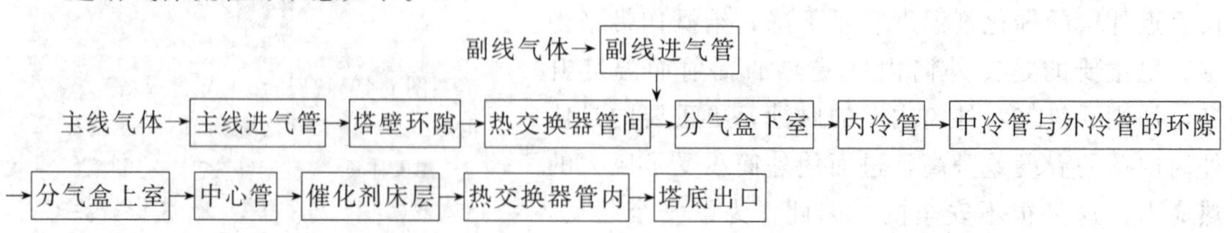

③ 三套并流式合成塔的优缺点。

优点如下。

a. 三套并流式合成塔的催化剂床层温度较接近理想温度曲线，能充分发挥催化剂的作用，提高催化剂的生产强度。

b. 适应性强，操作稳定可靠。

c. 催化剂装卸容易，较适应甲醇生产中催化剂更换频繁的特点。

但三套管并流式合成塔也存在如下缺点。

a. 三套管占有空间较多，减少了催化剂的装填量。

b. 因三套管的传热能力强，在催化剂还原时，催化剂床层下部的温度不易提高，从而影响下层催化剂的还原程度。

c. 结构复杂，气体流动阻力大，且耗用材料较多，因此内件造价较高。

(2) 单管并流合成塔　单管并流合成塔如图 6-20 所示。该塔的冷管换热原理与三套管并流式合成塔相同，内件结构也基本相似，唯一不同的是冷管的结构。即将三套管之内冷管输送气体的任务，由几根输气总管代替，这样，冷气管的结构简化，既节省了材料，又可以多装填一些催化剂。

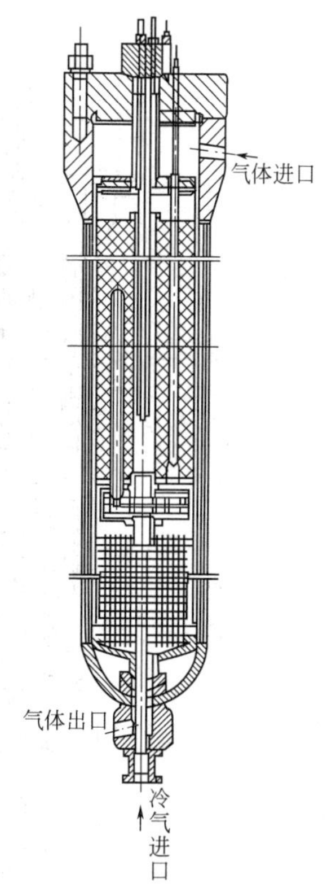

图 6-20　单管并流合成塔

单管并流冷管的结构有两种形式，一种是取消了分气盒，从热交换器出来的气体，直接由输气总管引到催化剂床层的上部，然后气体被分配到各冷管内，由上而下通过催化剂床层，再进入中心管。另一种是仍然采用分气盒，如图 6-20 所示的冷管结构，从热交换器出来的气体，进入分气盒的下室，经输气总管送到催化剂床层上部的环形分布管内，由于输气总管根数少，传热面积不大，因此气体温升并不显著。然后，气体由环形分布管分配到许多根冷管内，由上而下经过催化剂床层，吸收了催化剂床层内的反应热，而后进入分气盒上室，再进入中心管。从中心管出来的气体由上而下经过催化剂床层，进行甲醇合成反应，再经换热器换热后，离开合成塔。

采用单管并流冷管，在结构上必须注意以下两个问题。

① 单管并流冷管的输气管和冷管的端部都连接在环管上，而输气管与冷管通过的气量和传热情况都不相同，前者的温度低，后者的温度要高得多，必须考虑热膨胀的问题，否则，当受热后，冷管与环管的连接部位会因热应力而断裂，使合成塔操作恶化甚至无法生产。如图 6-20 中，冷管上部的弯曲部分就是为考虑热膨胀而设置的。

② 随着催化剂床层温度的变化，环形分布管的位置会发生上下位移，特别是停车降温时，位移最大。当环管向下位移时，对环管下壁所接触的催化剂有挤压的作用，容易使催化剂破碎。因此在结构上应防止环管对催化剂的挤压。

(3) U 形管合成塔　U 形管合成塔如图 6-21 所示，气体由热交换器出口经中心管，然后流入 U 形冷管。出冷管的气体由上向下经过催化剂床层，再经换热器，然后离开甲醇合成塔。

U 形管合成塔是冷管换热轴向合成塔中一种新颖的塔型。该塔具有以下几个优点。

① U 形冷管分为下行并流与上行逆流两部分。冷气在 U 形管内自上而下流动，与催化剂床层内气体并流换热，满足了上部取出大量反应热的需要；然后气体又在 U 形管内由下向上与催化剂床层内的气体逆流换热，同时更能有效地提高气体进催化剂床层的温度。

② 由于气体进催化剂床层的温度较高，可以迅速加快反应速率，所以，取消了一般塔长期习用的绝热层。

③ U 形冷管固定在中心管上，取消了上、下分气盒，简化了结构，且较好地解决了各构件的热胀冷缩问题，从而，既增加了内件的可靠性，又改善了操作条件。

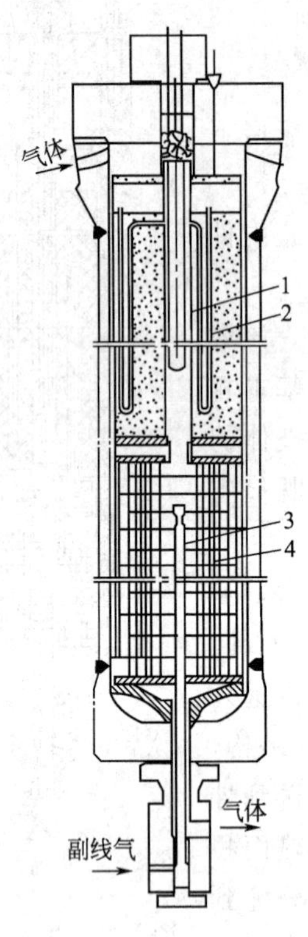

图 6-21 U 形管合成塔

1—上中心管；2—U 形冷管；
3—下中心管；4—列管换热器

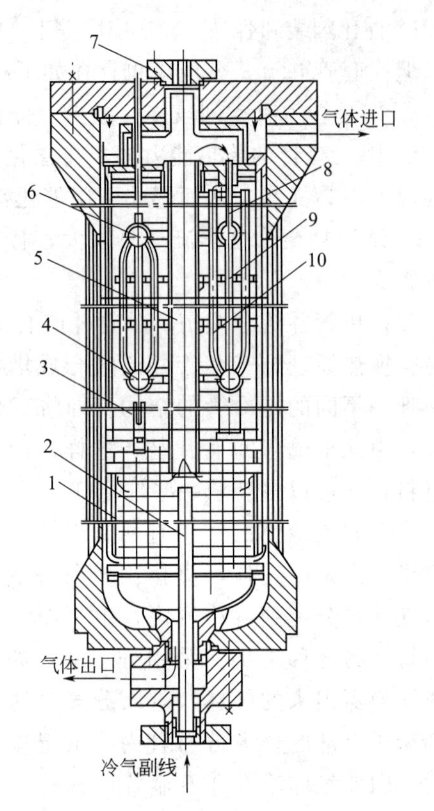

图 6-22 均温型甲醇合成反应器

1—热交换器；2—冷气管；3—热电偶套管；
4—下集气室；5—中心管；6—上集气室；
7—电加热器接口；8—集气室引气管；
9—气体下行管；10—气体上行管

④ 催化剂升温还原时，气体首先经过中心管内电加热器预热，再进入冷管，这样有利于提高下段催化剂床层温度，使催化剂活性提高。

但 U 形管合成塔也存在一些不足之处。

① U 形管内件催化剂床层高温区域较宽，虽可以提高催化剂的生产强度，但催化剂容易衰老，使用寿命较短。

② U 形管内气体温度是逐渐上升的，其两侧的上升管和下降管在同一平面上与催化剂床层的温差是不同的，使同平面催化剂床层的温差较大。

③ U 形冷管的自由截面较小，管内气速较大，所以管内流体阻力较大。

④ U 形冷管结构需采用较大的冷管面积，减少了催化剂的装填量。

(4) 均温型甲醇合成塔　由浙江工业大学设计的均温型甲醇合成塔在中、小型甲醇生产厂，高、中、低压合成工艺，锌铬、铜基催化剂等各种生产条件下使用都获得较为满意的效果。其结构如图 6-22 所示。

均温型甲醇合成塔内气体流向是：气体由塔顶进入，沿塔壁与内件之间的环隙向下进入热交换器管间与反应气体换热后进入中心管，从中心管出来的气体经上部集气室后，通过引气管到上环管，再分配到各下行冷管，然后再经上行冷管进入催化剂床层，反应后的气体从催化剂床层底部进入热交换器管内经换热后从底部出塔。

均温型甲醇合成塔有如下特点。

① 轴向、径向温差小。在实际操作中，同平面温差保持2～3℃，轴向温差也只有10℃左右。

② 当催化剂还原时，冷气先经过中心管电加热器后再到冷管，结果冷管内气体对催化剂床层起到加热作用，所以还原时容易提高催化剂床层底部温度，缩小还原时轴向温差，实施等温还原，从而提高催化剂的活性。

③ 在均温型合成塔中不采用中心管和冷管直接焊接，而是两者均能自由伸缩的填料盒与催化剂筐盖板配合，中心管的气体从上部集气室通过引气管到上环管，再分配到各下行冷管，填料盒中采用耐高温、润滑性能好的新型密封材料膨胀石墨，使中心管、冷管受热后自由伸缩，不致拉裂焊缝。

(5) Lurgi管壳型甲醇合成塔　Lurgi管壳型甲醇合成塔是德国Lurgi公司研制设计的一种管束型副产蒸汽合成塔。操作压力为5MPa，温度为250℃。合成塔如图6-23所示。

合成塔结构类似于一般的列管式换热器，列管内装填催化剂，管外为沸腾水。原料气经预热后进入反应器的列管内进行甲醇合成反应，放出的热量很快被管外的沸腾水移走，管外沸腾水与锅炉汽包维持自然循环，汽包上装有压力控制器，以维持恒定的压力，所以管外沸腾水温度是恒定的，于是管内催化剂床层的温度几乎是恒定的。

该类反应器的优点如下。

① 合成塔温度几乎是恒定的。反应几乎是在等温下进行，实际催化剂床层轴向温差最大为10～12℃，最小为4℃；同平面温差可以忽略。温度恒定的好处是不仅有效地抑制了副反应，而且延长了催化剂的寿命。

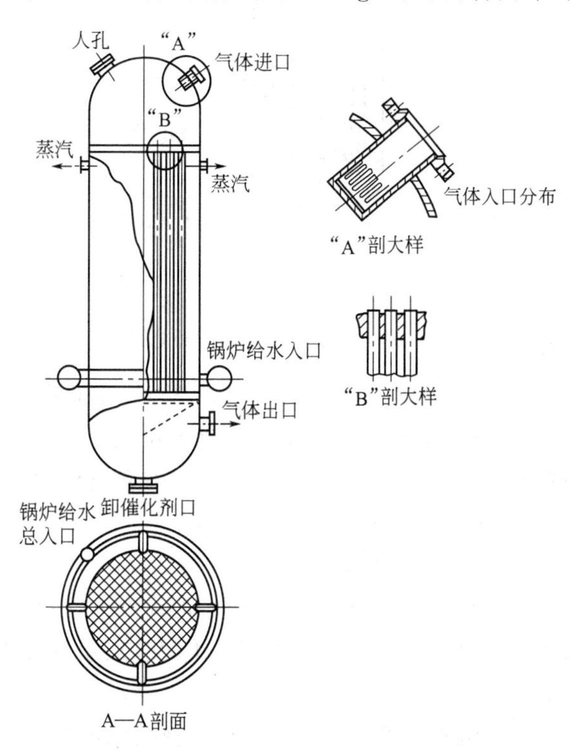

图6-23　Lurgi式甲醇合成塔结构

② 能灵活有效地控制反应温度。通过调节汽包的压力，可以有效地控制反应床层的温度。蒸汽压力每升高0.1MPa，催化剂床层温度约升高1.5℃，因此通过调节蒸汽压力，可以适应系统负荷波动及原料气温度的变化。

③ 出口甲醇含量高。由于催化剂床层温度得以有效控制，合成气通过合成塔的单程转化率高，这样循环气量减少，使循环压缩机能耗降低。

④ 热能利用好。利用反应热产生的中压蒸汽（4.5～5MPa），可带动透平压缩机（即甲醇合成气压缩机及循环压缩机）；压缩机使用过的低压蒸汽又送至甲醇精制部分使用，所以整个系统的热能利用很好。

⑤ 设备紧凑，开工方便，开车时可用壳程蒸汽加热，而不需另用电加热器开工。

⑥ 阻力小，催化剂床层中的压差为0.3～0.4MPa。

Lurgi 合成塔结构设计要求高，设备制造困难，且对材料也有很高的要求，这是它的不足之处。

以日产 300t 甲醇为例，其反应器的主要结构尺寸如下：塔直径 3m，高 9.4m，催化剂床层高 6m。列管的直径为 ϕ38mm×2mm，长 6m，列管数目 3555 根。一般反应器的直径可达 6m，高为 8～16m。

目前单塔最大生产能力为日产甲醇 900～1500t。为了适应单系列大型化生产要求，可以采用双塔并联的流程。双塔流程中，原料气预热及汽包均合用。

（6）管壳-冷管复合型反应器　日本的三菱重工 MHI（Mitsubishi Heary Industries）和三菱瓦斯 MGC（Mitsu bishi Gas chemical company）两公司联合开发了超大型反应器，该反应器是 Lurgi 反应器的改进型。其结构如图 6-24 所示。

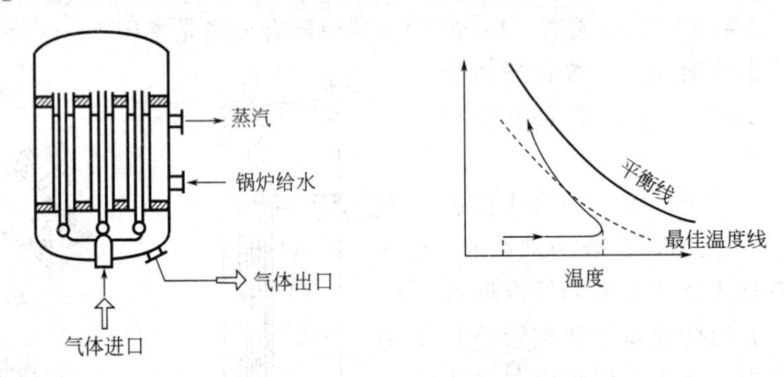

图 6-24　改进的 Lurgi 式甲醇合成塔及其操作特性

该反应器与 Lurgi 式反应器类似，不同点仅在催化剂管内设置气体内冷管。催化剂装填在内管与外管间的环隙中，沸腾水在壳程循环，原料气从内管下部进入，被催化剂中的反应热预热，至管顶后转向，再由上向下通过催化剂床层进行甲醇合成反应，反应气被壳程沸腾水和内管中的原料气冷却后出塔。

该反应器的特点如下。

① 单程转化率高，循环气量小。反应管内温度分布操作线接近最佳温度线。例如在 $5000h^{-1}$空速，8MPa 条件下，甲醇合成单程转化率可达 14%，几乎是传统的两倍。循环气量小。

② 流程简捷。在反应器中预热入塔原料气，在流程中可省去原料气预热器。

③ 热能回收好。每吨甲醇可副产 1t 不小于 4MPa 压力的蒸汽。

该反应器不足之处是流体阻力较大。

管壳-冷管复合型反应器和管壳型反应器的主要技术指标比较结果见表 6-14。

表 6-14　管壳-冷管复合型和管壳型反应器的主要技术指标

项　目	Lurgi	MHI	项　目	Lurgi	MHI
天然气①	100	90	纯水①	100	95
耗电①	100	65	循环比(循环气量/补充气量)	6～7	2～5
冷却水①	100	80			

① 以 Lurgi 为基准。

（7）I.C.I. 冷激型合成塔　I.C.I. 冷激型合成塔是英国 I.C.I. 公司在 1966 年研制成功的甲醇合成塔。它首次采用了低压法甲醇合成，合成压力为 5MPa，这是甲醇合成工艺上的一次重大变革。

I. C. I. 冷激型合成塔分为四层，且层间无空隙，该塔由塔体、催化剂床层、气体喷头、菱形分布器等组成。其结构如图 6-25 所示。

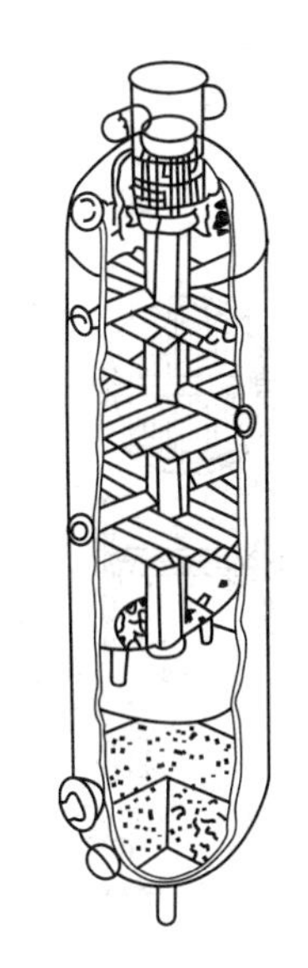

图 6-25 I. C. I 公司四段冷激式反应器结构

① 塔体。为单层全焊结构，不分内件、外件，所以筒体为热壁容器，要求材料抗氢蚀能力强，抗张强度高，焊接性好。

② 气体喷头。由四层不锈钢的圆锥体组焊而成，并固定在塔顶气体入口处，使气体均匀分布于塔内。此种喷头还可以防止气流冲击催化剂床层而损坏催化剂。

③ 菱形分布器。菱形分布器埋在催化剂床层中，并在催化剂床层的不同高度平面各安装一组，全塔共装三组，它可以使冷激气和反应气体均匀混合，从而达到控制催化剂床层的目的，是塔内最关键的部件。

菱形分布器由导气管和气体分布管两部分组成。导气管为双重套管，与塔外的冷激气总管相连，导气管的内套管上，每隔一定距离，朝下设有法兰接头，与气体分布管呈垂直连接。

气体分布管由内外两部分组成，外部是菱形截面的气体分布混合管，它由四根长的扁钢和许多短的扁钢斜横着焊于长扁钢上构成骨架，并且在外面包上双层金属丝网，内层是粗网，外层是细网，网孔应小于催化剂的颗粒，以防催化剂颗粒漏进混合管内。内部是一根双套管，内套管朝下钻有一排 ϕ10mm 的小孔，外套管朝上倾斜 45℃ 钻有两排 ϕ5mm 的小孔，内、外套管小孔间距均为 80mm。

冷激气经导气管进入气体分布管内部后，有内套管的小孔流出，再经外套管小孔喷出去，在混合管内和流过的反应热气体相混合，从而降低气体温度，并向下流动在床层中继续反应。菱形分布器应具有适当的宽度，以保证冷激气和反应气体混合均匀。混合管与塔体内壁间应留有足够的距离，以便催化剂在装填过程中自由流动。

合成塔内，由于采用了特殊结构的菱形分布器，床层的同平面温差仅为 2℃ 左右，同平面基本上能维持在等温下操作，对延长催化剂寿命有利。床层温度分布如图 6-26 所示。

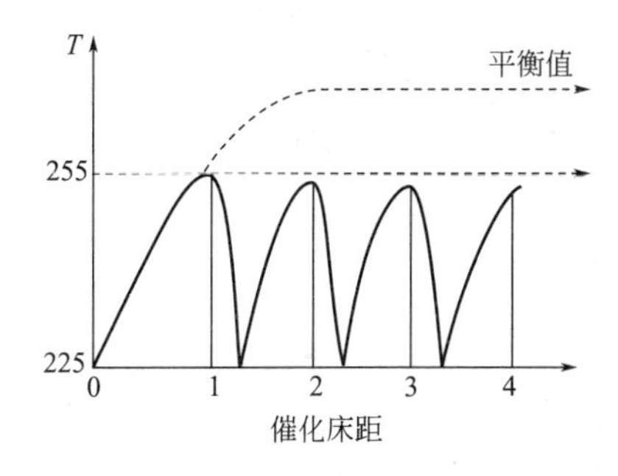

图 6-26 四段冷激式反应器床层温度分布

该塔具有如下特点。

① 结构简单，制造容易，安装方便。

② 塔内不设置电加热器和换热器，可充分利用高压空间。

③ 塔内阻力小。

④ 催化剂装卸方便。

(8) 三菱瓦斯四段冷激式合成塔　日本三菱瓦斯株式会社（英文简写 MGC）的四段冷激型甲醇合成塔是层间有空隙的合成塔，如图 6-27 所示。塔外设开工加热炉和热交换器。

该塔不分内件、外件，所以筒体为热壁容器。原料气经塔外换热器升温后，从塔顶进入，依次经过四段催化剂床层，层间都与冷激气混合，使反应在较适宜的温度下进行。冷激管直接在高压筒体上开孔（用法兰连接），置于两段床层之间的空间，冷激气经喷嘴喷出，

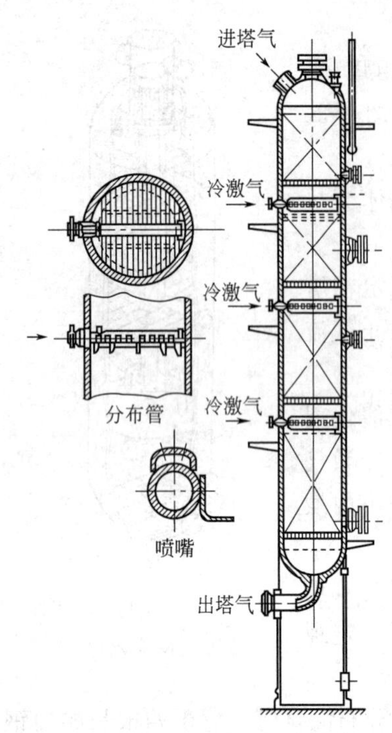

图 6-27　MGC 反应器示意图

以便与反应气体均匀混合，并分布均匀。

该塔的特点是催化剂床层是间断的，气体分布容易均匀，但不足之处是结构较复杂，装卸催化剂较麻烦，且高压空间利用不充分，减少了催化剂的装填量。

（9）MRF 多段径向甲醇合成塔　多段径向流动反应器（Multistage indirect-cooling type Radial Flow）简称 MRF 反应器，是日本东洋公司（TEC）与三菱东芝株式会社（MTC）共同开发的一种新型甲醇合成反应器。其反应器的结构及操作线如图 6-28 所示。

MRF 反应器由外筒、带中心管的催化剂筐、催化剂床层内垂直沸水管（即冷管束）以及蒸汽收集总管组成。原料气由中心管进入，然后径向流动通过催化剂床层进行反应，反应后气体汇集于环形空间，由上部出口排出。锅炉给水由冷管下部进入，吸收反应热后转变为蒸汽，由冷管上部排出。根据反应的放热速率和移热速率，合理地选择冷管间距及冷管数目，可使反应过程按最佳温度线进行。

MRF 反应器的特点如下。

① 气体径向流动，流道短，空速小，所以催化剂床层压降小，仅为轴向合成塔的 1/10。

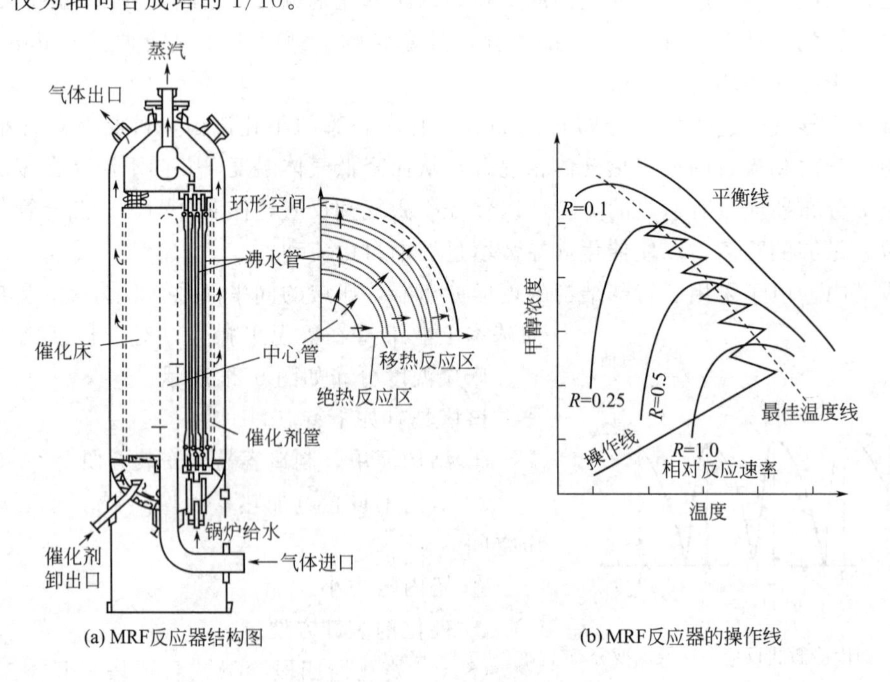

(a) MRF反应器结构图　　(b) MRF反应器的操作线

图 6-28　MRF 反应器及操作线

② 气体垂直流过管束，床层与冷管之间的传热速率很高，及时有效地移出了反应热，确保催化剂床层温度稳定，延长了催化剂的使用寿命。

③ 反应温度几乎接近最佳温度曲线，甲醇产率高，合成塔出口的粗甲醇浓度高于 8.5%。

④ 由于低压降和低气体循环速度，所以合成系统的能耗较低。

⑤ 从结构方面考虑，可以设计生产能力较大的反应器，MRF 反应器的生产规模可达 5000t/d。

10. Casale 轴径向流动甲醇合成塔

DavgMchee 公司开发了日产 2500t 以上的轴径向复合型甲醇合成塔。该塔床层气流轴径向混合流动情况如图 6-29 所示。相应的甲醇合成流程如图 6-30 所示。

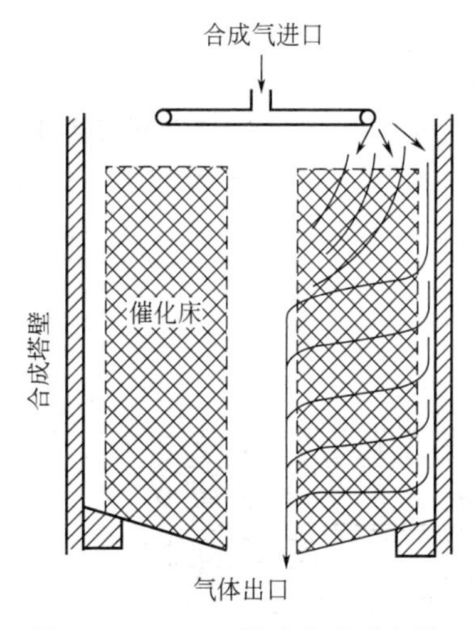

图 6-29　Casale 甲醇合成反应器

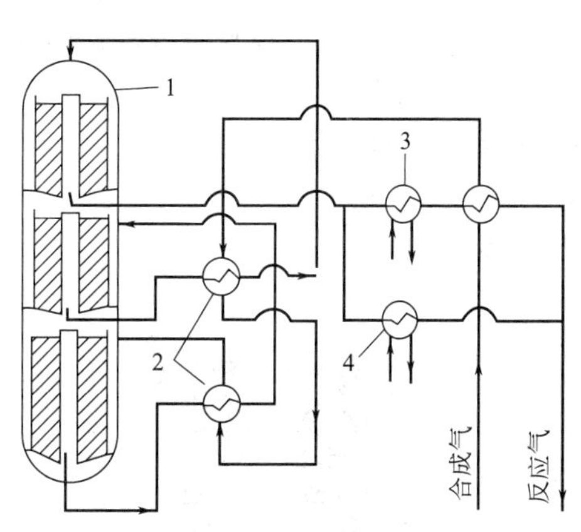

图 6-30　Casale 甲醇合成流程

1—甲醇合成塔；2—废热锅炉；3—水饱和器；4—冷却器

Casale 轴径向流动甲醇合成塔的主要结构特点是：环形的催化剂床层顶端不封闭，侧壁不开孔，这样催化剂床层上部气流为轴向流动。床层主要部分气流为径向流动，催化剂筐的外壁开有不同分布的孔，以保证气流均匀流动，各段床层底部封闭。反应后的气体经中心管流至反应器外部的换热器换热，以回收热量。由于不采用直接冷激，而采用反应器外部热控，各段床层出口甲醇浓度不下降，所需床层段数较少。

该反应器的床层压降小，可使用小颗粒催化剂，同时可增加床层高度，减少反应器壁厚，使制造费用降低。

Casale 轴径向反应器与 I. C. I. 冷激型甲醇合成塔相比，轴径向反应器投资少，催化剂用量少，同时简化了控制流程。

以上介绍的甲醇合成塔均为固定床气固催化剂合成塔，该类合成塔有一个共同点，即合成气单程转化率和合成塔出口甲醇浓度低，影响了甲醇合成的经济性。因此，国内外学者们正在积极寻找一种更经济、更合理的甲醇合成新工艺。

二、水冷凝器

水冷凝器的作用是用水迅速冷却合成塔出口的高温气体，使气体中甲醇和水蒸气冷凝成液体，同时未反应的不凝性气体温度也得到了降低。冷凝量的多少，与气体冷却后的压力和温度有关。在低压法合成甲醇中，冷却后气体中的甲醇含量为 0.6%左右，高压法时可小于 0.1%。

合成水冷后的气体温度会影响气体中甲醇和水蒸气的冷凝效果。随着合成水冷后气体温度的升高，合成气中未被冷凝分离的甲醇含量相应增加，这部分甲醇不仅增加了循环压缩机的动力消耗，而且在合成塔内会抑止甲醇合成向生成物方向反应。反之，随着合成水冷后气体温度的降低，甲醇的冷凝效果会相应提高，但是当气体温度降至20℃以下时，甲醇的冷凝效果提高并不明显。因此，一味追求过低的水冷温度很不经济，这样不仅需要提高水冷凝设备的要求，而且还要增加冷却水的消耗量。

一般在操作时控制合成水冷后的气体温度在20～40℃。

甲醇合成气的水冷凝器，一般有三种形式：喷淋式（即水冷排管）、套管式和列管式。现分述如下。

1. 喷淋式水冷凝器

如图6-31所示，这种水冷凝器是将蛇管成排地固定在支架上，蛇管的排数根据所需传热面积的多少而定。气体在管内流动，自最下管进入，由最上管流出。冷却水由蛇管上方的喷淋装置均匀地喷洒在各排蛇管上，并沿着管外表面淋下。冷却水在各管表面上流过时，使管内气体得到冷却。

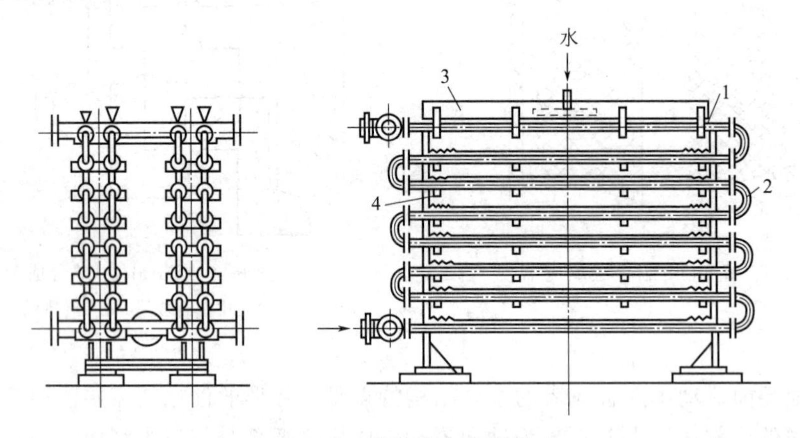

图6-31 喷淋式水冷凝器

1—直管；2—U形管；3—水槽；4—齿形槽板

这种水冷凝器的特点如下。

① 结构简单，特别是检修和清洗比较方便，对水质的要求也不高。

② 这种水冷凝器通常置于室外通风处，冷却水在空气中汽化时，可以带走部分热量，提高了冷却效果，减少了冷却水用量。

但是，这种水冷凝器也有不足之处如下。

① 喷淋不易均匀。

② 冷却效果受环境条件如气温、气压影响较大。

③ 因有水部分蒸发，导致厂房附近长年蒸汽迷漫，恶化操作环境，对设备和管道有腐蚀作用。

④ 废热无法利用。

2. 套管式水冷凝器

如图6-32所示，套管换热器是由两种直径不同的直管套在一起组成同心套管，然后将若干段这样的套管连接而成。每一段套管称为一程，程数可根据所需传热面积的多少而增减。内管为高压管，外管为低压管。高温气体走内管，冷却水在内管与外管形成的环隙中流动。冷却水与高温气体作逆流流动，而且速度很快，因此传热效果很高。

该水冷凝器的优点是结构简单，能耐高压，传热面积可根据需要增减。

但该水冷凝器也存在一些不足之处如下。

① 管子接头多，易发生泄漏。

② 占地面积大，单位传热面积的金属耗用量大。

③ 检修清洗不方便，给生产带来麻烦。为了经常清洗套管间的污垢和淤泥，在每排套管底部的水入口处，装有一根氮气管线，定期通入氮气，以冲洗掉污垢。如果长期不吹洗，污垢较厚也比较坚实，再通入氮气也不易清洗干净，一般只有停车时，打开套管端部的盖板，用钢刷刷洗，或大修时，将高压管抽出，进行彻底的清洗。

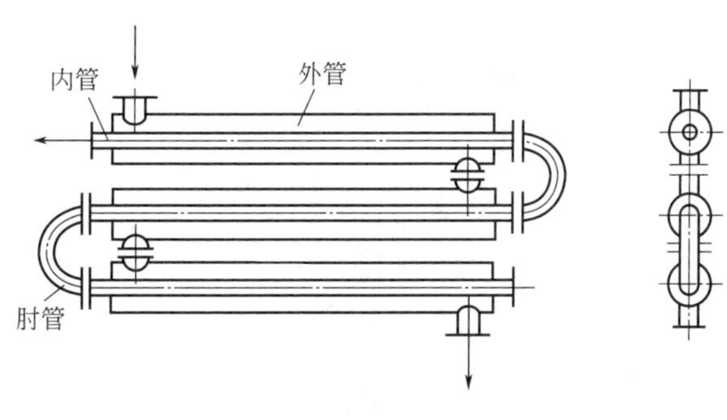

图 6-32　套管换热器

④ 高压管长期浸在水中，且有一定的温度，易被水中氧腐蚀，因此在高压管的外壁应进行防腐措施。

3. 列管式冷凝器

如图 6-33 所示，列管式水冷凝器主要由壳体、管束、管板（对称花板）和顶盖（对称封头）等部件组成。管束安装在壳体内，两端固定在管板上，管板分别焊在外壳的两端，并在其上连接有两盖。顶盖和壳体上装有流体进、出口接管。为了提高壳程流体的速度，往往在壳体内安装有一定数目与管束相垂直的折流挡板（简称挡板）。这样既可提高流体速度，同时迫使壳程流体按规定的路径多次错流通过管束，使湍动程度增加，以利于管外对流传热系数的提高。在甲醇生产中，水冷凝器的壳体承受低压，列管为小直径的高压管，两端为高压封头。气体由列管内通过，冷却水在管间与气体是交错逆向流动。

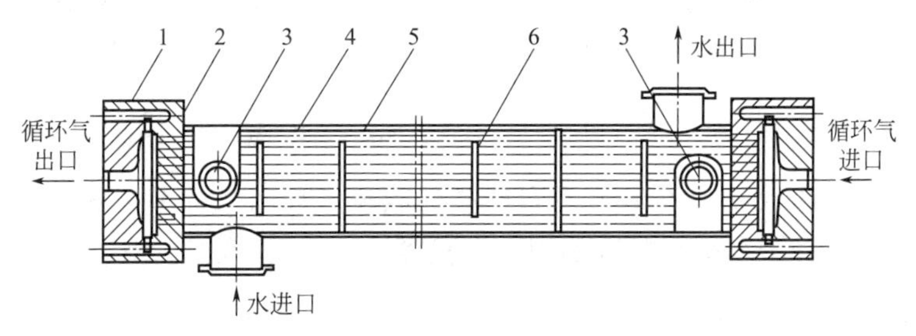

图 6-33　列管式水冷凝器

1—顶盖；2—管板；3—视孔；4—外壳；5—列管；6—挡板

列管式水冷凝器的优点是结构紧凑，单位体积的传热面积较大，占用场地小，传热效率高。但这种冷凝器的结构比较复杂，而且存在不易清洗的缺点，在生产中，定期用酸洗清除污垢。

三、甲醇分离器

甲醇分离器的作用是将经过水冷凝器冷凝下来的液体甲醇进行气液分离，被分离的液体甲醇，从分离器底部减压后送粗甲醇贮槽。常用的甲醇分离器结构如图 6-34 所示。

甲醇分离器由外筒和内筒两部分组成。内筒外侧绕有螺旋板，下部有几个进入气体的圆孔。气体从甲醇分离器上部切线进入后，沿螺旋板盘旋而下，从内筒下端的圆孔进入筒内折流而上，由于气体的离心作用与回流运动，以及进入内筒后空间增大，气流速度降低，使甲醇液滴分离。气体再经多层钢丝网，进一步分离甲醇雾滴，然后从外筒顶盖出口管排出。液体甲醇从分离器底部排出口排出。筒体上装有液面计。

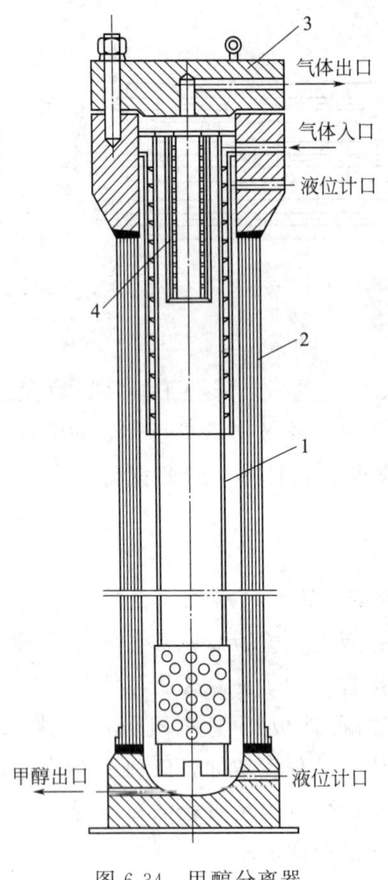

图 6-34　甲醇分离器

1—内筒；2—外筒；3—顶盖；4—钢丝网

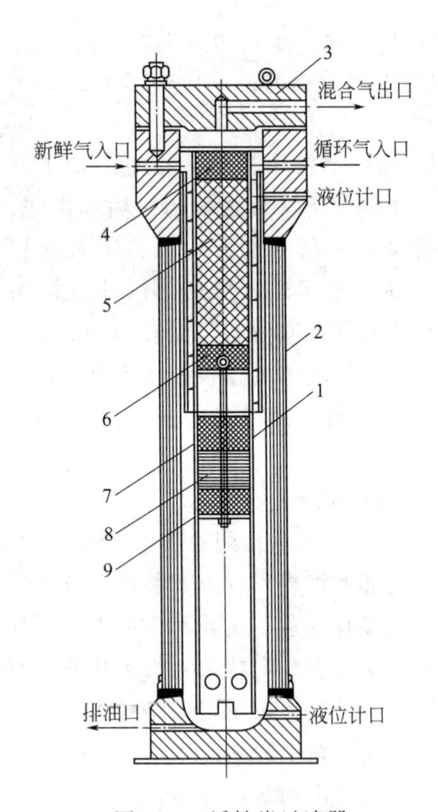

图 6-35　活性炭过滤器

1—内筒；2—外筒；3—顶盖；
4—玻璃棉；5—活性炭；6—砾石；
7，9—ϕ25mm×25mm×0.5mm 钢环；8—过滤网

甲醇分离器的分离效率，不但关系到产品的收率，而且关系到甲醇合成塔的操作和产量，所以应设计和选择分离效率较高的甲醇分离器。

四、滤油器

滤油器的作用就是除去新鲜合成气体和循环气中所夹带的油分、水分及其他杂质，以免带入合成塔使催化剂中毒。如果甲醇生产中所使用的往复式循环机采用无油润滑的技术，或使用透平循环机等，则可以取消滤油器。

滤油设备很多，下面介绍一种活性炭过滤器，其结构如图 6-35 所示。由高压外筒和内筒两部分组成。外筒上部有两个径向对应的进气口，分别连接新鲜气与循环气，顶盖上有一个气体出口，筒体上有排油口与液位计接口。内筒共分六层，自下而上分装 ϕ25mm×25mm×0.5mm 的钢制鲍尔环、高效不锈钢丝网、钢制鲍尔环、ϕ20mm×30mm 砾石、活性炭和超细玻璃棉。

气体由上部进入活性炭过滤器后，沿外筒与内筒间的环隙螺旋板旋转而下，穿过内筒下部的圆孔进入内筒，折流而上，此时由于气体螺旋运动的离心作用以及气体流速的降低，油水等杂质得到了分离。当向上的气体经过钢环、不锈钢丝网时，气体中的油水进一步得到清除。最后通过活性炭层除去气体中的羰基化合物后，从内筒上面的排出口排出。分离下来的油水，从底部排油口排出。

活性炭过滤器的结构选择与设计应符合如下要求。

① 壳体必须能承受一定的工作压力。

② 应有较高的机械分离能力。

③ 活性炭吸附量是有限的，当达到饱和时应进行再生和更换，因此要求易于拆装。

④ 流动阻力应小。

五、循环压缩机

循环压缩机的作用就是把未反应的氢气与一氧化碳等混合气提高压力，并送回甲醇合成塔。

根据甲醇生产对循环压缩机的要求，常选用往复式压缩机和透平压缩机（即离心压缩机）。往复式压缩机是依靠活塞的往复运动来提高气体的压力，而透平压缩机是依靠高速旋转的叶轮产生的离心力来提高气体的压力。

透平压缩机与往复式压缩机相比有许多优点。

① 透平压缩机体积小，占地也小。

② 透平压缩机流量大，供气均匀，调节方便。

③ 透平压缩机内易损部件少，可连续运转且安全可靠。

④ 透平压缩机因无润滑油污染气体，有利于保护催化剂，并可以取消往复压缩机所需要的油过滤器，简化了工艺流程。

第七章 粗甲醇的精制

粗甲醇精制工序的目的就是脱除粗甲醇中的杂质，制备符合质量标准要求的精甲醇。粗甲醇精制为精甲醇，主要采用精馏的方法，并根据粗甲醇的组成，在精制过程中，还可能采用化学净化与吸附等方法，其整个精制过程工业上习惯称为粗甲醇的精馏。

第一节 粗甲醇的精制原理

一、粗甲醇的组成

甲醇合成的生成物与合成反应条件有密切的关系，虽然参加甲醇合成反应的元素只有C、H、O三种，但是由于甲醇合成反应受合成条件，如温度、压力、空间速度、催化剂、反应气的组成及催化剂中微量杂质等的影响，在产生甲醇反应的同时，还伴随着一系列副反应。由于 $n(H_2)/n(CO)$ 比例的失调，醇分离差及ZnO的脱水作用，可能生成二甲醚；$n(H_2)/n(CO)$ 比例太低，催化剂中存在碱金属，有可能生成高级醇；反应温度过高，甲醇分离不好，会生成醚、醛、酮等羰基化合物；进塔气中水汽浓度高，可能生成有机酸；催化剂及设备管线中带有微量的铁，就可能有各种烃类生成；原料气脱硫不尽，就会生成硫醇、甲基硫醇，使甲醇呈异臭；在联醇生产中，原料气中容易混入氨，就有微量有机胺生成。因此，甲醇合成反应的产物主要由甲醇以及水、有机杂质等组成的混合溶液，称为粗甲醇。

粗甲醇的组成是很复杂的，用色谱或色谱-质谱联合分析方法将粗甲醇进行定性、定量分析，可以看到除甲醇和水以外，还含有醇、醛、酮、酸、醚、酯、烷烃、羰基铁等几十种微量有机杂质。用不同方法生产的粗甲醇组成见表7-1。

表7-1 各种方法合成粗甲醇的主要组分 单位：%

生产原料	焦炭及焦炉气	轻质油	轻质油	乙烯尾气	天然气	煤
生产方式	联醇	联醇	单醇	单醇	单醇	单醇
合成压力	13×10^6Pa	13×10^6Pa	32×10^6Pa	5×10^6Pa	5×10^6Pa	32×10^6Pa
反应温度	285～305℃	260～285℃	260～285℃	210～240℃	约290℃	360～380℃
催化剂	C-207	C-301	改质C-301	I. C. I51-1	铜、锌、硼	锌、铬
甲醇	93.4	90.44	75.82	79.8	81.5	83～87
二甲醚	0.7	0.00085	0.00181	0.0231	0.016	2～4
乙醇	0.1821	0.08	0.02	0.0299	0.035	
异丙醇	0.0113	0.00462		0.00104	0.005	
正丙醇	0.0473	0.00904	0.00183	0.004156	0.008	0.0431
异丁醇	0.0132	0.00043		0.003685	0.007	0.153
正丁醇	0.0165	0.00396	0.00294	0.00114	0.003	0.014
异戊醇	0.0065	0.00085				0.007
正戊醇	0.0065	0.00085				
甲酸				0.0521	0.055	0.03
甲酸甲酯	0.0005	0.0008	0.04028		0.055	0.0724
丙酮		0.00428		<0.0002	0.002	0.001
丁酮				0.00066		0.003
正己烷	0.00039	0.00115	0.0003			
正戊烷		0.00018	0.00007			
C_7～C_{10}烷	0.02856					0.003
水	5.6	8.56	23.18	24.473	18.37	6～13

从表中可以看出，除水之外，各种有机杂质的含量都很少。粗甲醇中杂质组分的含量多少，可看作衡量粗甲醇的质量标准。显然，精甲醇的质量和精制过程中的损耗，与粗甲醇的质量关系极大。从精制角度考虑，甲醇合成中副反应越少越好，从而提高粗甲醇的质量，这样就容易获得高质量的精甲醇，同时又降低了精制过程中物料和能量的消耗。

粗甲醇的质量主要与所使用的催化剂有关，铜系催化剂的选择性较好，反应压力低，温度也低，副反应少，所以制得的粗甲醇的杂质较少，特别是二甲醚的生成量大幅度下降，高锰酸钾值显著提高。因此，近年来新发展的甲醇厂均为中、低压法，采用铜系催化剂。

粗甲醇中各组分按沸点顺序排列见表 7-2。为了精馏过程便于处理，上述组成大致可分为：

① 轻组分，如表 7-2 中组分 1～15（甲醇、乙醇除外）；

② 甲醇；

③ 水；

④ 重组分，如表 7-2 中组分 16～30；

⑤ 乙醇。

表 7-2 按沸点顺序排列的粗甲醇组分

组 分	沸点/℃	组 分	沸点/℃	组 分	沸点/℃
1. 二甲醚	−23.7	11. 甲 醇	64.7	21. 异丁醇	107.0
2. 乙醛	20.2	12. 异丙烯醚	67.5	22. 正丁醇	117.7
3. 甲酸甲酯	31.8	13. 正己烷	69.0	23. 异丁醚	122.3
4. 二乙醚	34.6	14. 乙 醇	78.4	24. 二异丙基酮	123.7
5. 正戊烷	36.4	15. 甲乙酮	79.6	25. 正辛烷	125.0
6. 丙醛	48.0	16. 正戊醇	97.0	26. 异戊醇	130.0
7. 丙烯醛	52.5	17. 正庚烷	98.0	27. 4-甲基戊醇	131.0
8. 醋酸甲酯	54.1	18. 水	100.0	28. 正戊醇	138.0
9. 丙 酮	56.5	19. 甲基异丙酮	101.7	29. 正壬烷	150.7
10. 异丁醛	64.5	20. 醋酐	103.0	30. 正癸烷	174.0

甲醇作为有机化工的基础原料，用它加工的产品种类比较多，有些产品生产需要高纯度的原料，如生产甲醛是目前消耗甲醇较多的一种产品，甲醇中如果含有烷烃，在甲醇氧化，脱氢反应时由于没有过量的空气，便生成炭黑覆盖于银催化剂的表面，影响催化作用；高级醇可使生产甲醛产品中酸值过高；即便性质稳定的杂质—水，由于甲醇蒸发汽化时不易挥发，在发生器中浓缩积累，使甲醇浓度降低，引起原料配比失调而发生爆炸。再如，用甲醇和一氧化碳合成乙酸，甲醇中如果含有乙醇，则乙醇能与一氧化碳生成丙酸，而影响乙酸的质量。此外，甲醇还被用作生产塑料、涂料、香料、农药、医药、人造纤维等甲基化的原料，都可能由于这些少量杂质的存在而影响产品的纯度和产品的性能，因此粗甲醇必须进行精制。

二、粗甲醇中杂质的分类

粗甲醇中所含杂质的种类很多，根据其性质可以归纳为如下几类。以便于针对其特点选用精制方法。

1. 有机杂质

有机杂质包含了醇、醛、酮、醚、酸、烷烃等有机物，根据其沸点，将其分为轻组分和重组分。精制的关键就是怎样将甲醇与这些杂质有效地进行分离，使精甲醇中含有少量的有机杂质。随着分析技术的发展，对这些杂质的种类和含量认识得较清楚，在一定程度上减少了分离有机杂质的盲目性。

2. 水

粗甲醇中的水是一种特殊的杂质，水的含量仅次于甲醇，水与甲醇的分离是比较容易的。但水与其中许多有机杂质混溶，或形成水-甲醇-有机物的多元恒沸物，使彻底分离水分变得困难，同时难免与有机杂质甚至甲醇一起被排除，而造成精制过程中甲醇的流失。微量的水常被带至精甲醇中，如要制取无水甲醇，则需要特殊的精制方法。

3. 还原性物质

在有机杂质中，有些杂质由于碳碳双键和碳氧双键的存在，很容易被氧化，如带入精甲醇中，则影响其稳定性，从而降低了精甲醇的质量和使用价值。还原性物质常用高锰酸钾变色实验进行鉴别，其方法是将一定浓度和一定量的高锰酸钾溶液注入一定量的精甲醇中，在一定温度下测定其变色时间。时间越长，表示稳定性越好，精甲醇中的还原性物质越少，同时也可判定其他杂质清除得较干净；反之，时间越短，则稳定性越差。精甲醇的稳定性是衡量精甲醇质量的一项重要指标。粗甲醇中的还原性物质主要有以下几种。

（1）异丁醛　亦称2-甲基丙醛，其分子式为 $CH_3-\overset{\overset{CH_3}{|}}{C}H-CHO$ ，沸点64.5℃，与甲醇的沸点很接近。它是很活泼的化合物，由于碳氧双键的存在，异丁醛很容易被氧化，即使很弱的氧化剂，也能将其氧化： $R-\overset{\overset{O}{\|}}{C}-H \xrightarrow{[O]} R-\overset{\overset{O}{\|}}{C}-OH$ ，若在醇溶液中氧化，可以生成酯。因此当精甲醇中含有异丁醛时，其稳定性降低。当精甲醇的高锰酸钾值不合格时，常常在精甲醇的色谱上发现异丁醛的杂质峰异常明显。

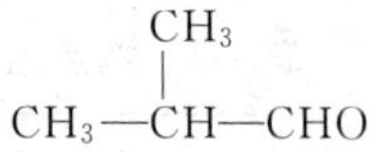

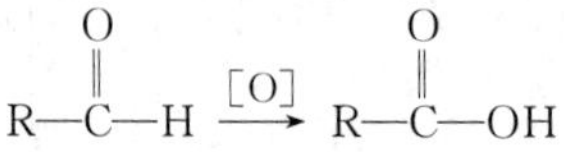

（2）丙烯醛　分子式 $CH_2=CH-CHO$，沸点52.5℃，易溶于水和乙醇。丙烯醛是α、β不饱和醛，其分子中的碳碳双键因邻近羰基的关系变得非常活泼。丙烯醛具有烯和醛的性质，还原性很强，对甲醇稳定性影响很大。

（3）二异丙基甲酮　分子式为 $(CH_3)_2CHCOCH(CH_3)_2$，沸点123.7℃。二异丙基甲酮是含α-叔氢的酮类，很活泼，在碱性溶液中容易向烯醇式互变异构体转化：

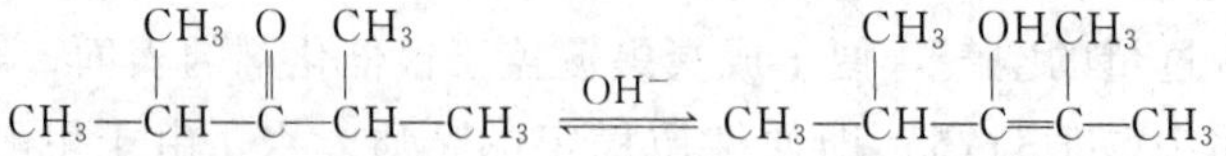

$$CH_3-\overset{\overset{CH_3}{|}}{C}H-\overset{\overset{O}{\|}}{C}-\overset{\overset{CH_3}{|}}{C}H-CH_3 \xrightleftharpoons{OH^-} CH_3-\overset{\overset{CH_3}{|}}{C}H-\overset{\overset{OH}{|}}{C}=\overset{\overset{CH_3}{|}}{C}-CH_3$$

烯醇式是很容易被氧化，所以二异丙基甲酮的还原性较强，对精甲醇的稳定性影响较大。

（4）甲酸　甲酸俗称蚁酸，分子式 $H-\overset{\overset{O}{\|}}{C}-OH$ ，是无色有刺激性气味的液体，沸点100.5℃，能与水、乙醇、乙醚混溶。甲酸的结构较特殊，是一个羰基和一个氢原子直接相连，所以可以把它看作在分子中即含有羰基又具醛基。甲酸既有羰基的一般性质，也有醛的某些性质，如甲酸具有较强的酸性，又具有还原性。甲酸可被一般氧化剂氧化生成二氧化碳和水。

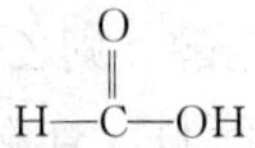

$$HCOOH \xrightarrow{[O]} CO_2 + H_2O$$

因此，甲酸既影响甲醇的酸值，又影响甲醇的稳定性。

粗甲醇中含有大量影响甲醇稳定性的物质，除上述异丁醛、丙烯醛、二异丙基甲酮、甲酸外，还有丙烯、甲酸甲酯、甲胺、丙醛等还原性物质，其被氧化的程度，以烯类最甚，仲醇、胺、醛类次之。通常锌铬催化剂制的粗甲醇含易氧化杂质较铜系催化剂高得多。

4. 增加电导率的杂质

粗甲醇中的胺、酸、金属以及不溶物残渣的存在，会增加其电导率。

5. 无机杂质

粗甲醇中除含有合成反应中生成的杂质以外，还有从生产系统中夹带的机械杂质及微量其他杂质。如由粉末压制而成的酮基催化剂，在生产过程中因气流冲刷，受压而破碎，从而被带入到粗甲醇中，由于钢制设备、管道、容器受到硫化物、有机酸等的腐蚀，粗甲醇中会有微量含铁杂质。这类杂质虽然量很小，但影响很大，如微量铁在反应中生成的羰基铁[$Fe(CO)_5$] 混在粗甲醇中与甲醇共沸，很难处理掉，影响精甲醇的质量。

三、精甲醇的质量标准及分析方法

1. 质量标准

精甲醇的质量是根据用途不同而定的，各国的甲醇质量标准有所差异。中国精甲醇质量国家标准见表 7-3，其他主要国家甲醇质量标准见表 7-4。

表 7-3 工业精甲醇（GB 338—92）国家标准

项　　目		指　　标		
		优等品	一等品	合格品
色度(铂～钴)/号	≤	5		10
密度(20℃)/(g/cm³)		0.791～0.792	0.791～0.793	
温度范围(0℃,101325Pa)/℃		64.0～65.5		
沸程(包括 64.6℃±0.1℃)/℃	≤	0.8	1.0	1.5
高锰酸钾试验/min	≥	50	30	20
水溶性试验		澄清		—
酸度(以 HCOOH 计)/%	≤	0.0015	0.0030	0.0050
碱度(以 NH_3 计)/%	≤	0.0002	0.0008	0.0015
水分含量	≤	0.10	0.15	—
羰基化合物含量(以 CH_2O 计)/%	≤	0.002	0.005	0.010
蒸发残渣含量/%	≤	0.001	0.003	0.005

根据用户的要求，有的企业也制定特殊的产品质量标准，这里不做详细介绍。

表 7-4 其他主要工业国家甲醇质量标准

指　　标	美国 ASTM	美国 Federal AA 级	日本三菱特级	前苏联 ГОСТ 高级品
相对密度 d_{20}^{20}	0.7928	0.7928	0.7960	0.791～0.792
馏程[101.325kPa(760mmHg)]/℃	<1.5		0.2	0.8
蒸馏量/%			>99.0	>99.0
纯度/%	99.85	99.85	>99.9	99.95
酸度/%	<0.003		0.001mol/L NaOH 0.3ml/50ml	<0.002
醛酮/%	<0.003	<0.001		<0.006
高锰酸钾试验/min	>50	>30	>100	>60
水分/%	<0.1	<0.1	0.006	<0.05
不挥发物/%	0.005g/100ml	<0.001	<0.0003	
乙醇/%		<0.001	0.0008	

试剂用的“化学纯”、“分析纯”和“无水甲醇”的精甲醇，对其中的某些杂质含量指标如硅酸着色度、不溶物等又有不同的要求。

特殊的高纯度精甲醇需要特殊的加工工艺，如用离子交换树脂等处理，由于工艺复杂及加工费用昂贵，提高了生产成本。由于甲醇是吸湿性很强的液体，纯度高，水分含量极低的高纯度产品在贮存、包装、运输等方面都必须采取特殊措施，才能保持高纯度精甲醇的质量。

2. 分析方法

精甲醇的分析方法如下。

（1）密度　用密度计测定。

（2）蒸馏量　在支管蒸馏烧瓶中蒸出甲醇蒸气，冷凝后盛于异径量筒中。

（3）醛酮含量　在250mL碘量瓶中，加入30mL 1mol/L氢氧化钠溶液，用移液管加入25mL 0.1mol/L碘标准溶液，在冰水浴中冷却至2～5℃，放置5min，用移液管加入25mL甲醇试样，溶液温度约保持在2～5℃，在暗处放置10min以后，加入31mL 1mol/L硫酸溶液，继续保持溶液温度在2～5℃约2min，用0.1mol/L硫代硫酸钠标准液滴定至淡黄色后，加约2mL淀粉指示液，再滴定至蓝色刚刚消去为终点。同时作空白实验。

（4）高锰酸钾实验　在100mL容量瓶中，加入4mL 0.01mol/L盐酸标准溶液及0.2mL 0.1%甲基橙溶液，用蒸馏水稀释至刻度，摇匀，制得标准溶液，有效期为一周。取12mL标准液于25mL比色管中作为比色标准。用移液管量取10mL甲醇试样于另一支25mL比色管中，将两支比色管一起放入恒温水浴中，水浴的液面应较比色管内液面高出10～20mm。调节试样的温度至（15±1)℃后，向试样管中加入2mL0.01%的高锰酸钾溶液，混匀，并保持在（15±1)℃。记录从加入高锰酸钾溶液开始，到试样颜色与标准溶液相同为止的时间，即为高锰酸钾试验的时间。

（5）水溶性

① 测定原理。甲醇中含有烷烃、烯烃、高级醇等水溶性差的杂质，利用水溶性的差异，相对测定这类杂质的含量。

② 测定方法。取10mL甲醇试样注入比色管中，再注入30mL水混匀，放置30min后，与另一支加入40mL水的比色管，在黑色背景下轴向观察甲醇试样与水一样澄清为优等品。

取5mL甲醇试样注入比色管，加入45mL的水混匀，放置30min，与另一支注入50mL水的比色管，在黑色背景下轴向观察与水一样澄清为一等品。

（6）沸程

① 测定原理。根据甲醇及其杂质沸点的不同，利用蒸馏法进行分馏，在0℃，101.3kPa时，测定其初馏点和干点（将测得的温度校正到标准状况下的温度）。初馏点和干点之间的温度即是被测甲醇的沸程，甲醇纯度越高，沸点越稳定，沸程越短，它是反映甲醇纯度的一个方面。

初馏点：在规定条件下进行蒸馏时，从冷凝器末端滴下第一滴液体的温度。

干点：在规定条件下进行蒸馏时，蒸馏瓶底部最后一滴液体汽化时所观察到的瞬时温度，忽略瓶壁上的任何液体。

② 测定方法。用清洁、干燥的异颈量筒取100mL试样放入支管蒸馏瓶中，按标准图7-1安装好蒸馏仪器，将量取试样的异颈量筒放在冷凝器下端，使冷凝器末端进入异颈量筒的部位不少于20mm，并不低于刻度线，异颈量筒口处置有不被甲醇腐蚀的软质料盖和棉絮封

闭，以防甲醇挥发。接通冷却水，记录气压和气压计附属温度。然后点燃酒精灯或煤气灯，由开始加热至初馏点的时间为5～10min。记录从冷凝器末端滴下馏出液的初馏点温度。此后蒸馏速度为每分钟馏出液3～5mL，并调节冷却水的流量使蒸馏液的温度与取试样时温度相差±0.5℃。当蒸馏瓶底最后一滴液体汽化时的瞬间为干点温度。立即停止加热，校正后的干点温度减去校正后的初馏点温度即为沸程。

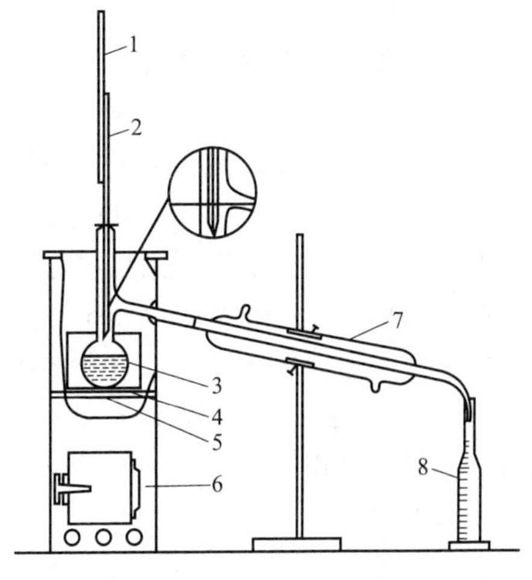

图7-1 甲醇沸程测定装置

1—辅助温度计；2—主温度计；3—支管蒸馏烧瓶；4—石棉板；5—石棉板架；6—通风屏风；7—冷凝管；8—异颈量筒

(7) 酸度 以酚酞作指示剂，用0.01mol/L氢氧化钠标准溶液滴定。

(8) 碱度 以溴甲酚绿-甲基红混合液作指示剂，用0.01mol/L硫酸标准溶液滴定。

四、精制的要求及方法

1. 精制要求

将粗甲醇进行精制可以清除其中的杂质，但要将粗甲醇中的杂质全部清除是不可能的，由于精甲醇中杂质含量极微，并不影响精甲醇的使用价值，可以将其近视为纯净的甲醇。优质甲醇的指标集中表现在沸程短，纯度高，稳定性好，有机杂质含量极少。一般精甲醇中各组成含量应在如表7-5所示的范围之内。

表7-5 精甲醇中各组分含量

物　质	含量/%	物　质	含量/%
二甲醚	痕量～0.00254	甲基	痕量～0.00083
甲乙醚	痕量～0.00006	丙烯醛	0.00070
乙醛	0.00027～0.00065	丙酸甲酯	0.0005～0.00370
二甲氧基甲烷	0.00313	丁酮	0.0014～0.00370
甲酸甲酯	0.0003～0.00077	甲醇	99.66～99.98
丙醛	0.0007～0.00270	乙醇	0.002～0.03
1,1-二甲氧基乙烷和异丁醛	0.0004～0.0010	油醛	0.00048

精甲醇中可能含有痕量的金属，如铁、锌、铬、铜等，这些杂质是由萃取蒸馏加水、催化剂尘粒及设备和管道污物带入的，如将这些金属换算成氧化物，含量一般不超过$1\times10^{-4}\%\sim4\times10^{-4}\%$。

2. 精制方法

根据粗甲醇中杂质的分类及精甲醇的质量要求，工业上粗甲醇的精制大致采用如下两种方法。

(1) 物理方法——蒸馏 利用粗甲醇中各组分的挥发度（或沸点）不同，通过蒸馏的方法，将有机杂质、水和甲醇混合液进行分离，这是精制粗甲醇的主要方法。用精馏方法将混合液提纯为纯组分时，根据组分的多少，需要一系列串联的精馏塔，对n元系统必需$(n-1)$个精馏塔，才能把n元的混合液分离为n个纯的组分。粗甲醇为一多元组分混合液，但其有机杂质一般不超过0.5%～6.0%，其中关键组分是甲醇和水，其他杂质根据沸点不同可分为轻组分和重组分，而精制的最终目的是将甲醇与水有效地分离，并在精馏塔相应的顶部和下部将轻组分和重组分分离，这样就简化了精馏过程。

由于粗甲醇中有些组分间的物理、化学性质相近，不易分离，就必须采用特殊蒸馏，如萃取蒸馏。粗甲醇中的某些组分如异丁醛，与甲醇的沸点接近，很难分离，可以加水进行萃取蒸馏，甲醇与水可以混溶，而异丁醛与水不相溶，这样挥发性较低的水可以改变关键组分在液相中的活度系数，使异丁醛容易除去。

(2) 化学方法　当采用蒸馏的方法，仍不能将其杂质降低至精甲醇的要求时，则需采用化学方法破坏掉这些杂质。如粗甲醇中的还原性杂质，虽利用萃取蒸馏的方法分离，但残留在甲醇中的部分还原性杂质仍影响其高锰酸钾值，若继续采用蒸馏的方法，势必造成精馏设备的复杂性并增加甲醇损失及能量消耗。为了保证精甲醇的稳定性，一般要求其中还原性杂质小于 40mg/kg。所以，当粗甲醇中还原性杂质较多时，还需采用化学氧化方法处理。氧化方法一般是采用高锰酸钾进行氧化，将还原性杂质氧化成二氧化碳逸出，或生成酯并结合成钾盐与高锰酸钾泥渣一同除去。

在弱碱性的甲醇溶液中，高锰酸钾按下式进行分解

$$2KMnO_4 \longrightarrow 2MnO_2 + K_2O + 3[O]$$

然后，与还原性杂质反应

$$R-\overset{\overset{\displaystyle O}{\|}}{C}-H \xrightarrow{[O]} R-\overset{\overset{\displaystyle O}{\|}}{C}-OH$$

$$R-C=C-R' \xrightarrow{[O]} R-\overset{\overset{\displaystyle OH}{|}}{C}-\overset{\overset{\displaystyle OH}{|}}{C}-R' \xrightarrow{[O]} R-\overset{\overset{\displaystyle O}{\|}}{C}-OH + R'-\overset{\overset{\displaystyle O}{\|}}{C}-OH$$

$$R-\overset{\overset{\displaystyle O}{\|}}{C}-OH \xrightarrow{K^+} R-\overset{\overset{\displaystyle O}{\|}}{C}-OK \downarrow$$

$$2Fe(CO)_5 \xrightarrow{3[O]} Fe_2O_3 + 10CO$$

$$CO \xrightarrow{[O]} CO_2 \uparrow$$

但温度高于 30℃时，甲醇亦被氧化，产生下列反应

$$CH_3OH \xrightarrow{[O]} H-\overset{\overset{\displaystyle O}{\|}}{C}-H + H_2O$$

$$CH_3OH \xrightarrow{2[O]} H-\overset{\overset{\displaystyle O}{\|}}{C}-OH + H_2O$$

$$CH_3OH \xrightarrow{3[O]} CO_2 + 2H_2O$$

为了避免甲醇的损失，氧化温度不宜超过 30℃，但温度也不能太低，否则氧化还原性物质的反应速率太慢。由于甲醇可能被氧化，因此工业上为减少甲醇与高锰酸钾的接触机会，常常在粗甲醇进行初次蒸馏使还原性物质显著减少以后，才进行高锰酸钾氧化处理。

为了减少精制过程中粗甲醇对设备的腐蚀，粗甲醇在进入精制设备前，要加入氢氧化钠中和其中的有机酸，这也是化学净化方法。

有时，为有效清除粗甲醇中的某些杂质，或降低其电导率，也有采用加入其他化学物质，或离子交换的方法，进行化学处理的。

上述两种精制粗甲醇的方法，以蒸馏方法为主，除去粗甲醇中绝大部分的有机物和水。而化学净化方法的应用，要取决于粗甲醇的质量是否需要。工业生产上，一般考虑粗甲醇精制方法的原则是：第一，无论采用何种催化剂、原料气和合成条件制得的粗甲醇，都含有一

定量的有机杂质和水，要通过蒸馏的方法使其与甲醇分离，因此，蒸馏方法是必不可少的；第二，粗甲醇一般呈酸性，需要用碱中和；第三，是否需用化学方法进行处理，在于粗甲醇中还原性杂质的含量。一般用锌铬催化剂以水煤气为原料合成的粗甲醇，还原性杂质含量较高，可能需要用高锰酸钾进行氧化，才能获得稳定性较好的精甲醇。而用铜系催化剂合成的粗甲醇，还原性杂质含量较低，不进行化学方法净化，也能获得高稳定性的精甲醇，从而简化了精制工艺过程。

传统的在30MPa压力下使用锌铬催化剂制取的粗甲醇，常常按以下顺序进行精制。

① 加碱中和（化学方法）；

② 脱除二甲醚（物理方法）；

③ 预精馏（加水萃取蒸馏），脱除轻组分（物理方法）；

④ 高锰酸钾氧化（化学方法）；

⑤ 主精馏，脱除重组分和水，得到精甲醇（物理方法）。

以上精制过程是以蒸馏为主兼有化学净化的物理、化学精制粗甲醇的方法。

随着催化剂及合成条件的改进，粗甲醇的质量得到改善，现代工业上粗甲醇的精制过程已取消了高锰酸钾的化学净化方法，而主要采用精馏过程。在精馏之前，用氢氧化钠中和粗甲醇中的有机酸，使其呈弱碱性，pH为8～9，可以防止工艺管路和设备的腐蚀，并促进胺类与羰基化合物的分解，通过精馏可以脱除轻组分、重组分和水。粗甲醇中的某些组分如异丁醛，其沸点与甲醇的沸点相近，可加水进行采萃取精馏。

第二节 粗甲醇精馏的工艺流程

工业生产上粗甲醇精馏的工艺流程，因粗甲醇合成方法不同而有所差异，其精制过程的复杂程度有一定差别，但基本原理是一致的。首先，利用蒸馏的方法在蒸馏塔的顶部，脱除较甲醇沸点低的轻组分，这时，也可能有部分高沸点的杂质与甲醇形成共沸物，随轻组分一起从塔顶除去。然后，仍利用蒸馏的方法在塔的底部或底侧除去水和重组分，从而得到纯净甲醇组分。其次，根据精甲醇对稳定性或其他特殊指标的要求，采取必要的辅助方法。

目前，随着催化剂、粗甲醇合成条件以及制取物料气的改进，粗甲醇的精馏过程相应有较大的改变。加上新型精馏设备的应用，对工艺流程也产生一定影响。在确定精甲醇精馏的工艺流程时，应对这些条件进行综合考虑，并结合精馏过程中能源消耗的降低，自动化程度的提高，对精甲醇质量特殊要求等，合理选择适当的精馏工艺流程。

在制定粗甲醇精馏的工艺流程时，应考虑如下问题。

①根据粗甲醇的质量制定精馏工艺流程的复杂程度。

早期甲醇工艺采用锌铬催化剂合成粗甲醇的高压法，获得的粗甲醇质量较差，所以精制方法采用了精馏和化学净化相结合，比较复杂。目前，世界上新建的甲醇工厂都采用了铜系催化剂中、低压法合成甲醇，国内也相继采用了铜系催化剂，改善了粗甲醇的质量。试验证明，粗甲醇的杂质含量主要取决于催化剂本身的选择性，而反应温度、反应压力对其影响并不显著，表7-6列出了铜系催化剂在不同温度、压力下合成的粗甲醇杂质含量（空速 $1000h^{-1}$，气体组成 $w(CO)+w(CO_2)+w(H_2)=73.2\%$、$w(N_2)+w(CH_4)=26.8\%$）。

表 7-6 不同条件下合成粗甲醇（铜系催化剂）的杂质含量

合成压力/MPa	含量/%					
	200℃	220℃	240℃	260℃	280℃	300℃
5	0.1	0.2	0.3	0.4	0.4	0.5
7	0.1	0.2	0.3	0.5	0.7	0.8
10	0.1	0.3	0.3	0.4	0.6	0.8
15	0.1	0.2	0.2	0.3	0.5	0.6
20	0.1	0.2	0.2	0.4	0.6	0.8

由表 7-6 可知，铜系催化剂合成的粗甲醇杂质含量一般小于 1%，仅为锌铬催化剂的1/10左右，不必再用化学净化方法进行处理，而且也降低了精馏塔的负荷，并可缩小精馏塔的尺寸和减少蒸馏过程的热负荷。目前，工业生产上一般采用双塔流程，就能获得优级工业甲醇产品。

② 在简化工艺流程时，还应考虑甲醇产品质量的特殊要求及蒸馏过程中甲醇的收率。

当精甲醇的质量对难以分离又不能用化学方法处理的乙醇杂质含量有严格要求时（小于10mg/kg），或要求水分脱除干净，以及其他苛求的质量指标等，即使改善了粗甲醇的质量，也需要较复杂的精馏方法，工业生产上有专门的工艺流程。为了降低这些杂质含量，常常容易造成产品甲醇的流失，从而降低了甲醇的收率。为了减少甲醇的损失，同时又确保甲醇产品的质量，则相应地增加了工艺流程的复杂程度。

③ 降低蒸馏过程的热负荷。精馏过程的能耗很大，且热能利用率很低，在能源极其宝贵的今天，粗甲醇的精馏也应向着节能方向发展。除改善粗甲醇质量降低其分离难度达到减少热负荷以外，在工艺流程中应采取回收废热的措施；采用加压多效蒸馏；在选用新型精馏设备时，要充分考虑其有效分离高度，以减少回流比等。

④ 蒸馏工艺操作集中控制。实现全系统计算机自动控制，维持最佳工艺操作条件，使产品质量稳定地达到优等标准，提高产量及甲醇收率，降低能耗。

⑤ 重视副产品的回收。粗甲醇中的有些杂质是有用的有机原料，因此，在工艺流程中，应考虑副产品的回收。

⑥ 环境保护。粗甲醇中的许多有机杂质是有毒的，无论是排入大气，还是流入污水，都会造成环境污染，因此，在工艺流程中，应重视排污的处理，从而保护环境。

一、带有高锰酸钾反应的精馏流程

用锌铬催化剂在 30MPa 压力下合成的粗甲醇，由于在高温高压下合成，所生产的粗甲醇中杂质相应增加，尤其是还原性物质明显增加。因此，在粗甲醇精制时需特别注意处理其中的还原性物质。图 7-2 为带有高锰酸钾反应的精馏流程。这也就是传统的粗甲醇精馏工艺流程。

带有高锰酸钾反应的精馏流程步骤如下：中和、脱醚、预精馏脱轻组分杂质、氧化净化、主精馏脱水和重组分，最终得到精甲醇产品。

先用含 NaOH 7%～8%的氢氧化钠溶液中和粗甲醇中的有机酸。使其呈弱碱性（pH=8～9），这样可防止工艺管路和设备的腐蚀，并促进胺类及羰基化合物的分解。中和后的粗甲醇在热交换器中，被脱醚塔釜的热粗甲醇和出再沸器的冷凝水加热后，再送脱醚塔的中部。脱醚塔釜由再沸器以蒸汽间接加热，供应塔内热量。二甲醚、部分被溶解的气体和含氮化合物、羰基铁等杂质，同时夹带了少量甲醇由塔顶出来，经冷凝器冷凝后入回流罐，一

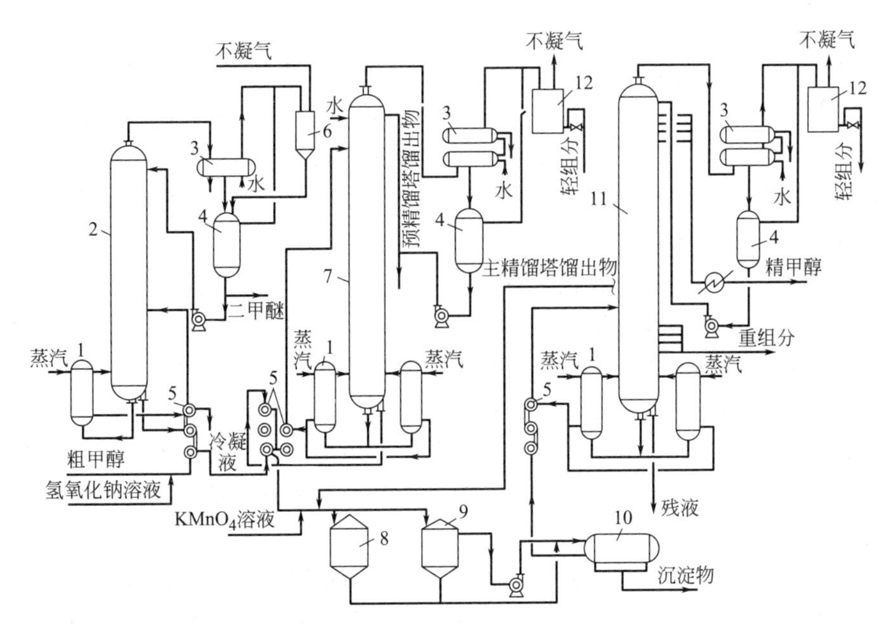

图 7-2 传统粗甲醇精馏工艺流程图

1—再沸器；2—脱醚塔；3—冷凝器；4—回流罐；5—热交换器；6—分离器；7—预精馏塔；8—反应器；9—沉淀槽；10—压滤器；11—主精馏塔；12—液封

部分冷凝液体回流，由塔顶喷淋，其余用作燃料或回收制取其他产品。不凝性气体经旋风分离器分离后排入大气或作燃料。脱醚塔是在 1.0～1.2MPa 压力下操作，塔釜的温度可达 125～135℃。脱醚塔在加压操作时，组分间的相对挥发度减少，可以减少塔顶有效物的损失。一般经脱醚塔后，粗甲醇中的二甲醚可脱除 90%左右。

脱醚甲醇由脱醚塔底出来经换热器被预精馏塔底液体和再沸器的冷凝水加热后，由预精馏塔的上部进入。在预精馏塔顶加入冷凝水或软水进行萃取精馏，主要是分离不易除去的杂质，加水后，由于水的挥发性较低，改变了关键组分在液相中的活度系数。加水量根据粗甲醇中的杂质含量而定，同时，还要满足产品的质量要求，一般为粗甲醇量的 10%～12%。

预精馏塔一般有 40 块以上的塔板，经精馏以后，轻组分和未脱除干净的二甲醚、残余不凝性气体从塔顶出来，同时甲醇蒸气、部分组分如 $C_{6\sim10}$ 的烷烃与水形成低沸点的共沸物也随同带出。从塔顶出来的气体经冷凝器冷凝，其中大部分的甲醇、水汽和挥发性较低的组分被冷凝为液体，冷凝液入回流罐，一部分作为回流由泵送入塔顶喷淋，其余作为废液排出系统。不凝性气体经过水封后排入大气或回收作燃料。

经过预精馏塔精馏以后，二甲醚可脱至 10mg/kg 以下，轻组分杂质大部分可分离出来，要求塔釜含水甲醇的高锰酸钾值达到一定程度（视产品质量等级要求而定），如达不到要求，可采出部分回流液，以降低釜液中轻组分的含量。如果放空气中及排放回流液中损失甲醇过多，也可将精馏塔顶冷凝改为二次冷凝，这样不仅降低釜底含水甲醇中轻组分杂质；同时在二次冷凝液中含挥发性较低的对甲醇稳定性敏感的轻组分杂质的浓度较大，可大大减少排液的损失。如果二甲醚再回收利用，还需要进一步冷凝以纯化。预精馏塔塔顶温度 62～64℃，塔釜温度视甲醇的含水量，一般为 74～80℃。

预精馏塔处理后的含水甲醇从塔底出来经换热器换热后，进 $KMnO_4$ 反应器，还原性物质把 $KMnO_4$ 还原成 MnO_2，进入 MnO_2 沉淀槽，使甲醇与 MnO_2 立即分离，沉淀物经压滤器分离出去。

高锰酸钾能氧化甲醇中的许多杂质，粗甲醇也能被氧化，一般控制反应器的温度30℃左右，以避免甲醇的氧化损失。甲醇的停留时间一般为0.5h。在含水甲醇中投入固体高锰酸钾进行处理时，相应要增加它与被净化甲醇的接触时间。

经 $KMnO_4$ 净化后的含水甲醇，经过加热器进入主精馏塔的中下部。主精馏塔一般为常压操作，塔釜以蒸汽间接加热。

进入主精馏塔的含水甲醇一般包括甲醇-水-重组分（以异丁醇为主）和残存的少量轻组分，所以主精馏塔的作用不仅是甲醇-水系统的分离，而且仍然有脱除其他有机杂质的作用，是保证精甲醇质量的关键一步，因此，主精馏的塔板较多，通常有78～85块塔板。

由从塔顶出来的蒸气中，基本为甲醇组分及残余的轻组分，经冷凝器以后，甲醇冷凝下来，全部返回塔内回流，残余轻组分经塔顶水封至污甲醇液中或排入大气。如精甲醇的稳定性达不到要求，则是因为回流液中的轻组分超过标准，可采出少量回流液，在高锰酸钾净化前重返回系统。

精甲醇的采出口在塔顶侧，有四处，可根据塔的负荷及质量状况调节其高度。一般采出口上端保留8块板左右，以确保降低精甲醇中的轻组分。精甲醇液相采出，经冷却至常温送至仓库。

在塔下部第6～10块板处，于85～92℃采出异丁基油馏分，其采出量约为精甲醇采出量的2%左右。异丁基油含甲醇20%～40%，水25%～40%，丙醇以上的各类醇30%～50%（其中异丁醇一般占50%以上）。异丁基油经专门回收流程处理之后，得到副产品异丁醇及残液高级醇，同时回收甲醇。从塔中下部第30块板左右处，于68～72℃采出重组分，其中含甲醇96%，水1.5%～3.0%，高级醇类2%～4%，这里的乙醇浓度比较高，由于采出可明显降低精甲醇中的乙醇含量。以上采出的组分中，还可能含有少量的其他轻组分杂质，如不采出，有可能逐渐上移，影响精甲醇的高锰酸钾值。

主精馏塔底温度为104～110℃，排出的残液中主要为水，其中约含0.4%～1%有机化合物，以甲醇为主，要求残液相对密度不小于0.996。

残液中虽含醇量很低，但也应与系统中其他含醇的废液排入工厂的污水系统，经净化处理后方可排放。

粗甲醇精馏过程中各组分变化情况见表7-7。

表7-7 粗甲醇精馏过程中各组分变化情况 单位:%

组分	脱醚塔		预精馏塔			主精馏塔			
	粗甲醇	脱醚甲醇	进塔甲醇	回流液	塔釜液体	回流液	精馏物	异丁基馏分	异丁基油
二甲醚	5.2960	0.6308	0.4119	2.9200	0.0009	0.2315	0.0003	—	0.0003
甲基丙醚	0.0038	痕量	0.0007	0.0415	—				
甲基异丁醚	0.0429	0.0423	0.0239	1.2362	—	0.0426	0.0003	—	0.0021
二甲氧基甲烷	0.0110	0.0043	0.0023	0.3742	—	0.0031	0.0001		0.0004
甲酸甲酯	0.0394	0.0567	0.0235	0.3267	0.0201	0.0358	0.0370	0.0186	0.0013
1,1-二甲氧基乙烷+异丁醛	0.0015	0.0018	0.0020	0.2487	—	—	痕量	0.0014	0.0005
醋酸甲酯+丙酮	0.0011	0.0011	0.0011	0.2066	—	痕量	—	—	—
丁醛	0.0001	痕量	痕量	0.1064	—	痕量	痕量	—	0.00001
丁酮	0.0042	0.0043	0.0032	0.3325	0.0017	0.0032	0.0013	—	—
甲醇	94.1513	98.6795	99.2463	95.2026	99.6650	99.684	99.961	78.096	17.432

续表

组分	脱醚塔		预精馏塔			主精馏塔			
	粗甲醇	脱醚甲醇	进塔甲醇	回流液	塔釜液体	回流液	精馏物	异丁基馏分	异丁基油
仲丁醇	痕量	痕量	—	—	痕量			0.2648	4.5789
正丙醇	0.0585	0.0646	0.0416	0.0046	0.0451			4.3061	1.0798
异丁醇	0.3342	0.3540	0.2086	—	0.2299			14.791	25.302
戊醇-3	0.0104	0.0111	0.0069	—	0.0065			0.296	5.5149
正丁醇	0.0309	0.0324	0.0160	—	0.0186			1.1305	25.202
异戊醇	0.0147	0.0159	0.0095	—	0.0107			9.6593	3.3527
不知名化合物	0.0011	0.0012	0.0015	—	0.0015			0.4461	16.6135

二、单塔流程

I. C. I. 公司在开发铜系催化剂低压合成甲醇工艺中采用了单塔流程精制粗甲醇，如图7-3所示。

由于铜系催化剂的使用，甲醇合成中副反应明显减少，粗甲醇中不仅还原性杂质含量大大减少，而且二甲醚的含量几十倍地降低，因此在取消化学净化的同时，采用一台精馏塔就能获得一般工业上所需要的精甲醇。显然，单塔流程对节约投资和减少热能损耗都是有利的。

单塔流程更适用于合成甲基燃料的分离，很容易获得工业上所需要的燃料级甲醇。

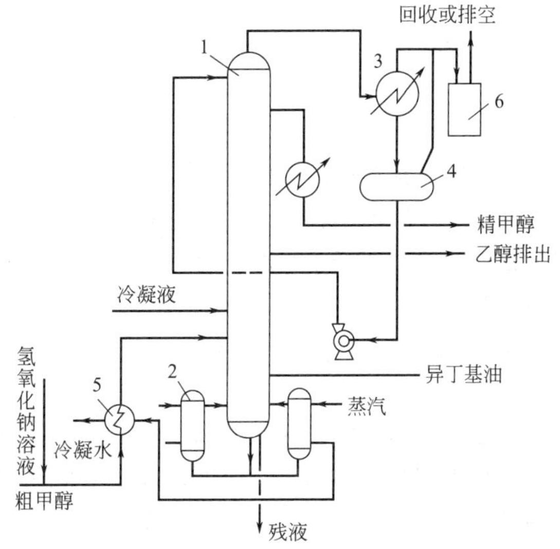

图7-3 单塔粗甲醇精馏工艺流程

1—精馏塔；2—再沸器；3—冷凝器；4—回流罐；5—热交换器；6—液封

三、双塔流程

由于锌铬催化剂的改进，特别是20世纪60年代后期，铜系催化剂又开始用于甲醇的合成，大大改善了粗甲醇的质量。与此同时，精馏的设备和工艺也进行了一些改进。因此，粗甲醇精馏的工艺流程较传统工艺流程逐步得到了简化。双塔流程取消了脱醚塔和高锰酸钾的化学净化，只剩下预精馏塔和主精馏塔，它是目前工业上普遍采用的粗甲醇精馏流程。如图7-4所示。

在粗甲醇贮槽的出口管（泵前）上，加入含量为8%～10% NaOH溶液，使粗甲醇呈弱碱性（pH=8～9），其目的是为了促进胺类及羰基化合物的分解，防止粗甲醇中有机酸对设备的腐蚀。

加碱后的粗甲醇，经过热交换器用热水（为各处汇集之冷凝水，约100℃）加热至60～70℃后进入预精馏塔。为了便于脱除粗甲醇中杂质，根据萃取原理，在预精馏上部（或进塔回流管上）加入萃取剂，目前，采用较多的是以蒸汽冷凝水作为萃取剂，其加入量为入料量的20%。预精馏塔塔底侧有再沸器以蒸汽间接加热，供应塔内的热量。塔顶出来的蒸气（66～72℃）含有甲醇、水及多种以轻组分为主的少量有机杂质。经过冷凝器被冷却水冷却，绝大部分甲醇、水和少量有机杂质冷凝下来，送至塔内回流。以轻组分为主的大部分有机杂质经塔顶液封槽后放空或回收作燃料。塔底为预处理后的粗甲醇，温度约为75～85℃。

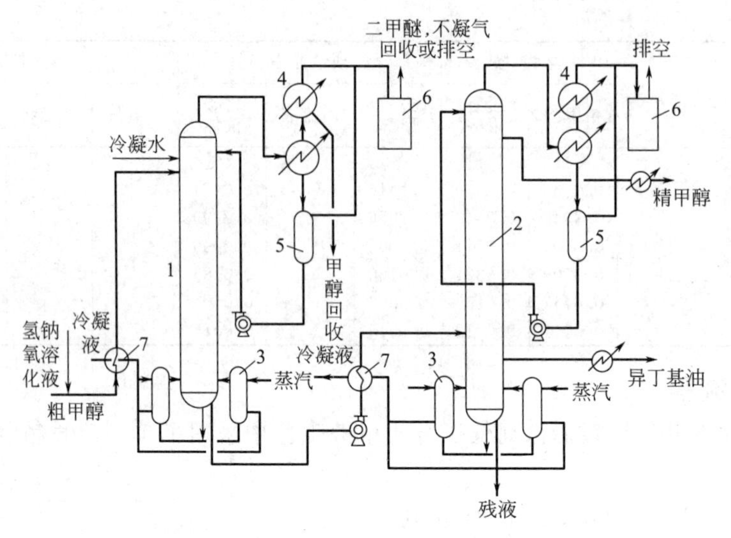

图 7-4 粗甲醇双塔精馏工艺流程

1—预精馏塔；2—主精馏塔；3—再沸器；4—冷凝器；5—回流罐；6—液封；7—热交换器

为了提高预精馏后甲醇的稳定性及精制二甲醚，可在预精馏塔塔顶采用两级或多级冷凝。第一级冷凝温度较高，减少返回塔内的轻组分，以提高预精馏后甲醇的稳定性；第二级则为常温，尽可能回收甲醇；第三级要以冷冻剂冷至更低的温度，以净化二甲醚，同时又进一步回收了甲醇。

预精馏塔塔板数大多采用 50～60 层，如采用金属丝网波纹填料，其填料总高度应达 6～6.5m。

预处理后粗甲醇，在预精馏塔底部引出，由主精馏塔入料泵从主精馏塔中下部送入主精馏塔，可根据粗甲醇组分、温度以及塔板情况调节进料板。塔底侧设有再沸器，以蒸汽加热供给热源。塔顶部蒸气出来经过冷凝器冷却，冷凝液流入回流罐，再经回流泵加压送至塔顶进行全回流。极少量的轻组分与少量甲醇经塔顶液封槽溢流后，不凝性气体放空。在预精馏塔和主精馏塔顶液封槽内溢流的初馏物入事故槽。精甲醇从塔顶往下数第 5～8 块板上采出，可根据精甲醇质量情况调节采出口。经精甲醇冷却器冷却到 30℃以下的精甲醇利用位能送至成品槽。塔下部约 8～14 块板处，采出杂醇油。杂醇油和初馏物均可在事故槽内加水分层，回收其中甲醇，其油状烷烃另作处理。塔中部设有中沸点采出口（锌铬催化剂时，称异庚酮采出口），少量采出有助于产品质量提高。

塔釜残液主要为水及少量高碳烷烃。控制塔底温度大于 110℃，相对密度大于 0.993，甲醇含量小于 1%。为了保护环境，甲醇残液需经过生化处理后方可排放。

主精馏塔板在 75～85 层，目前采用较多的为浮阀塔，而新型的导向浮阀塔和金属丝网填料塔在使用中都各显示了其优良的性能和优点。

四、制取高纯度甲醇流程

双塔精馏流程所获得的精甲醇产品，要求甲醇中乙醇和有机杂质含量控制在一定范围内即可。特别是乙醇的分离程度较差，由于它的挥发度和甲醇比较接近，分离较为困难。在一般双塔流程中，根据粗甲醇质量不同，精甲醇中乙醇含量约为 100～600mg/kg。随着甲醇衍生产品的开拓，对甲醇质量提出了新的要求。为进一步降低乙醇含量（10mg/kg 以下），则需适当改变工艺流程。

改进工艺流程的目的如下。

① 生产高纯度无水甲醇。

② 同时不增加甲醇的损失量，甲醇回收率可达95%以上。

③ 从甲醇产品中分出有机杂质，特别是乙醇，而不增加甲醇的损失量。

④ 热能的综合利用。

图7-5为制取高纯度精甲醇三塔工艺流程图。此流程采用了有效的精馏方法，从粗甲醇分离出水、乙醇和其他有机杂质，以得到高纯度的甲醇，使甲醇含量达到99.95%，其精制过程的工艺流程叙述如下。

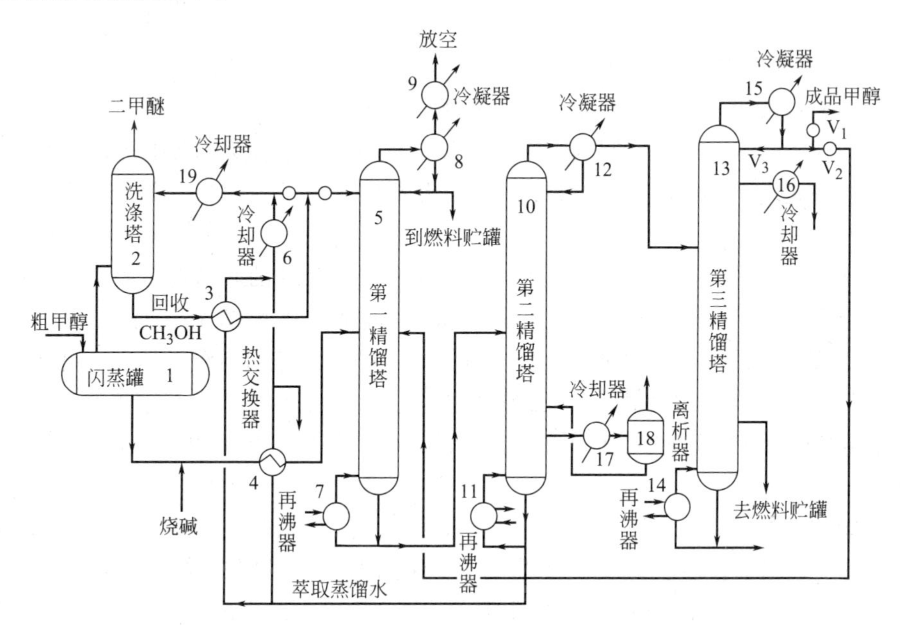

图7-5 制取高纯度精甲醇三塔工艺流程

粗甲醇在闪蒸罐中，释放出气体（甲烷、氢气等）以及二甲醚和少量甲醇等，闪蒸气在洗涤塔中用循环水洗涤，回收甲醇、二甲醚和不溶解气体在顶部放空。洗涤塔底部的甲醇溶液经过热交换器3，与第二精馏塔10底部出来的萃取水进行热交换，被加热直接进入第一精馏塔5顶部温度（60～80℃），与萃取水汇合后进入塔5的顶部下面的第3～4块板。此处甲醇溶液一般含甲醇2%～10%。

从闪蒸罐出来的粗甲醇，加入氢氧化钠中和有机酸后，经过换热器4被萃取水加热至60～80℃，进入塔5。由于塔5顶部加入了萃取水，改变了低沸物、高沸物和甲醇的相对挥发度，结果大部分的杂质（除了微量的低沸物和高沸物）从塔顶蒸气中带走。馏出物的温度控制在60～70℃。塔顶蒸气在冷凝器8中部分冷凝以后，再在冷却器9中进一步冷却到常温。二甲醚和其他不凝性气体同少量的甲醇由冷却器9出口排放掉。冷凝液大部分返回塔5进行回流，约采出占进料的1.0%～3.5%，送燃料贮罐。这样粗甲醇中大部分的低沸物和一部分高沸物被脱除掉。第一精馏塔的操作压力一般为0～3.5MPa。

第一精馏塔的釜底液一般含甲醇15%～35%，温度70～90℃，送入第二精馏塔10的中部。塔10的操作压力一般也为0～0.35MPa。在塔10内从甲醇中分离出大部分水。塔10顶部馏出的组成，对制取高纯度甲醇和减少甲醇的损失是很重要的。要求塔10馏出液含高级醇类很少，一般为0.32%～2%，其中乙醇应低于0.2%，而含水量以0.5%～6%为宜，否则将影响第三精馏塔13的操作。显然，进塔13的物料含水量越少，该塔的精制能力越大。

第二精馏塔10的釜液温度一般为90～110℃，大约含有甲醇0～15%，水85%～100%，以及少量高级醇类和有机杂质，出塔后分为两路流经热交换器3和4，分别预热粗甲醇和塔2以回收甲醇后，用作塔5的溶剂水和塔2的洗涤水。从塔10下部侧线采出的高沸点杂质中，部分是异丁醇和正丁醇，温度一般为80～95℃，其组成大致是水55%～75%，油和高级醇类30%～35%，甲醇1%～10%，在离析器中分为两层，大部分不溶于水的物质在上层，进行回收利用，下层含有水、甲醇和少高沸物，作为粗甲醇回收或返回塔10的下部。

第二精馏塔10的气相馏出物主要是甲醇并含有少量的水和乙醇以及微量的高沸点和低沸点杂质，温度一般为65～75℃。塔10的气相馏出物通过冷凝器12部发冷凝成液体，一般为馏出量的65%～85%，返回塔内回流；未冷凝的馏出物从塔13中部的一块塔板上进入。另一种方法是塔10的馏出物全部冷凝后，大部分返回塔内回流，其余少部发采出送入塔13。

第三精馏塔13的操作压力一般也为0～0.35MPa。塔13的底部温度为75～90℃，约含30%～90%甲醇、高级醇1%～20%（包括乙醇）、其他有机物0.5%和低于50%的水，从塔釜采出一小部分，约为进塔量的1.3%～14%，以排除乙醇和高级醇以及其他杂质。如果塔釜水的含量超过50%，则乙醇在塔底得不到浓缩，而在塔内上升，这时除在塔釜采出一部分外，还需在塔下部适当的位置（高级醇类浓缩处）侧线进行采出，以排除乙醇和高级醇类及有机杂质。

如果进第三精馏塔13的物料中轻组合含量很少，且可以忽略计时，其塔顶馏出物中甲醇含量最少为99.95%，温度为55～80℃，在冷凝器15中全部冷凝。冷凝液分为两部分，其比例为（4～5）∶1，大部分返回塔内回流，小部分采出，即为成品甲醇。另一种情况，如果进塔13物料中含有比较多的轻组分杂质，则冷凝液的绝大部分返回塔顶回流，而少量（约占冷凝量的0.1%～0.4%）返回塔5的中部，再去除轻组分杂质。这时由塔13顶部向下的系第4～6块板采出精甲醇，采出量一般与回流量的质量比为1∶（4～5）。

粗甲醇经过上述方法精馏，所获得的精甲醇纯度可达99.95%以上，甲醇回收率至少为90%，可高达95%～99%，精甲醇中乙醇含量小于10mg/kg。

五、双效法三塔粗甲醇精馏工艺流程

精馏过程的能耗很大，且热能利用率很低，为了提高甲醇质量和收率，降低蒸汽消耗，发展了双效法三塔粗甲醇精馏工艺流程。此流程的目的是更合理地利用热量，它采用了两个主精馏塔，第一主精馏塔加压精馏，操作压力为0.56～0.60MPa，第二主精馏塔为常压操作。第一主精馏塔由于加压，使物料沸点升高，顶部气相甲醇液化温度约为121℃，远高于第二常压塔塔釜液体（主要为水）的沸点温度，将其冷凝潜热作为第二主精馏塔再沸器的热源。这一过程称为双效法。显然，常压塔不需外界供热，而降低了整个精馏过程的热量消耗。据介绍，双效法三塔流程较双塔流程节约热能30%～40%。

双效法精馏需要有压力较高的蒸汽作热源，而且对受压容器的材质、壁厚、制造也有相应的要求，投资较大，但对于粗甲醇精馏规格较大的装置，从长计议，效益是明显的。

双效法三塔粗甲醇工艺流程如图7-6所示。在粗甲醇预热器中，用蒸汽冷凝液将粗甲醇预热至65℃后，进入预蒸馏塔中进行蒸馏。在预蒸馏中除去粗甲醇中残余溶解气体及低沸物。塔内设置48层浮阀塔板（也可以采用其他塔型）。塔顶设置两个冷凝器，将塔内上升蒸气中的甲醇大部分冷凝下来，进入回流槽，经回流泵进入预蒸馏塔顶作回流。不凝性气体，轻组分及少量甲醇蒸气通过压力调节后至加热炉作燃料。预蒸馏塔塔底由低压蒸汽加热的再沸器向塔内提供热量。为防止粗甲醇对设备的腐蚀，在预蒸馏塔下部高温区加入一定量的稀碱液，使预后甲醇的pH保持在8左右。

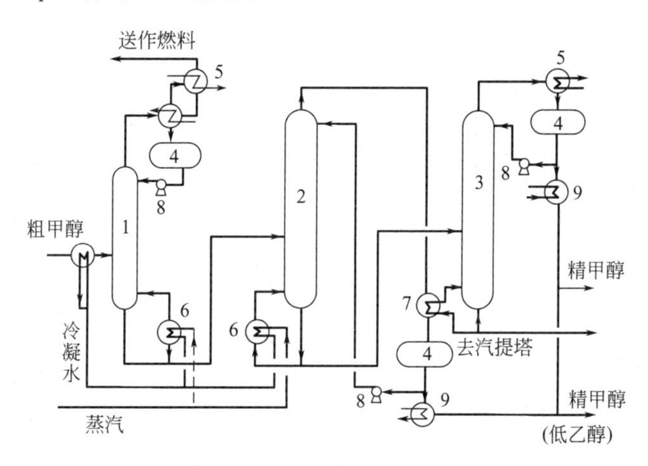

图7-6　双效法三塔粗甲醇精馏工艺流程

1—预蒸馏塔；2—第一精馏塔（加压）；3—第二精馏塔（常压）；4—回流液收集槽；
5—冷凝器；6—再沸器；7—冷凝再沸器；8—回流泵；9—冷却器

从预蒸馏塔塔底出来的预后甲醇，经第一主精馏塔（即加压塔）进料泵加压后，进入加压塔精馏，加压塔为85块浮阀塔。塔顶蒸汽进入冷凝再沸器中，这样即可用加压塔气相甲醇的冷凝潜热来加热第二精馏塔（即常压塔）的塔釜，被冷凝的甲醇进入回流槽，在其中稍加冷却，一部分由加压塔回流泵升压至0.8MPa送至加压塔塔顶作回流液，其余部分经加压塔甲醇冷却器冷却到40℃后作为成品送至精甲醇计量槽。

加压塔用低压蒸汽加热的再沸器向塔内提供热量，通过低压蒸汽的加入量来控制塔的操作温度。加压塔操作压力约0.57MPa，塔顶操作温度约121℃，塔底操作温度约127℃。

从加压塔塔底排出的甲醇溶液送至常压塔下部，常压塔也采用85块浮阀塔板。由常压塔塔顶出来的甲醇蒸气经常压塔冷凝器冷凝后，进入常压塔回流槽，一部分由常压塔回流泵加压后，送至常压塔顶作回流，其余部分经常压塔冷却器进一步冷却后，送至精甲醇计量槽。常压塔塔顶操作压力约0.006MPa，塔顶操作温度约65.9℃，塔底操作温度约94.8℃。

常压塔的塔底残液经汽提塔进料泵加压后，进入废水汽提塔，塔顶蒸气经汽提塔冷凝器冷凝后，进入汽提塔回流槽，由汽提塔回流泵加压，一部分送废水汽提塔塔顶做回流，其余部分经汽提塔甲醇冷却器冷却至40℃，与常压塔采出的精甲醇一起送至产品计量槽。若采出的精甲醇不合格，可将其送至常压塔进行回收，以提高甲醇精馏的回收率。

汽提塔塔底用低压蒸汽加热的再沸器向塔内提供热量，塔底下部设有侧线，采出部分杂醇油，并与塔底排出的含醇废水一起进入废水冷却器冷却到40℃，经废水泵送至污水生化处理装置。

上述双效法三塔粗甲醇精馏工艺流程具有如下特点。

① 经预蒸馏塔脱除了轻组分杂质后的预后甲醇分离是由两个主精馏塔来完成的。因为加压塔的回流冷凝器也是常压塔的塔底再沸器，所以常压塔没有消耗新的热能，并且将加压

表 7-8 精馏物料分布表

物流点	1	2	3	4	5	6	7	8	9	10	11	12	13
物料名称	粗甲醇	预后甲醇	不凝气	加压塔出口液	加压塔出口气	常压塔底废水	常压塔顶出口气	精甲醇	精甲醇	汽提塔顶出口气	精甲醇	汽提塔侧线抽出物	汽提塔废水
物流状态	L	L	G	L	G	L	G	L	L	G	L	L	L
物料组成	kg/h %(质量)	kg/h %(质量)	kmol/h %(摩尔)	kg/h %(质量)	kmol/h %(摩尔)	kg/h %(质量)	kmol/h %(摩尔)	kg/h %(质量)	kg/h %(质量)	kmol/h %(摩尔)	kg/h %(质量)	kg/h %(质量)	kg/h %(质量)
CO_2+CO	249.68 1.0136		5.6751 66.4452										
CH_3OH	23041 93.355	22978 94.4855	1.9766 23.1434	11355 89.4365	1233.3223 99.9996	641.0797 32.348	1106.7615 99.9991	11623 99.9998	10714 99.999	209.2906 99.998	583.1382 99.9937	20.2919 31.31	37.9414 4.1422
C_2H_5OH	12.34 0.05	12.3362 0.0507	0.00006 0.0009	12.3358 0.0971		12.1885 0.6149	0.0106 0.0009		0.1473 0.001	0.0090 0.004	0.0361 0.0062	6.7183 10.37	12.1524 0.8687
H_2O	132655 5.377	1326.5251 5.4547	0.0014 0.162	1326.5021 10.4488	0.0044 0.0004	1326.5021 60.9250		0.0231 0.0002			0.0006 0.0001	35.9562 55.47	1326.5015 94.83
C_4H_9OH	2.2212 0.0094	2.2212 0.0091		2.2212 0.0175		2.2212 0.1121						1.8510 2.8558	2.2212 0.1588
CH_3OCH_3	27.148 0.11		0.5893 6.8994										
$HCOOCH_3$	5.9232 0.024		0.0988 1.1548										
$C_3H_6O_2$	14.808 0.061		0.1999 2.3401										
合计	24880 100.00	24319 100.00	8.5412 100.00	12696 100.00	1233.3267 100.00	1961.9915 100.00	1106.7721 100.00	11623.02 100.00	10714.14 100.00	209.2996 100.00	583.1750 100.00	84.8175 100.00	1398.8165 100.00
平均相对分子质量	30.8657	30.7428	42.2669	29.6422	32.042	21.0996	32.0421	32.042	32.0421	32.0426	32.0426	23.1491	16.4689
温度/℃	65	81	38	127	121	95	66	40	40	70	40	92	40
压力(G)/MPa	0.37	0.08	0.03	0.61	0.56	0.065	0.006	0.56	0.55	0.026	0.55	0.052	0.05
密度/(kg/m³)	745.8387	723.5489	2.1470	669.0016	6.9901	833.1886	1.2325	767.1403	766.580	1.4479	767.1412	614.0965	964.7905
黏度/mPa·s	0.3195	0.2880	0.00130	0.2195	0.0113	0.4119	0.0096	0.3565	0.3554	0.0097	0.3565	0.4050	0.5763

塔的回流冷却用水也节省了。在开车中当加压塔建立回流的同时，应在常压塔建立塔底液面，否则加压塔将无法达到冷凝的目的。

② 加压塔操作为0.57MPa，压力提高，相应塔中液体的沸点也升高。在加压塔中，塔顶121℃，塔底127℃，全塔温差仅6℃，而混合物组分间相对挥发度却减小，且无侧线馏出口，所以，为保证产品质量，操作温度应严格控制。

③ 加压塔的回流比，常压塔的负荷，以及加压塔塔压的控制，这三者相互影响，相互牵制，因此在操作中对平衡的掌握也比双塔常压精馏有更高的要求。

表7-8为国内某厂双效法三塔粗甲醇精馏物料分布情况。

第三节 精甲醇精馏的主要设备

精馏工序的主要设备有精馏塔、冷凝器、换热器、再沸器、冷却器、输液泵、收集槽及贮槽等设备。精馏塔是精馏过程中的关键设备。

一、精馏塔

对精馏过程来说，精馏塔是使过程得以进行的重要条件。性能良好的精馏设备，为精馏过程的进行创造了良好的条件。它直接影响到生产装置的产品质量、生产能力、产品的收率、消耗定额、“三废”处理及环境保护等方面。精馏塔的种类繁多，但其共同的要求是相仿的，主要有以下几点。

① 具有适宜的流体力学条件，使汽液两相接触良好。

② 要求有较高的分离效率和较大的处理量，同时要求在宽广的汽液负荷范围内塔板效率高而且稳定。

③ 蒸气通过塔的阻力要小。

④ 塔的操作稳定可靠，反应灵敏，调节方便。

⑤ 结构简单、制造成本低、安装检修方便。在使用过程中耐吹冲，局部的损坏影响范围小。

当然，对某一确定的精馏塔，以上各点要求很难同时满足，有时仅仅表现为某一方面的优点比较突出。而对不同的生产过程，往往某一方面的要求是主要的。由此，应根据生产上的要求，选择比较满意的精馏塔。

目前，工业生产上使用的精馏塔塔型很多，而且随着生产的发展还将不断创造出各种新型塔结构。根据塔内汽液接触部件的结构形式可分为两大类：一类是逐级接触式的板式塔，塔内装有若干块塔板，汽液两相在塔板上接触进行传热与传质；另一类是连续接触式的填料塔，塔内装有填料，汽液传质在润湿的填料表面上进行。对传质过程而言，逆流条件下传质平均推动力最大，因此这两类塔总体上都是逆流操作。操作时，液体靠重力作用由塔顶流向塔底排出，气体则在压力差推动下，由塔底流向塔顶排出。

工业生产上普遍采用的双塔流程中有两台精馏塔：预精馏塔（也称脱醚塔）和主精馏塔。

1. 预精馏塔

预精馏塔的主要作用是：第一，脱除粗甲醇中的二甲醚；第二，加水萃取，脱除与甲醇沸点相近的轻馏分；第三，除去其他轻组合有机杂质。通过预精馏后，二甲醚和大部分轻组分基本脱除干净。

工业生产中粗甲醇的预精馏塔多数采用板式塔，初期为泡罩塔，近年来改用筛板塔、浮阀塔、浮舌塔等新型塔板。

由于粗甲醇中含杂质很复杂，难以定量分析，而且这些量也常随着合成塔的操作条件而改变，这就给预精馏塔的设计计算带来困难。根据工业生产的实际经验，为达到预精馏目的，以确保精甲醇的质量，预精馏塔至少需 50 块塔板。预精馏塔塔径由负荷决定，一般为 1～2m，板间距为 300～500mm。按塔的直径大小，板间距不等，预精馏塔的总高度也不等，大约在 20～30m。预精馏塔的入料口一般有 2～4 个，可以根据进料情况调整入料口的高度，入料口一般在塔的上部。萃取用水一般在预精馏塔顶部或由上而下的第 2～4 块板上加入。

目前，新型高效填料如丝网波纹填料已应用到甲醇预精馏塔中，操作正常，此种塔与浮阀塔相比，压降低，塔总高也低。

2. 主精馏塔

主精馏塔的作用是：第一，将甲醇组分和水及重组分分离，得到产品精甲醇；第二，将水分离出来，并尽量降低其有机杂质的含量，排出系统；第三，分离出重组合——杂醇油；第四，采出乙醇，制取低乙醇含量的精甲醇。

主精馏塔一般采用板式塔，初期也为泡罩型，现已被淘汰。目前多采用浮阀塔，也有筛板塔、浮舌塔及斜孔塔等。较少用填料塔。

根据生产实际经验，需要 75～85 层塔板，才能保证精甲醇苛求的质量指标，同时达到减小回流比降低热负荷的节能目的。一般塔径为 1.6～3m，其板间距为 300～600mm，塔的总高度约为 35～45m。

主要精馏塔的入料口设 3～5 个，在塔的中下部，可根据物料的状况调节入料高度。精甲醇采出口有 4 个，一般在塔顶向下数 5～8 层，为侧线采出，这样保持顶部几层塔板进行全回流，可防止残留的轻组分混入成品中。重组分采出口在塔的下部第 4～14 层塔板处，设 4～5 个采出口，应选择重组分浓集的地方进行采出。乙醇的采出口一般在入料口附近。

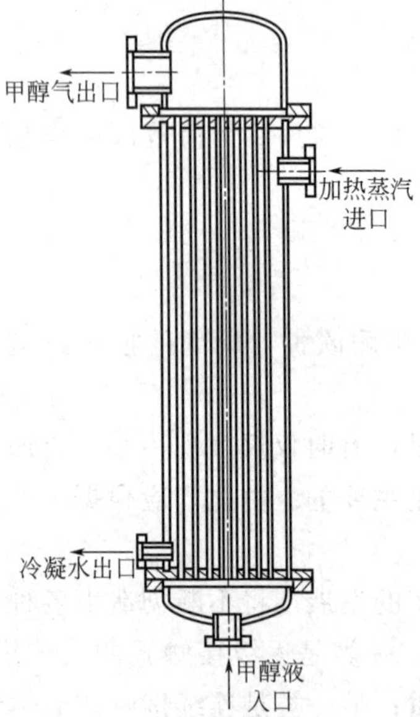

图 7-7 再沸器结构

二、再沸器

再沸器的结构如图 7-7 所示。再沸器通常采用固定管板式换热器，置于精馏塔底部，用管道与塔底液相相连，液体依靠静压，在再沸器中维持一定高度的液位。管间通以蒸汽或其他热源，使甲醇汽化，气体从再沸器顶部进入精馏塔内。

液体在再沸器内处于沸腾状态，存在冲刷与气蚀，所以要选择耐腐蚀的材料来制造再沸器。

三、冷凝器

精馏塔顶蒸出的甲醇蒸气在冷凝器中被冷凝成液体，作为回流液或成品精甲醇采出。在甲醇精馏中，预塔和主塔冷凝器的结构基本相同，有两种形式，一种是用水冷却，一种是用空气冷却。

1. 固定管板式水冷凝器

图 7-8 为以水冷却的固定管板式冷凝器，是化工生产中常用的换热器。甲醇蒸气在管间

冷凝，冷却水走管内。为提高传热效率，冷却水一般分为四程，甲醇蒸气由下部进入，冷凝器的壳程装有挡板，使被冷凝气体折流通过。

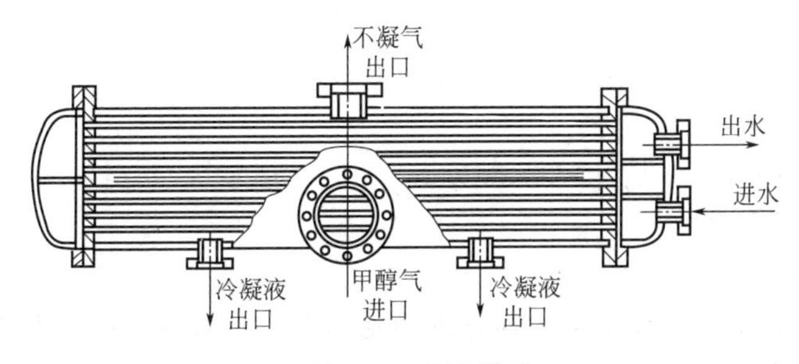

图 7-8　水冷凝器

为了保证甲醇质量，防止冷却水漏入甲醇，因此冷凝器列管与管板间的密封十分严格，冷凝器的长度一般不得超过 3m，否则要采取温度补偿措施。

2. 翅片式空气冷凝器

在甲醇精馏过程中，要求冷凝液体温度保持在沸点上下，减少低沸点杂质的液化和提高精馏过程中的热效率，常常选用空气冷凝器。

图 7-9 为一般空气冷凝器的结构。列管可以水平安装或略带倾斜，用于甲醇冷凝时，通常进气端稍高，与水平约成 7.5°。鼓风机一般采用大风量低风压的轴流风机，可以置于列管下部或放在侧面。

为了强化传热，列管上都装有散热翅片，翅片有缠绕式和镶嵌式两种。如图 7-10 所示。

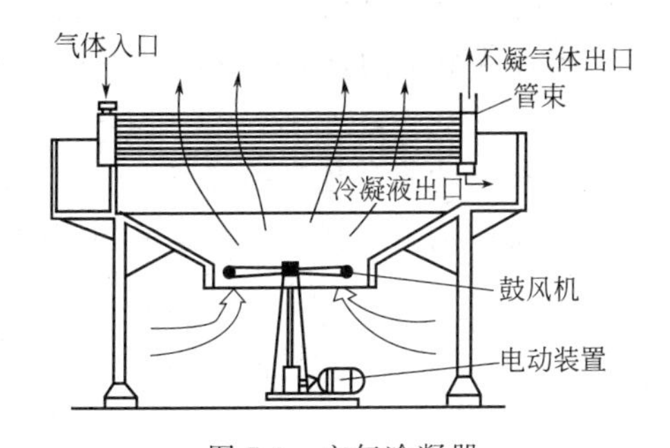

图 7-9　空气冷凝器

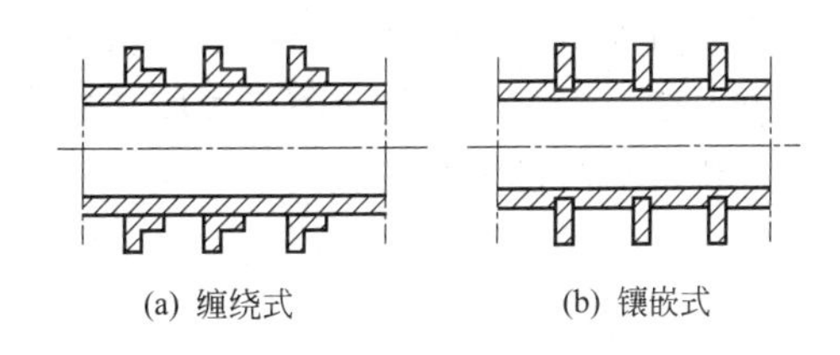

图 7-10　散热翅片的安装方式

缠绕式的翅片缠绕在管壁上，为了增加翅片与管壁的接触面积，通常将翅片根部做成 L 形。

镶嵌式是在圆心管上切凹槽，将翅片埋在槽内，翅片与圆管的接触较好，但加工费用较高，而且造价也较高。

空气冷凝器的冷凝温度通常要比空气温度高 15～20℃，对于沸点较高的甲醇冷凝比较适用。空气冷凝器的优点是清理方便，不足之处是一次投资大，且振动与噪声也大。

第四节　粗甲醇的精馏操作

一、正常操作的根据

精馏塔的正常操作，主要应掌握物料、汽液、热量三个平衡，现分别介绍如下。

1. 物料平衡

物料平衡式如下

$$F=D+W$$

$$Fx_{Fi}=Dx_{Di}+Wx_{Wi}$$

式中 F——进料量；

D——塔顶出料量；

W——塔底出料量；

x_{Fi}——进料组成；

x_{Di}——塔顶出料组成；

x_{Wi}——塔底出料组成。

物料平衡的建立，是衡量精馏塔内操作的稳定程度，它表现在塔的生产能力大小及产品的质量好坏。通常应根据进料量和塔顶出料量来保持塔内物料平衡，从而保证精馏塔内操作条件的稳定。从塔压差的变化上可以看出塔的物料平衡是否被破坏。若进得多，采得少，则塔压差上升；反之，塔压差下降。例如，当精馏塔在一定的负荷下，塔压差应在一定的范围内，若塔压差过大，说明塔内上升蒸气的速度过大和塔板上的液层升高，雾沫夹带严重，甚至发生液泛，破坏塔的操作；若塔压差过小，表明塔内上升蒸气的速度过小，塔板上气液湍动程度低，传质效率差，对于筛板、浮阀等塔板还容易产生泄漏，降低塔板效率。当失去物料平衡时，还会在塔的温度及产品质量等方面反映出来。

① 若 $Dx_{Di}>Fx_{Fi}-Wx_{Wi}$，对主精馏塔中 x_{Wi}（即塔釜甲醇组分）含量接近 0，实际上即 $Dx_{Di}>Fx_{Fi}$。这就是甲醇的采出量大于进料量，使塔内的物料组成变重，全塔温度逐步升高，以致精甲醇产品的蒸馏量降低，而干点升高，质量不合格。

② 若 $Dx_{Di}<Fx_{Fi}-Wx_{Wi}$，即 $Dx_{Di}<Fx_{Fi}$。这正与前一种情况相反，塔内各点温度下降，甲醇组分下移，以致 x_{Wi} 大大超出指标，而造成甲醇有效组分的损失。这时，精甲醇产品可能会出现初馏点降低，也影响其质量。

由上述分析可知，物料不平衡将导致塔内操作混乱，从而达不到预期的分离目的。与此同时，热量平衡也将遭到破坏。在粗甲醇的精馏操作中，维持物料平衡的操作是最频繁的调节手段。

2. 汽液平衡

$$y_i=p_i^{\circ}x_i$$

式中 y_i——混合气中 i 组分的摩尔分数；

p_i°——纯组分 i 在该温度下的饱和蒸气压；

x_i——溶液中 i 组分的摩尔分数。

汽液平衡主要体现了产品的质量及损失情况，它是靠调节塔的温度、压力及塔板上汽液接触情况来实现的。在一定的温度、压力下，具有一定的汽液平衡组成。对于甲醇精馏塔来说，一般操作压力为常压，所以每层塔板上的温度实际上反映了该板上的汽液组成，其组成随温度变化而变化，产品的质量和损失情况最终也发生改变。

汽液平衡是靠在每块塔板上汽液互相接触进行传热和传质而实现的，所以，汽液平衡和物料平衡密切相关。当物料平衡时，全塔所有各塔板上具有一定的汽液平衡组成（实际生产中不可能达到平衡，但其平衡程度相对稳定，仍反映在温度上），当馏出量变化破坏了物料平衡时，塔板上温度随之发生变化，汽液组成也发生了改变。物料平衡掌握得好，塔内上升蒸气的速度合适，汽液接触好，则传质效率高，每块塔板上的汽液组成接近平衡的程度就高，即板效率高。塔内温度、压力的变化，也可造成塔板上气相和液相的相对量的改变，从而破坏原来的物料平衡。例如，塔釜温度过低，会使塔的板上的液相量增加，蒸气量减少，釜液量增加，甲醇组分下移，顶部甲醇量减少；当塔顶温度过高时，则适得其反。这些都会破坏正常的物料平衡。

3. 热量平衡

全塔 $$Q_{入}=Q_{出}+Q_{损}$$

每块塔板 $$Q_{冷凝}=Q_{气化}$$

式中 $Q_{入}$——物料带入的总热量；

$Q_{出}$——物料带出的总热量；

$Q_{损}$——全塔损失的热量；

$Q_{冷凝}$——每块塔板上汽相的冷凝热量；

$Q_{气化}$——每块塔板上液相的汽化热量。

热量平衡是实现物料平衡和汽液平衡的基础，而又依附于物料平衡和汽液平衡。例如，进料量和组成发生了改变，则塔釜耗热量及塔顶耗冷量均作相应的改变，否则，不是回流量过小影响精甲醇的质量，就是回流比过大造成不必要的浪费。当塔的操作压力、温度发生了改变时，塔板上的汽液相组成随之变化，则每块塔板上汽相的冷凝热量和液相的汽化热量也会发生变化，最终体现在塔釜供热和塔顶取热的变化上。同样，热量平衡发生了改变也会影响物料平衡和汽液平衡。例如，加热釜的供热不够，就会导致釜温达不到规定值，回流比下降，形成塔内操作紊乱，从而使：

① 物料平衡被破坏，釜液排出甲醇量增加，塔顶甲醇量减少，塔的生产能力下降；

② 汽液平衡也被破坏，塔内上升蒸气量下降，汽液接触变差，传质效率下降，处理不当就会影响精甲醇的质量。

精馏操作主要是通过调节的手段，维持好物料、汽液、热量三个平衡，掌握好温度、压力、液面、流量及组成的变化规律及其相互的有机联系。通常是根据塔的负荷，供给塔釜一定的热量，建立热量平衡，随之达到一定的汽液平衡，然后用物料平衡作为经常的调节手段，控制热量平衡和汽液平衡的稳定。操作中往往是物料平衡首先改变（负荷、组成），相应通过调节热量平衡（回流量、回流比），从而达到汽液平衡的目的（包括精甲醇的质量、残液中含甲醇量、重组分的浓缩程度等）。当然，当塔釜供热量改变使热量平衡遭受破坏时，则应调节供热量（一般为自动控制）使其恢复平衡，同时辅以物料平衡的调节（甚至塔负荷），勿使塔内汽液平衡遭受到严重破坏。

二、温度的控制

为了控制三个平衡，进行操作调节的参数较多，如压力、温度、组成、负荷、回流量、回流比、采出量等。而经常用以判断精馏塔三个平衡的依据及调节平衡的主要的参数均为精馏塔的温度。塔温随着其他操作因素的变化而变化。

在正常生产情况下，塔的压力变化并不明显，在负荷一定的情况下，塔内具有一定的压力降，但压力降基本稳定。全塔的热负荷也不是经常作为变动的因素，它基于满足分离效率前提下所必要的回流比，而且多数装置都采用自动控制的手段使其稳定。而粗甲醇的组成一般也是稳定的，处理负荷也不多变。显然，经常的操作因素是建立稳定的物料平衡，汽液平衡也相应稳定，最终保证产品质量和甲醇的收率。由于只有汽液平衡稳定，且每块塔板上建立在一定的汽液组成范围内，才能保证精馏塔的分离效率，而在操作压力一定的情况下，每层塔板上汽液组成的变化，首先由温度很敏感地反映出来，所以温度便成为观察和控制三个平衡的主要参数。

在工业生产中，可以通过对塔板上温度的监视，去判断塔内三个平衡的变化情况，然后根据情况通过调手段维持塔板上温度在一定范围内，达到精馏塔的平衡稳定。精馏塔内的三个平衡实际上是不可能绝对平衡的，每层塔板上的组成（温度）在不断地变化着，但塔的设计允许其在一定范围内波动，一旦超出这个范围，就必须使温度（组成）返回到这个范围内，就可以保证产品甲醇的质量。下面对双塔精馏中的主精馏塔温度控制作一介绍。

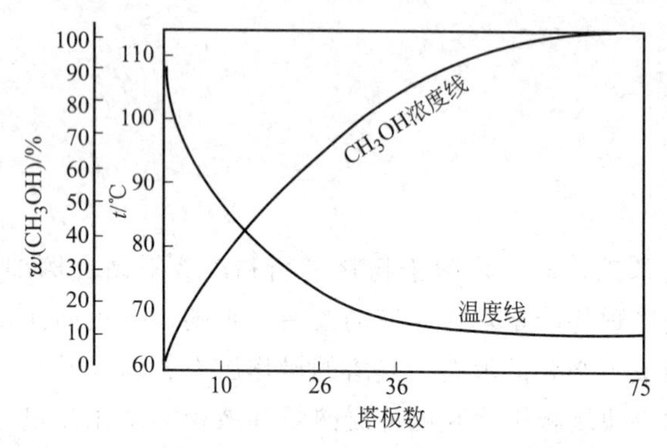

图 7-11 主精馏塔的温度与甲醇浓度分布曲线

图 7-11 表示甲醇主精馏塔内温度与甲醇含量沿塔高的分布曲线。由图可知，从塔顶直至塔的中部温度和甲醇含量变化不大，从中部到塔底温度和甲醇含量变化较大。对主精馏塔内温度控制如下。

① 塔顶温度。精馏塔塔顶温度是决定甲醇产品质量的重要条件，常压精馏塔一般控制塔顶温度 66～67℃。如在塔内压力稳定的前提下，塔顶温度升高，则说明塔顶重组分增加，使甲醇的沸程和高锰酸钾值超标。这时必须判定是工艺原因还是设备冷凝器泄漏原因。前者往往是因为塔内重组分上升，后者则由于塔外水分被回流液带至塔顶。是工艺原因则应调节蒸汽量和回流量，必要时可减少或暂停采出精甲醇，待塔顶温度正常后再采出产品，以保证塔内物料平衡。如果设备冷凝器泄漏，则应停车，消除泄漏点，然后恢复正常生产。

② 精馏段灵敏板温度。由图 7-11 可知，从塔顶直至塔的中部温差很小，塔顶温度变化幅度也很小，必然在物料很不平衡的情况下，才能明显反映出来，往往容易调节滞后，造成大幅度的波动，影响产品质量。而塔中部的温度与浓度变化较大，只要控制在一定范围内，就能保证塔顶温度和甲醇质量，当物料平衡一旦破坏，此处塔温反应最灵敏。因此，往往在这部分选取其中一块板作为灵敏板，以此板温度来控制物料的变化。主精馏塔的灵敏板一般选在自塔底上数第 26～30 块板，温度控制在 70～76℃，可以通过预先调节，以保证塔顶以致全塔温度稳定。在正常生产条件下，这个温度的维持，是全塔物料平衡的关键。

③ 塔釜温度，如果塔内分离效果很好，釜液为接近水的单一组分，其沸点约为 106～110℃（与塔釜压力有关）。维持正常的塔釜温度，可以避免轻组分流失，提高甲醇的回收率；也可以减少残液的污染作用。如果塔釜温度降低，往往是由于轻组分带至残液中，或是热负荷骤减，也有可能是塔下部重组分（恒沸物，沸点比水低）过多所造成。此时需判明情况进行调节，如调节回流（增加热负荷），增加甲醇采出量（要参看精馏段灵敏板温度），增加重组分采出等措施，必要时需减少进料量。

④ 提馏段灵敏板温度。当塔底温度过低时再进行调节，往往容易造成塔内波动较大。通常在提馏段选取一灵敏板，一般选在自下而上第 6～8 块板，温度控制在 86～92℃，可以进行预先调节。温度升高说明重组分上移，温度下降说明轻组分下移，特别是温度降低时，应提前加大塔顶采出或减少进料。必要时，增加杂醇油采出，避免甲醇和中沸组分下移到塔釜。

对于预精馏塔的操作，其塔温分布同样标志着塔内组分的变化情况。一般塔顶温度过高，甲醇流失大；温度过低，轻组分脱除不净，会影响甲醇的质量。塔釜温度所显示的甲醇浓度，可以判断萃取水量是否合适。

三、影响精馏操作的因素与调节

若将三个平衡作为精馏操作的基础，温度的控制视为维持平衡的主要信号，那么，除了设备问题以外，一般影响精馏操作的主要因素如下。

① 进料的状态、组成、流量。

② 回流比。

③ 物料的采出量。

下面对双塔精馏中主精馏塔有关精馏操作的几个重要因素作一个讨论。

1. 进料状态

主精馏塔的进料状态有五种情况：

① 冷液进料（$q>1$）；

② 泡点进料（$q=1$）；

③ 气液混合物进料（$0<q<1$）；

④ 饱和蒸汽进料（$q=0$）；

⑤ 过热蒸汽进料（$q<0$）。

当进料状态发生变化（回流比，塔顶馏出物的组成为定值）时，q 值也将发生变化，这直接影响到提馏段回流量的改变，从而使提馏段操作线方程发生改变，进料板的位置也随之改变。如图 7-12 所示。图中 ef_1、ef_2、ef_3、ef_4、ef_5 分别表示冷液进料、泡点进料、气液混合物进料、饱和蒸汽进料、过热蒸汽进料五种情况下的 q 线位置，d_1、d_2、d_3、d_4、d_5 表示对应五种进料状态下精、提两操作线的交点。由图可见，q 线位置的改变，将引起精、提两操作线交点的改变，从而引起理论塔板数和精馏段、提馏段塔板数分配的改变。对于固定进料状况的精馏塔来说，进料状态的改变，将会影响到产品质量及损失情况。

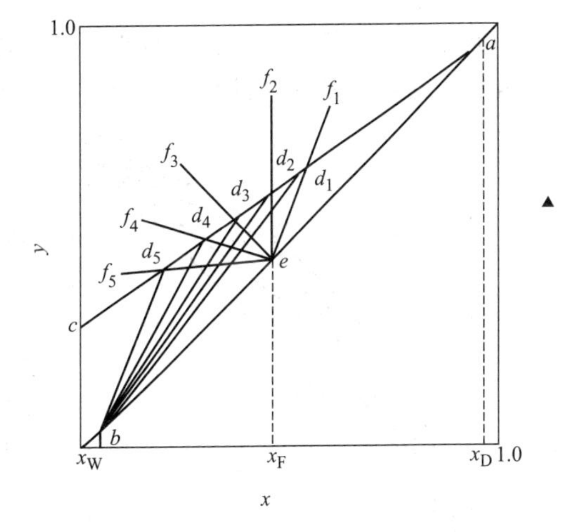

图 7-12　进料状态对 q 线和操作线的影响

对一般精馏多用泡点进料，此时，精馏、提馏两段上升蒸气的流量相等，便于精馏塔的设计。甲醇精馏塔也用泡点进料。有时，当塔板有故障时，也可根据精馏段和提馏段的能力，在调节入料高度同时，辅以改变进料状态，以达到精甲醇要求的质量标准。

进料状态改变时，由于引起精、提两段重新分配，必然将引起塔内汽液平衡和温度的变化，要通过调节达到新的平衡。

2. 进料量和进料组成

甲醇精馏塔进料量和组成改变时，都会破坏塔内物料平衡和汽液平衡，引起塔温的波动，如不及时调节，将会导致精甲醇的质量不合格或者增加甲醇的损失。

一般进料量在塔的操作条件和附属设备能力允许范围内波动时，只要调节及时得当，对塔顶温度和塔釜温度不会有显著的影响，只是影响塔内蒸气速度的变化。但量的变动宜缓慢进行，否则，限于塔板的操作特点，短时间内可能造成塔顶、塔釜温度的变化，而影响精甲醇的质量和损失。进料量变化后，应根据回流比情况，考虑调节热负荷。当然，若变化很小，可以不改变。当进料量增加时，蒸气上升速度增加，一般对传质是有利的，但蒸气速度必须小于液泛速度。当进料量减少时，蒸气速度降低，对传质不利，所以蒸气速度不能过低。有时为了保持塔板的分离效率，有意适当增大回流比，以提高塔内上升蒸气速度，提高传质效果。这个方法自然是不经济的，说明精馏塔在低负荷下操作是不合理的。

随着进料量的改变，各层塔板上的汽液组成重新分配，可以控制灵敏板一定的温度与之相适应。

精甲醇的组成一般是比较稳定的，只是在合成催化剂使用的前后期随着反应温度的升高而变化较大。但是预精馏后的含水甲醇中，甲醇浓度总会有些小幅度的波动。无论是其中甲醇浓度增加或降低，都会造成塔内物料不平衡，导致轻组分下降或重组分上升，引起塔釜温度降低或塔顶温度升高，增加了甲醇损失或降低了精甲醇的质量。此时，其回流比是适宜的，只需对精甲醇的采出量稍作调节，就可达到塔温稳定，物料和汽液又趋平衡。如果粗甲醇的组成变化较大时，则需适当改变进料板的位置，或是改变回流比，才能保证粗甲醇的分离效率。当合成催化剂后期生产的粗甲醇进行精馏时，有时为确保精甲醇的质量，可将精馏塔进料位置降低，同时适当增大回流比。当然，这样做不仅增加了热能的消耗，甚至塔釜残液的温度和组成也会发生改变。

3. 回流比

回流比对精馏塔的操作影响很大，直接关系着塔内各层塔板上的物料浓度的改变和温度的分布，最终反映在塔的分离效率上，是重要的操作参数之一。

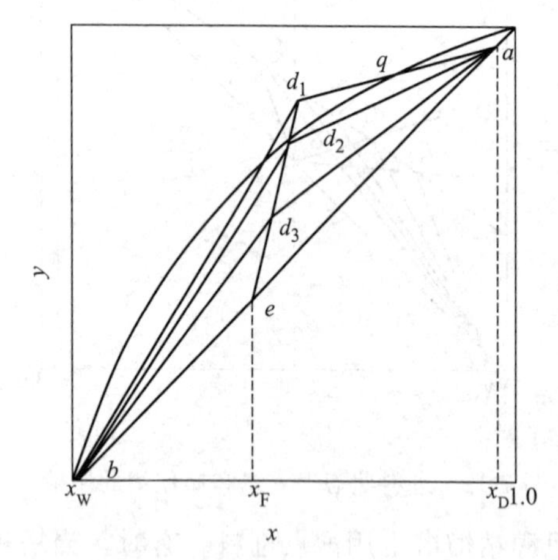

图 7-13 回流比对操作线的影响

x_D—塔顶馏出物组成中轻组分浓度，摩尔分数；

x_W—塔釜馏出物组成中轻组分浓度，摩尔分数

由精馏操作线方程可知，当进料状况确定，x_D、x_W 在规定情况下时，操作线的位置仅随回流比 R 的大小而变化。如图 7-13 所示。

全回流时，回流比 $R=\infty$，精馏段操作线斜率 $\frac{R}{R+1}=1$，在 y 轴上的截距 $\frac{x_D}{R+1}=0$，即操作线与对角线重合，这时所需的理论板最少，但塔的生产能力为零。全回流是操作回流比的上限，正常生产中并不采用。它只是在设备开工、调试及实验研究时采用，或用在生产不正常时精馏塔的自身调整操作中。

当回流比减小到使精、提两操作线的交点恰好落在相平衡曲线上（图 7-13 中 d_2 点），这时的回流比称为最小回流比，此时，若在交点附近用图解法求塔板，则需无穷多块塔板才能接近 d_2 点。因此，在回流比为最小回流比时，不可能达到预定的分离目的。

由上述分析可知，实际回流比需介于最小回流比和无穷大回流比之间，即精、提两段操作线的交点应在相平衡线与对角线之间。适宜回流比应通过经济衡算来决定，即按照操作费用与设备折旧费之和为最小的原则来确定。一般情况下，选取适宜回流比为最小回流比的 1.3～2 倍。

甲醇主精馏塔的回流比为 2.0～2.5。其调节的依据是根据塔的负荷和精甲醇的质量。

当塔的负荷较小时，这时塔板比较富裕，可以选取较低的回流比，这样比较经济，为了保证精甲醇的质量，精馏段灵敏板的温度可以控制略低；反之，则增大回流比，在保证精甲醇质量的同时，为保持塔釜温度，灵敏板温度可控制略低。对粗甲醇精馏，回流比过大或过小，都会影响精馏操作的经济性和精甲醇的质量，一般在负荷变动及正常生产条件受到破坏或产品不合格时，才调节回流比，调节后尽可能保持塔釜的加热量稳定，使回流比稳定。在调节回流比时，应注意板式塔的操作特点，防止液泛和严重漏液。

为了降低回流比，减少热负荷，达到经济运行，除了采用较新型的塔板外，适当增加塔的板数也是适宜的。在双塔流程中，主精馏塔常常采用 85 层塔板。

当回流比改变时，必将引起操作线的变动，最终引起塔内每层塔板上组成和温度的改变，影响精甲醇的质量和甲醇的收率，必须通过调节，控制塔内适宜的温度，达到新的平衡。

由以上分析可知，对粗甲醇精馏塔的操作可以概括如下几点。

① 在稳定塔压下，采用较高的蒸气速度操作，这样做既可提高传质效果又最为经济；

② 选择适宜回流比，降低能量消耗；

③ 一般在进料稳定和变化缓慢的情况下，通过经常性小量调节精甲醇和重组分的采出量，以保持塔温的合理分布和稳定，维持好塔内物料、汽液及热量三个平衡，使产品甲醇达到质量指标。

四、产品质量的控制

粗甲醇的精馏过程中，对产品质量的控制，除要求两个关键组分甲醇、水分离彻底外，还要求降低精甲醇中有机杂质的含量，而且后者是精馏操作中控制甲醇质量的关键问题。

1. 提高精甲醇的稳定性

稳定性是衡量精甲醇中还原性杂质的多少（高锰酸钾值），也是衡量精甲醇质量的一项重要指标。因为高锰酸钾值高，不仅说明精甲醇中还原性杂质含量很低，而且也说明其他绝大部分有机杂质含量也很低，所以稳定性是精馏操作中要经常检查的质量指标，在某种意义上说，显得比精甲醇蒸馏量（浓度）的检验更具有重要性。在双塔精馏操作中，为了提高精甲醇的高锰酸钾值，一般从以下两方面着手。

(1) 预精馏塔操作　在预精馏塔操作中，除了维持适当的负荷，适宜的回流比和合理的塔内温度分布与稳定以外，最关键的是进行好萃取精馏操作。

对一般萃取精馏来说，萃取剂的温度、浓度及用量对精馏操作都有影响，因粗甲醇预精馏塔的萃取剂是水，且用量有限，所以萃取剂对预精馏塔操作的影响主要是塔顶的加水量。当精甲醇的高锰酸钾值达不到质量指标时，应加大萃取水量，降低预精馏后含水甲醇的溴值，以提高精甲醇的稳定性。加水量一般不超过粗甲醇进料量的 20%，再增加水量，肯定有益于有机杂质的清除，但要降低预精馏塔的生产能力，同时增加热能和动力消耗，对塔的其他工艺条件的控制也带来一定难度，所以在生产中应视粗甲醇的质量适当调节萃取水的加入量。

若改善操作条件和加大萃取水量以后，仍不能达到降低预精馏后甲醇的溴值，往往是由于粗甲醇的质量不好所引起的。则可在有机杂质浓集的部位（如回流液）采出一些初馏分，能有效地降低塔内的轻组分，进而提高产品甲醇的稳定性。另外，适当提高塔顶冷凝器的冷凝温度，也有利于杂质的有效脱除。当然，塔顶冷凝温度的控制，在提高产品质量的同时，也应防备减少甲醇的精馏损失。

通过上述操作调节，最终目的达到预精馏后的含水甲醇要具有一定的高锰酸钾值，其具体指标视精甲醇的质量等级而定。

（2）主精馏塔　若主精馏塔操作不当，也可能影响精甲醇的稳定性。主精馏塔除维持正常的操作参数提高塔的分离效率以外，还可以从以下几方面精心操作来提高精甲醇的稳定性。

重组分升至塔顶，是影响精甲醇稳定性的一个重要原因。在精馏操作中，除维持好塔内的三个平衡，控制好塔温，防止重组分上升外，连续有效地采出重组分是非常重要的。短时间内对重组分不采出，似乎对精甲醇的稳定性并不影响，但随着重组分在塔内的积累，它会逐渐上移（特别是当塔温波动时），从而降低精甲醇的稳定性。重组分的采出量应根据分析结果进行调节。此外，重组分的采出，对降低精甲醇中的乙醇含量也是有利的。

轻组分下移有时也可能影响精甲醇的稳定性，即精甲醇采出口以上的塔板数已不足以清除残余的轻组分。所以，过分的加大回流比，对提高精甲醇的质量有时取得相反的结果，在精馏操作中，必须控制好适宜的回流比和塔温。

当预精馏塔的萃取精馏效果良好，主精馏塔的操作参数和采出量都正常时，精甲醇的稳定性仍不合格，可以从回流液中采出少量初馏分，能有效地提高精甲醇的稳定性。

2. 防止精甲醇加水浑浊

水溶性（亦称浑浊度）是指精甲醇产品加水后出现浑浊现象。精甲醇的质量指标要求与水任意混合不显浑浊。当精甲醇中含有不溶或难溶于水的有机杂质，加水后，这些杂质呈胶状微粒形式析出，从而出现浑浊现象。

影响精甲醇加水浑浊的杂质有两类，现介绍如下。

第一类杂质是在精馏塔顶部的初馏物中，当在初馏物中加水后，溶液分为两层，对上层油状物进行分析，大致组成如表7-9表示。

表7-9　预蒸馏塔初馏物中油状物组成

名称	戊烷	己烷	庚烷	C_8异构烷烃	辛烷	C_9异构烷烃	壬烷	C_{10}异构烷烃	癸烷	已知组分	未知组分
含量(质量)/%	0.26	1.16	3.18	1.10	5.75	2.55	12.00	3.74	42.1	71.8	28.2
沸点/℃	36.1	68.7	98.4		125.6		150.7		174		

这类杂质的沸点绝大部分比甲醇高，它们被带至预精馏塔的顶部，主要是由于与甲醇形成共沸物，共沸物的沸点比甲醇沸点低，如表7-10所示。实验表明，将上层油状物配制到试剂甲醇中，当含量为0.0060%时，加水不浑浊；含量为0.0080%时，加水后微浑浊，说明精甲醇中对这些杂质的含量只差20mg/kg，即由加水不浑降为加水浑浊。显然这类杂质对产品水溶性的影响是显著的。

表7-10　甲醇-烷烃形成恒沸物的沸点和组成

共沸体系	烷类沸点/℃	实验值			文献值		
		共沸温度/℃	共沸组成/%(质量)		共沸温度/℃	共沸组成/%(质量)	
			甲醇	烷烃		甲醇	烷烃
甲醇-异戊烷	31	24.2	4.4	95.6	24.5	4.2	95.8
甲醇-戊烷	36.1	30.1	6.3	93.7	31	6.2	93.8
甲醇-己烷	68.7	49.3	28.4	71.6	50.6	28.9	71.1
甲醇-庚烷	98.4	58.8	49.4	50.6	60.5	61.0	39.0
甲醇-异辛烷	109.8	58.3	51.0	49.0			
甲醇-壬烷	150.7	63.9	88.1	11.9			
甲醇-癸烷	174	64.3	98.8	1.2			

清除第一类杂质的手段主要是加强预精馏塔的操作，其方法与提高精甲醇稳定性的操作方法是相似的。首先，是加水萃取精馏。由于这类杂质与甲醇形成共沸物的沸点与甲醇接近，很难分离，必须加水进行萃取精馏。生产实践表明，当精甲醇加水浑浊时，预精馏塔内萃取水量增加，加水浑浊现象会明显好转直至不再浑浊。所以，预精馏塔加水提高精甲醇稳定性的同时，也是防止精甲醇加水浑浊的操作过程。加水量仍以15%～20%为宜。其次，当加水萃取仍不能解决浑浊现象时，也可从回流液中采出少量初馏物。另外，预塔塔顶冷凝温度的控制，对产品水溶性有较大影响，因此，要根据合成粗甲醇反应条件的变化作相应的调整，把塔顶温度控制在一定范围内，若一旦塔顶温度降低，就可能有此类杂质存在，就予以排除。

第二类杂质是在预精馏塔的釜液-含水甲醇中，常常可以明显地看到预精馏后的含水甲醇呈浑浊现象，以后这些影响甲醇浑浊的杂质浓集在主精馏塔的提馏段内，常漂浮在异丁基油馏分及塔釜残液之上，其组成如表7-11所示。化学方法鉴定结果表明，其主要组成是C_{11}～C_{17}的烷烃、C_7～C_{10}高级醇，同时含少量的烯烃、醛、酮及有机酸。

表7-11　主精馏塔提馏段油状物的特性和组成

外观	相对密度 d_4^{10}	沸程/℃	C_{11}～C_{17}烷烃/%	C_7～C_{10}醇类及其他/%
黄色油状	0.783	160～310	84	16

清除第二类杂质，主要是控制好主精馏塔的操作，与提高精甲醇的稳定性也颇为相似。首先，要严格控制塔内的各操作条件，特别是精馏段内的灵敏板温度，可以避免重组分上升至塔顶，重组分上升，就可能将第二类杂质带至精甲醇中。其次，在提馏段内应坚持采出重组分—异丁基馏分，同时可将第二类杂质一并排出。此外，在塔釜残液中，也可带出一部分第二类杂质。

一般来说，在精馏过程中通过操作提高精甲醇稳定性的同时，也清除了影响精甲醇加水浑浊的有机杂质。

3. 防止精甲醇水分超标

精甲醇质量标准［GB338—92］要求水分含量<0.1%；但针对不同的用户，各生产厂家对精甲醇产品也制定了内控的不同要求，有控制水分<0.08%，也有控制水分<0.05%的。

从工艺方面分析，回流比小，重组分上移，则会造成水分超标。此种情况下，则应加大回流比，并控制好精馏段灵敏板温度。

从设备方面分析，主精馏塔的回流冷凝器泄漏或精甲醇采出冷却器泄漏均会使精甲醇水分超标，这就需要判断是冷凝器泄漏还是冷却器泄漏所造成的。查冷凝器是否泄漏的方法之一是测回流液中的水分和密度。证实泄漏的设备应予以停车堵漏。

主精馏塔内件损坏，分离效率降低也会使精甲醇中水分含量增加，此时加大主精馏塔回流比是临时补救措施。

第八章　生产安全及防护

在甲醇生产过程中同样具有较多的有毒物质和易燃易爆物质，而且生产流程复杂，运转设备和高温、高压设备比较多。因此，在合成氨厂的工作人员，必须通晓与生产过程有关的安全技术知识，并且在工作中能自觉和认真地贯彻安全技术要点，从而保证人身安全和设备安全。

第一节　安全防护知识

化工生产的特点：原料及制成品（中间产品）易燃、易爆、易中毒、易腐蚀、易磨蚀、易灼烧，生产工艺流程长，转动设备多；生产过程具有高温高压、低温负压等；整个生产装置连续性强，自动化程度高，楼层高大，设备分布广。另外在装置中还使用众多照明灯具和电气设备，它们会放出电热和电火花，就目前化工生产的技术水平，在生产和维修过程中，还不能完全杜绝可燃物料的泄漏或排放，而且常常有可能采用明火作业。此外在作业区内还有可能出现一些偶然的泄漏和火源。

如上所述，化工生产潜在许多不安全的因素。因此就要求牢固树立安全第一的思想，学习安全知识，提高技术水平。自觉遵节守纪，确保安全生产。

一、化工生产安全规定

《化工部安全生产禁令》1982年颁布，1994年做了适当的修改和补充如下。

1. 生产区内十四个不准

① 加强明火管理，厂区内不准吸烟。

② 生产区内，不准未成年人进入。

③ 上班时间，不准睡觉、干私活、离岗和干与生产无关的事。

④ 上班前、班上不准喝酒。

⑤ 不准使用汽油等易燃液体擦洗设备、用具和衣物。

⑥ 不按规定穿戴劳动保护用品，不准进入生产岗位。

⑦ 安全装置不齐全的设备不准使用。

⑧ 不是自己分管的设备、工具不准动用。

⑨ 检修设备时安全措施不落实，不准开始检修。

⑩ 停机检修后的设备，未经彻底检查，不准启用。

⑪ 未办高处作业证，不戴安全带，脚手架、跳板不牢，不准登高作业。

⑫ 石棉瓦上不固定好跳板，不准作业。

⑬ 未安装触电保安器的移动式电动工具，不准使用。

⑭ 未取得安全作业证的职工，不准独立作业；特殊工种职工，未经取证，不准作业。

2. 操作工的六严格

① 严格执行交接班制。

② 严格进行巡回检查。

③ 严格控制工艺指标。

④ 严格执行操作法。

⑤ 严格遵守劳动纪律。

⑥ 严格执行安全规定。

3. 动火作业六大禁令

① 动火证未经批准，禁止动火。

② 不与生产系统可靠隔绝，禁止动火

③ 不清洗，置换不合格，禁止动火。

④ 不消除周围易燃物，禁止动火。

⑤ 不按时作动火分析，禁止动火。

⑥ 没有消防措施，禁止动火。

4. 进入容器、设备的八个必须

① 必须申请、办证、并得到批准。

② 必须进行安全隔绝。

③ 必须切断动力电，并使用安全灯具。

④ 必须进行置换、通风。

⑤ 必须按时间要求进行安全分析。

⑥ 必须佩戴规定的防护用具。

⑦ 必须有人在器外监护，并坚守岗位。

⑧ 必须有抢救后备措施。

二、有毒有害物质的防护及急救

在化工生产中，生产性毒物繁多，常以气体、蒸气、雾、烟或粉尘的形式污染生产环境，当毒物达到一定浓度时，便可对人体产生毒害作用。因此，在化工生产中预防中毒是极为重要的。

1. 毒物、中毒

毒物：某些物质侵入人体，经物理化学作用，能破坏人体组织中的正常生理机能，引起人体病理状态，这种物质称为毒物。

中毒：由毒物引起的病变，称为中毒。

2. 中毒抢救的一般原则

① 迅速组织抢救力量。现场人员佩戴防毒面具，坚守岗位谨慎大胆处理，有效切断有害物质来源。停止一切现场动火检修工作，疏散不必要人员。

② 迅速将中毒者撤离毒区，静卧在通风良好地方，注意保暖。解开衣领、裤带及妨碍呼吸的一切物件，鼻子朝天后仰，保证呼吸道畅通。

③ 必须脱去被污染的衣服。皮肤及眼被沾污应在现场用大量清水冲洗。

④ 以最快速度送医务部门，途中视情况作胸外心脏挤压、人工呼吸等抢救工作。

3. 毒物的分类

① 按毒物的化学结构，分为有机类（如苯、甲醇）、无机类（如氨、一氧化碳）。

② 按毒物的形态，分为气体类（如 H_2S）、液体类（如硝酸）、固体类（如含 SiO_2）、雾状类（如硫酸酸雾 $SO_3 \cdot H_2O$）。

③ 按毒物的致毒作用，分为刺激性（如氯 Cl_2）、窒息性（如氮 N_2）、麻醉性（如乙

醇)、致热源性(如氧化锌)、腐蚀性、致敏性。

4. 毒物进入人体的途径

① 呼吸道:是化工生产环境中有害物质进入人体的主要途径。

② 皮肤:毒物通过完整的皮肤到达皮脂腺及腺体细胞而被吸收,一小部分则通过汗腺进入人体。

③ 消化道:由呼吸道侵入人体的毒物一部分沾附在鼻咽部或混于鼻咽的分泌物中,可被人体吞入而进入消化道。

5. 最高容许浓度

最高容许浓度,系指工人工作地点空气中有害物质所不应超过的数值,见表8-1。

表8-1 空气中几种有毒气体和蒸汽的最大允许浓度

气体名称	空气中最大允许浓度/(mg/L)	气体名称	空气中最大允许浓度/(mg/L)
CO	0.03	砷及砷化物	0.0003
H_2S	0.01	汽油	0.35
NH_3	0.03	CCl_4	0.025

6. 常见毒物的特性及防护

(1) 一氧化碳(CO) 一氧化碳为无色、无臭、无刺激性的气体。相对分子质量28.01,密度0.967g/L,几乎不溶于水。

中毒表现:头痛、眩晕、耳鸣、眼花,并伴有恶心、呕吐、心悸、四肢无力等,严重时可出现意识模糊、进入昏迷,甚至出现呼吸停止。

急救:迅速将中毒者脱离现场,移至空气新鲜处,一般轻度中毒者吸入新鲜空气后,即可好转。对于昏迷者应立即给予输氧。对重度中毒以至呼吸停止者进行强制呼吸。

预防:接触一氧化碳的人员,岗位上应配备过滤式5型防毒面具和氧气呼吸器。

最高容许浓度:空气中最高容许浓度为30mg/m^3。

(2) 二氧化碳(CO_2) 二氧化碳为无色气体,高浓度时略带酸味,相对分子质量44.01,密度1.524g/L,沸点-78.5℃(升华)。20℃时在水中的溶解度为88mL。

中毒表现:吸入含量为8%~10%的二氧化碳除头晕、头痛、眼花和耳鸣外,还有气急、脉搏加快、无力、肌肉痉挛、昏迷、大小便失禁等。严重者出现呼吸停止及休克。

急救:迅速脱离毒区,吸氧。必要时用高压氧治疗。

预防:产生二氧化碳的生产场所,必须保持通风良好。进入密闭设备、容器和地沟等处,应先进行安全分析,确定是否合格。

(3) 硫化氢(H_2S) 硫化氢为无色、有臭鸡蛋气味的气体。密度1.19g/L。易溶于水。熔点-82.9℃,沸点-61.80℃。

中毒表现:随接触浓度的不同,表现为畏光、流泪、流涕、头痛、无力、呕吐、咳嗽、喉痒。继之出现意识模糊、抽搐。最后可因呼吸麻痹而死亡。接触浓度在1000mg/m^3以上时,可发生"电击样"中毒,即在数秒后突然倒下,瞬时内呼吸停止。

急救:一旦发现急性硫化氢吸入中毒者,应迅速将其脱离事故现场,移至空气新鲜处。对窒息者应立即施行人工呼吸或输氧。眼受害时,立即用清水或2%碳酸氢钠冲洗。

预防:接触硫化氢的人员,岗位上应配备过滤式4型防毒面具和氧气呼吸器。

最高允许浓度:空气中硫化氢的最高允许浓度为10mg/m^3。

（4）氮（N_2） 氮为无色、无味、既不燃烧也不助燃的惰性气体。相对分子质量28.0。沸点－196℃。在正常空气中含量为78.93％。

中毒表现：氮气窒息，主要由于缺氧，当呼吸纯氮气时立即就会晕倒，如果无人发现，几分钟内就会窒息死亡。

急救：对氮气窒息者首先脱离现场，做人工呼吸，有条件就应及时给予输氧，心跳停止者，做胸外心脏挤压。

（5）氧（O_2） 氧为无色无臭气体。密度1.429g/L。在人体内参与大部分代谢过程，是生命活动必不可少的元素之一。

缺氧表现：轻度缺氧者，在脱离缺氧环境后，可很快自行恢复。缺氧较久，由于脑水肿等变化，会有一段时间的头痛、恶心、呕吐、幻觉等。重度缺氧者，会造成瘫痪、遗忘和意识丧失等。

急救：迅速将缺氧者抢救出事故现场，移至空气新鲜处，应确保呼吸道畅通。视缺氧者的呼吸情况，分别给予输氧或人工呼吸。

预防：进入设备、容器、管道、地沟等密闭环境前，必须切断各种有害物质的来源，取样分析其内部空气中有害物质含量和氧含量，合格后方可入内作业。

（6）氨（NH_3） 氨是一种无色有刺激性气味的气体，熔点－77.7℃，沸点－33.35℃，易溶于水、乙醇和乙醚，在651℃能够自燃，爆炸极限为上限27％，下限5％。

中毒表现：短期吸入大量毒气后可出现咽痛、声音嘶哑、胸闷、头晕、头痛、恶心和呕吐、流泪、眼结膜充血；皮肤接触可致皮肤灼伤。

现场急救：将患者移至空气新鲜处，维持呼吸循环功能，用清水彻底清洗接触部位，特别是眼睛、腋窝和腹股等处。

预防：严加密闭，提供充分局部排风和全面通风；空气中氨浓度超标时，按规定佩戴必要的防护用品，如：防毒口罩、防护眼镜和防护手套等。

（7）甲醇 甲醇分子式为CH_3OH；相对分子质量为32；沸点：65℃，挥发度6.3（乙醚＝1）；闪点：11.11℃；蒸汽密度：1.11（空气密性度＝1）；自燃点：385℃；凝固点：－97.8℃；相对密度：0.7913kg/L（20℃）。

甲醇为无色澄清易挥发液体，能溶于水，易燃，有麻醉作用。有毒、有害，特别是对人的眼睛影响极大，严重时可导致双目失明。

在空气中最高允许浓度：50mg/m^3；爆炸极限为6.7％～36％，最易引燃含量13.7％；最小引燃能量0.215mJ，最大爆炸压力为72.1N/cm^2。

甲醇对人体毒害作用很大，误饮15mL可使人双目失明，70～100mL可使人死亡。甲醇主要通过呼吸道引入其蒸气而侵入人体，当然人体皮肤也可以吸收一部分。

甲醇对人体中枢神经系统具有强烈的麻醉作用，吸入高浓度的甲醇蒸气可使人产生眩晕、昏迷、麻木、痉挛、食欲不振等症状；经常吸入低浓度的甲醇会造成头痛、恶心呕吐，刺激黏膜等症状，甲醇蒸气和甲醇液体能严重的损坏人体的眼睛、肝脏、肾等器官。

中毒急救：在中毒的情况下，伤员必用时可用大衣或铺盖防止冻伤，马上放到有新鲜空气的地方。只有当伤员停止了呼吸应进行人工呼吸，并将伤员送往医院，伤员的衣服如果被污染的话必须马上进行更换。

如果甲醇接触眼睛，必须有足够的水冲洗10min，同时用眼镜或绷带包扎防止亮光。如果误食甲醇的人应该尽快将其呕吐出。例如，喝温和的盐水或小苏打水，每15min喝一次。

7. 防止中毒的措施

① 堵漏。保证设备和管道的密封，断绝有毒物质的来源，是预防中毒的根本办法。

② 通风。因为设备、管道不可能达到绝对密封。总会有少量毒气漏出来，使空气毒化。因此，生产厂房应利用风洞、窗户或天窗进行自然通风，或用鼓风机排除厂房内污浊的空气。为了使厂房内空气中的毒气含量不超过最大允许浓度，应该定期地进行空气中的毒物分析，并根据分析结果采取必要的安全措施。

③ 在有毒地点工作时的措施。如因需要，不得不在有毒地点工作时，应采取一切必要的安全措施。例如，佩戴防毒面具，使人免受有毒气体的侵害，轮换工作，以缩短每个人在有毒气体中的工作时间；加强局部通风，以降低工作地点有毒气体的浓度等。进入塔、贮槽等有毒容器内部工作前，应用盲板将待修的设备和其余设备、管线完全隔绝，并用惰性气体或蒸汽置换。然后打开人孔，用鼓风机通风。经检查毒物完全除尽以后，才能允许进入器内。进入器内工作的人数应尽量减少，并佩戴长管式防毒面具。管端应放在器外空气清洁的地区。人在器内工作期间，监护人员绝对不能离开。

8. 防毒面具的使用

(1) 过滤式防毒面具　过滤式防毒面具由面罩、导气管、滤毒罐和面具袋四个部分组成。

① 常用的滤毒罐有下列四种型号：

MPL，绿色，综合防毒；

MP4，灰色，防氨；

MP5，白色，防一氧化碳；

MP7，黄色，防酸性气体。

② 使用条件。

a. 过滤式防毒面具的使用条件是空气中氧气含量大于18%、环境温度：在−30～45℃，毒物在允许浓度范围内。

b. 过滤式防毒面具一般都不能用于槽、罐等密闭容器和密闭场合的工作环境，禁止在带有有毒气体堵盲板时使用。

c. 防毒面具有下列情况时，已不符合使用条件，应禁止使用，面罩有砂眼、裂纹、破损、老化、气阀损坏、漏气、滤毒罐失效、压损、穿孔、严重锈蚀、有沙沙响声、视镜破碎、透明度差等。

d. 各种过滤式防毒面具在不使用时，应将滤毒罐的上盖拧紧，下盖胶塞堵严，以防毒气侵入或受潮失效。

③ 用法。

a. 从面具袋中取出滤毒罐，确认符合所需防护有毒气体型号。

b. 使用前应认真检查面罩、导管、滤毒罐完好无损、不漏气，呼吸阀、吸气阀灵活好用。

c. 戴面具前，首先打开滤毒罐底塞，严禁先戴面具后打开底塞，做到一开（打开堵塞）、二看（查看并确认滤毒罐上、下口畅通）、三戴。

d. 防毒面具将面罩、导管、滤毒罐连接拧紧组装严密后，应将滤毒罐放入面具袋内，防止有毒液滴入袋内。

e. 使用前应用手堵罐底做深呼吸，进行气密性试验，发现漏气，应全面检查处理。

f. 使用中闻到毒气味，感到呼吸困难、不舒服、恶心、滤毒罐发热温度过高或发现故障时，应立即离开毒区。在毒区内禁止将面罩取下。

④ 故障应急处理。使用中，如某一部位受损，以致不能发挥正常功能在来不及更换面具的情况下使用者可采用下列应急处理方法，并迅速离开有毒场所。

a. 面罩或导气管发现孔洞时，可用手指捏住，若导气管破损，有条件时，也可将滤毒罐直接与头罩连接使用，但应注意防止因面罩承重而发生移位漏气。

b. 呼气阀损坏时，应立即用手堵住呼气阀孔，呼气时将手放松，吸气时再堵住。

c. 头罩损坏严重无法堵塞时，可把头罩脱掉，直接将滤毒罐含在嘴里，用手捏住鼻子，通过滤毒罐直接呼吸。

d. 滤毒罐发生有小孔洞时，就地可用手或其他材料堵塞。

(2) 隔离式防毒面具　常用的隔离式防毒面具主要有长管式防毒面具和氧气呼吸器。

① 长管式防毒面具

由面罩、导气软管组成，适用于－30～45℃的环境。

优点：结构简单、使用方便，可以拖带；适用于有毒设备的检修，进塔入罐作业、固定岗位或远距离往返作业，是防中毒、防窒息的良好气体防护器材。

使用时注意事项如下。

a. 使用前应检查导管畅通，无破损，面罩完好，呼气阀、吸气阀灵活好用，戴好面具后方可进入毒区。

b. 长管面具进气口应置于上风头无污染的空气清洁的环境中，不得折压、挤压，也不得扔在地面上。

c. 须有专人监护，经常检查作业人员情况及导管、进气口情况。

d. 使用过程中如感到呼吸困难或不适，应立即离开毒区，在毒区内严禁取下面罩。

② 氧气呼吸器

氧气呼吸器主要由氧气瓶、减压阀、气囊、清净罐、呼吸软管、呼气阀、吸气阀及面罩等组成，它是利用压缩氧气为供气源的防毒面具，适用于缺氧及有毒气体存在的各种环境中进行工作和事故预防、事故抢救使用，但禁止在油类、高温、明火作业中使用。

③ 使用

a. 使用前应检查面具大小合适，完好无损。

b. 压力在10MPa以上方可使用，使用时必须坚持“一开”(开氧气阀)、“二看”(查看压力在10MPa以上)、“三戴”(确认无问题方可戴面罩)、“四进”(戴好面具方可进入毒区)。

c. 两人以上方可戴氧气呼吸器进入毒区工作，确定好联络信号，当氧气瓶压力降至3MPa时，应停止工作，立即退出毒区。

d. 使用中如感到呼吸困难、恶心、不适、疲倦无力、有酸味，应立即离开毒区，禁止在毒区内摘下面罩。

e. 凡患有肺病、心脏病、高血压、近视眼、精神病、传染病和其他禁忌证者禁用。

9. 防烧伤

烧伤通常有热烧伤和化学烧伤。根据伤害情况可分为：一级的(皮肤发红，但不起泡)。二级的(皮肤的表面和角化层破坏，起泡)和三级的(烧伤得很严重，皮肤碳化)。

热烧伤是由于直接与火焰或高温物体接触而引起的。当接触温度极低的物质，如二氧化碳制成的干冰（−80℃）、液体空气和液体氧气（−180℃）时，也能造成类似热烧伤的伤害。

化学烧伤则是由于酸、碱或液氨落在皮肤上而引起的。因此，液氨仓库操作人员、槽车装车人员以及其他与液氨打交道的工人，都应穿上橡皮衣服，靴子和戴手套。同时还应备有防毒面具和防护眼镜。

当碱或酸掉在皮肤上时，应首先用大量的冷水冲洗伤处，然后擦干，涂上凡士林或特种药膏，再裹上绷带。为防止烧伤，工作人员工作时要使用橡皮工作服和防护眼镜等保护用品。

三、燃烧、爆炸及消防器材的使用

1. 燃烧

燃烧是可燃物质与氧化剂化合反应时发热发光的现象。燃烧时必须同时有可燃物、助燃物和着火源，俗称“燃烧的三要素”。没有明火作用而发生的燃烧现象，称为自燃。由于热的来源不同，自燃又分为受热自燃与本身自燃。

常见易燃气体：CO、H_2、CH_4、H_2S、NH_3 等。

常见易燃液体：油类、甲醇、乙醇等。

常见易燃固体：磷及含磷的化合物、硝基化合物等。

2. 爆炸

物系自一种状态迅速地转变成另一种状态，并在瞬间以机械能的形式放出大量能量的现象，称为爆炸。通常把爆炸分为物理爆炸和化学爆炸两类。

物理爆炸。物理爆炸是指由于气体或液体压力超过设备、容器的极限压力强度，内部介质急剧冲击而引起的爆炸现象。如锅炉的爆炸、液化钢瓶过量充装引起的爆炸等。

化学爆炸。化学爆炸是易燃易爆物质本身发生化学反应，产生大量气体和高热而瞬间形成的爆炸现象。化学爆炸前后物质性质均发生了根本的变化。

爆炸极限。可燃气体、蒸汽或粉尘与空气组成的爆炸性混合物遇火源即能发生爆炸的浓度范围。

爆炸下限。爆炸性混合物遇火源即能发生爆炸的可燃物最低浓度。

爆炸上限。爆炸性混合物遇火源即能发生爆炸的可燃物最高浓度。

可燃气体、蒸汽或粉尘在空气（氧气）中的浓度低于爆炸下限，遇火不会爆炸；高于爆炸上限，遇火源虽然不会爆炸，但接触空气却能燃烧。

可燃性粉尘，具有不同的粒径和沉降性，通常很难达到爆炸上限浓度。在防火防爆实际工作中，重点控制的是可燃性粉尘的爆炸下限，见表 8-2。

表 8-2 几种气体爆炸的上下限

气体名称	下限/%	上限/%	气体名称	下限/%	上限/%
氨	17.1	26.4	甲烷	5.35	14.9
氢	4.15	75.0	一氧化碳	12.8	75.0
水煤气	6.9	69.5	硫化氢	4.3	45.5

3. 防爆措施

在生产和检修过程中，防爆措施如下。

① 保证设备管道密封，杜绝漏气，以防止形成爆炸性气体混合物。

② 经常分析检查生产系统的气体组成，并且车间要有良好的通风，防止达到爆炸浓度。

③ 在操作中要严防超压。并设置防超压的安全装置，如压力计、安全阀、防爆板、警铃等。

④ 检修时上好盲板，切断检修系统与生产系统的联系，防止生产系统内可燃性气体漏到检修系统。

⑤ 检修时要用惰性气体或蒸汽置换设备内的可燃性气体，必须使氢含量在0.5%以下。氮含量在0.3%以下。

⑥ 动火前必须认真做好动火分析，在动火期间隔数小时要分析动火周围空气中可燃性气体的含量。

⑦ 检修后开工时，必须用惰性气体将系统内的氧气排除干净。使氧的含量在0.5%以下。

⑧ 火花是爆炸性气体的一种引爆剂，因此生产厂房中应竭力消灭一切产生火花的来源，除了遵守防火制度外，还必须防止产生电火花。

⑨ 受压容器必须符合安全技术的规定，投入生产后还要进行定期的技术检验。

4. 常用消防器材的使用

(1) 二氧化碳灭火器（MT型手轮式）

使用：MT型手轮式二氧化碳灭火器由筒身（钢瓶）启闭阀和喷筒组成。使用时先将铅封去掉，手提提把，翘起喷筒，再将手轮按逆时针方向旋转开启，高压气体即自行喷出。灭火时，人要站在上风向，手要握住喷筒木柄，以免冻伤。

用途：主要适用于扑救贵重设备、档案资料、仪器仪表，600V以下的电器设备及油脂等火灾。

(2) 干粉灭火器

种类：有MF型手提式和MFT型推车式。

MF型手提式的使用：干粉灭火器筒身外部悬挂式充有高压二氧化碳的钢瓶，钢瓶与筒身由器头上的螺母进行连接，在器头中有一穿针。使用时一定要握紧喷嘴，再拉动二氧化碳钢瓶上的拉环，防止皮管喷嘴因强大气流压力作用而乱晃伤人。用干粉灭火时，相距火源2～3m，并使粉雾覆盖燃烧面，效果较为显著。

MFT型推车式灭火器的使用：将灭火器推放到灭火地点附近上风向，后部向着火源，取下喷枪，展开出粉管，再提起进气压杆，使二氧化碳气进入贮罐，当表压升至0.7～1.1MPa时，放下杆停止进气，接着，双手持喷枪，枪口对准火焰根部，扣动开关，将干粉喷出，由近至远将火扑灭。

用途：干粉灭火器适用于扑救油类、石油产品、有机溶剂、可燃气体和电气设备的初起火灾。

(3)“1211”灭火器

使用：手提式1211灭火器主要由筒身和筒盖两部分组成。灭火时，首先要拔掉安全销，然后握紧压把开关，压杆就使密封阀开启，于是“1211”灭火剂在氮气压力下，通过虹吸管由喷嘴射出。当松开压把时，压杆在弹簧作用下，恢复原位，阀门关闭，便停止喷射。

用途：“1211”灭火器适用于扑救油类、精密机械设备、仪表、电子仪器及文物、图书、档案等贵重物品的初起火灾。

四、电器安全知识

1. 电流对人体的危害

使用电气设备时，主要的危险是发生电击和电伤。所谓电击，就是在电流通过时能使全身受害；仅使人体局部受伤称为电伤。最危险的是电击。

电流对人的伤害是烧伤人体，破坏机体组织，引起血液及其他有机物质的电解。刺激神经系统等。此外，人还可能因触电而由高处掉下跌伤。

电流对人体的危害程度与通过人体的电流强度、作用时间及人体本身的情况等因素有关，据许多事实证明，通过人体的电流在0.1A以上时，可以使人死亡；在0.05A以上时就会发生危险。触电时间越久，危害程度越大。若触电时通过人体的电流在0.015A时，人就不易脱离电源。

触电时通过人体电流的大小与电气设备的电压和人体电阻的大小有关。人体电阻的大小主要取决于皮肤、一般 $1cm^2$ 接触面上的电阻约为1000～180000Ω。若皮肤潮湿，电阻会显著降低。

人能自行脱离电源时的电流，称为安全电流。我们已知道，安全电路在0.015A以下。与安全电流相对应的电压称为电气设备的安全电压。假定人皮肤的最小电阻为3000Ω，则安全电压为

$$3000\Omega \times 0.015A = 45V$$

所以电气设备的安全电压应在45V以下。发生触电事故的主要原因是违反了使用电气设备的安全技术规则，接触了已损坏的电气设备及其他已带电的设备，设备接地不良，缺乏必要的防护用具。

电流对人体的危害，由于人体的感觉器官感觉不到电流的存在，因此特别危险。电流主要在三个方面对人体产生危害作用：热作用、生理作用、化学作用。

热作用：当电流通过人体时，会产生热量，在电流进入和流出的地方会引起烧伤。

化学作用：直流电流对人体产生化学作用，人体内含有的液体将被电解破坏。

生理作用：电流通过人体，作用于神经系统，从一定的电流强度开始，引起肌肉痉挛。特别是交流电，会加速心脏跳动，直至心室颤动，最终导致心脏停止跳动。

2. 触电事故的规律

根据对触电事故的分析，一般可以找到如下规律。

① 低压触电多于高压触电。这主要是因为低压设备多、低压电网多，与人接触机会多；且设备简陋，管理不严，思想麻痹。

② 触电事故具有明显的季节性。事故在一年之中6～9月较集中。这是因为夏秋两季天气潮湿、多雨，降低了电气设备的绝缘性能；夏天天气炎热，人体多汗，皮肤电阻下降；衣着单薄，身体暴露部位较多，增加了触电的危险性。

③ 非电工多于电工。主要是因为企业中非电工人员比较缺乏安全用电知识。

3. 安全用电注意事项

为了防止触电事故，除了思想上提高对用电安全的认识，树立安全第一，精心操作的思想，以及采取必要的组织措施外，在工作中应当注意并遵守以下规定。

(1) 做到“十不准”

① 任何人不准玩弄电气设备和开关。

② 非电工不准拆装、修理电气设备和用具。

③ 不准私拉乱接电气设备。

④ 不准私用热设备和灯泡取暖。

⑤ 不准擅自用水冲洗电气设备。

⑥ 熔丝熔断，不准调换容量不符的熔丝。

⑦ 不准擅自移动电气安全标志、围栏等安全设施。

⑧ 不准使用检修中的电气没备。

⑨ 不办手续，不准打桩、动土，以防损坏地下电缆。

⑩ 不准使用绝缘损坏的电气设备。

（2）其他规定　操作电气设备的时候，应集中思想，防止操作失误而引起事故。使用电炉、电烙铁、电热棒等加热设备，人员不能离开，工作完毕后必须切断电源，拔出插头。电灯、日光灯不用时应关闭。发现破损的开关、灯头、插座应及时与电工联系调换，不要将电器电源线直接插入插座内。不要用金属件和湿手去扳开关。

装置需要临时用电，必须填写临时用电申请手续，经同意后指定电工装、拆、检查和管理，不能私自接装。

变配电室和车间配电室内严禁吸烟，不准堆放杂物，保持室内通道和室外道路的畅通。电气设备附近和配电箱内不能放置如油桶、雨伞、食具、可燃物等杂物。

严禁在带电导线、带电设备及充油设备附近使用火炉或喷灯。暖气设备蒸汽管等不要靠近电线。在带电设备周围不能使用钢卷尺、皮卷尺（因其中有金属丝）进行测量工作。在带电设备及户外线路附近搬动长管子、梯子等长物件时，注意同带电部分保持一定的安全距离，不要误碰而引起触电事故。

（3）触电急救　触电急救的要点是动作迅速，救护得法。人触电后，会出现神经麻痹、呼吸中断、心脏停止跳动等征象，外表上呈昏迷不醒的状态。但不应该认为是死亡，而应该看作是假死，并且迅速而持久地进行抢救。有触电者经4h甚至更长时间的紧急抢救而得救的事例。有统计材料表明，从触电后1min开始救治者，90%有良好的效果；从触电后6min开始救治者，10%有良好效果；而从触电后12min开始救治者，救活的可能性很小。因此，发现有人触电，首先要尽快地使触电者脱离电源，然后根据触电者的具体情况，必须就地、争分夺秒地进行现场抢救。

对于低压触电事故，可采用如下方法使触电者脱离电源：如果触电地点附近有电源开关或插头，可立即拉开开关或拔出插头，断开电源；如果触电附近没有电源开关或插头，可用有绝缘的电工钳或有干燥木柄的斧头切断电线，断开电源；当电线搭落在触电者身上或被压在身下时，可用干燥的衣服、手套、绳索、皮带、木棒、竹杆、塑料棒等绝缘物作为工具，挑开电线或拉开触电者，使触电者脱离电源。

对于高压触电事故，应立即通知有关部门停电，然后再采取措施抢救。

上述办法，应根据具体情况，以快为原则，选择采用。在抢救过程中，必须注意下列事项：救护人不可直接用手或其他金属及潮湿的物件作为救护工具，而必须使用适当的绝缘工具。救护人员最好用一只手操作，以防自己触电，并且要防止在场人员再次误触电源。不解脱电源，千万不能碰触电人的身体，否则将造成不必要的触电事故。

要防止触电者脱离电源后可能的摔伤。特别是当触电者在高处的情况下，应考虑防摔措施。

当触电者脱离电源后，应根据触电者的具体情况，迅速对症救护。现场应用的救护方法主要有口对口人工呼吸法和胸外心脏挤压法。不能因打电话去叫救护车而延误抢救时间，即使在救护车上，也不能中止抢救。

（4）防止触电的措施　防止触电的主要措施是严格遵守安全技术规则。为防止在生产操作中发生触电事故。下面列举若干日常的电气安全知识。

① 不得使用外包绝缘已破损的电线。

② 电器设备的接地装置要良好可靠。

③ 禁止修理有电压的电气设备。

④ 推、拉电气开关的动作要迅速，脸部应闪开，并且在推、拉开关之前，应戴好防护用具，如橡皮手套、长筒靴、绝缘地毯等。

⑤ 不懂电的性能及不熟悉电气设备操作的人，不可乱动电气设备。

⑥ 更换灯泡、保险丝或其他电器零件时应先切断电源，必要时可由电工进行。

⑦ 检查电机外壳温度时，应该用手背接触外壳，不可用手掌接触，以免被电吸住脱离不开。

⑧ 停车时间较长的电动机，在开车前应先干燥，以免因潮湿而漏电。

发生触电事故时，首先应立即将触电者与电源隔开。但不能与融电者直接接触，或用金属等导电材料，以免救护人员触电。如果触电者已停止呼吸，立即做人工呼吸。

五、机械伤害及预防

企业中工伤事故的大部分是机械性的伤害。一般来说，机械性的伤害，大都是由于工作方法不当、不正确的使用工具、缺乏安全装置和适当的工作服以及不遵守安全技术要点所引起的。

为了防止机械伤害，在日常工作中应采取的措施如下。

① 经常检查各种传动机械，如飞轮、靠背轮、皮带轮、暴露在外面的牙轮以及有压力的液位计，是否装了安全防护罩或防护拦杆。

② 操作人员必须按规定穿着适当的工作服。

③ 各容器及管道的法兰、机器盘根、安全阀等漏气时，不可在有压力的情况下扭紧螺栓，以免把螺栓拧断，崩出零件伤人，如必须堵漏，应先将压力降低至规定值才可去紧螺栓。

④ 车间禁止穿宽大的衣服。（如大衣、雨衣和裙子），女同志应将辫子盘起，衣服的袖口应扎紧，以防绞入机器。

⑤ 经常注意各机器的运转情况及各转动部分的磨损情况，以免机械损坏时零件飞出伤人。

⑥ 检修时应戴安全帽，高空作业者应系好安全带，并将工具放牢，以免工具掉下伤人。

⑦ 运转中的设备禁止作任何修理。

在设备运转中，不懂操作的人员。严禁乱动设备和操作阀门。

六、压力容器的安全技术

1. 压力容器的安全使用要点

现代化工生产中，压力容器到处可见，加压操作普遍采用，而且多数是生产中的关键设备。化工生产中，一般都具有易燃易爆、高温高压、有毒、有腐蚀性等特性，以及生产工艺条件复杂多变，连续性强等特点。这样压力容器工作条件就更加复杂而恶劣，若不加强安全技术管理，不懂压力容器的安全使用技术，轻则跑冒滴漏，浪费资源，污染环境，恶化劳动条件，危害职工身体健康，重则人身伤亡，生产停顿，财产损失。压力容器发生事故的原因很多，主要原因是设计考虑不周到，有缺陷，制造不合理，不合要求，质量低劣，安装马虎不符合要求，安全附件不齐全或失灵，设备维修保养不善，带病运转，操作人员缺乏安全常识，工艺参数控制不好，或违反汽动纪律，违反操作等而造成。为此，掌握压力容器安全技术使用要点很重要。

（1）对压力容器应精心操作，加强维护

① 根据生产工艺要求和容器技术性能，制定出压力容器安全操作技术要点。例如操作方法步骤，允许最高操作压力，温度。开停车顺序及注意事项，运行中重点检查部位及项目，可能出现的异常现象和防范措施，以及停车后封存保养和开车前的安全检查等。

② 操作人员要严格遵守安全操作要点和操作法；定时、定点、定线进行巡回检查，并认真准时准确记录原始数据。

③ 严格控制各工艺参数，严禁超压、超温、超负荷运行；严禁冒险性、试探性操作。

④ 容器的阀门、零件、各安全附件应保持清洁、完好、齐全可靠。

⑤ 及时消除压力容器的震动和摩擦，做好防腐和绝热保温工作。

⑥ 压力容器发生异常情况时，应及时、果断正确地进行处理。

⑦ 压力容器在长期承受压力下生产。受腐蚀、受磨损等因素的影响，会产生缺陷。因此除精心操作外，还应加强维修，科学检修，及时消除跑冒滴漏，提高设备的完好率。压力容器的检修必须严格遵守压力容器有关安全技术规定。

⑧ 压力容器严禁用铁器敲击，以免产生火花，发生爆炸事故。

（2）定期检测　压力容器在长期生产中，由于各种因素的影响，可能出现裂缝、裂纹、减薄、变形等缺陷，若不及时发现和消除，任其发展下去，势必发生重大爆炸事故。所以，压力容器定期检测，是压力容器安全使用中的一个重要环节。一般来讲，压力容器每年至少进行一次外部检查，每三年至少进行一次内部检查，每六年至少进行一次全面检查。特殊情况提前作内外及全面检查。

安全附件必须齐全可靠，压力容器上装置的安全附件。在某种意义上可以说，是化工安全生产的眼睛。事故的预兆往往可以从安全附件如压力表、温度计、流量计、液位计、安全阀上反映出来。所以，压力容器上的安全附件必须齐全、可靠，对于失灵和不准的仪表必须及时更换，在生产中针对安全附件，各种仪表都要加强维护保养和定期校验，确保其灵敏、准确、可靠、正常。不懂性能的人员，不允许随便乱动。安全附件的校验修理应由专业人员（专职管理人员）进行。

2. 气瓶的安全使用要点

在储存、运输和使用压缩气体、液化气瓶时，要特别注意安全，要防爆炸、防火灾、防漏气中毒，为此，必须掌握气瓶的安全使用要点。

（1）充填气体的钢瓶必须经过严格检验　作内部检验时用12V安全引灯照明，如发现瓶壁有裂纹、鼓泡等明显变形时应报废。如有硬伤、局部腐蚀时，应清除其腐蚀层，测定剩余壁厚，如仍大于规定壁厚，则可除锈涂漆后继续使用，否则降级使用或报废。另外部检验时，重点检查漆色、字样和所装气体是否相符，安全附件是否完整和完好无损，钢印标芯是否齐全和清晰，是否超过期限，有无外观缺陷，瓶内有无剩余气体压力，若是氧气瓶要检查瓶体和瓶阀上是否沾有油脂。上述情况，只要有一项不符合要求都应事先进行妥善处理，否则严禁充装气体。其次，充装好气体后再检查瓶阀是否严密漏气，否则气体逸出会发生燃烧、爆炸、使人中毒或窒息等事故。

（2）严禁过量充装　气瓶的过量充装十分危险，必须预防和禁止。因为液体的膨胀系数比其压缩系数要大一个数量级。过量充装的气瓶，温度上升到一定的时候，压力就急剧上升。根据计算可知，充装满液体的液化气瓶，当温度升高 1℃时，压力可以增加 0.101～0.203MPa。所以温度只要上升 10℃左右，就有可能使气瓶发生变形破裂爆炸。因此，气瓶的充装应按有关规定的充装系数充装，严禁满装超装。

(3) 正确操作，严禁敲击　高压气瓶开阀时要特别小心，不要过猛过快，以防高速产生高温。操作者应站在侧面，以免气流伤害人体。充装可燃气体的气瓶时应注意或防止产生静电火花。开关瓶阀时，应用专门扳手工具，不能用铁扳手敲击瓶子。氧气瓶严防沾污油脂，工作人员严禁穿有油污的工作服及手套。搬运时应戴好瓶帽。

(4) 严禁接触火种，防止暴晒受热　氧气等易燃气瓶，应与明火保持 10m 以远的距离。冬天气瓶易冻结，严禁用火烤和敲打，也不宜用蒸汽直接加热，应用温水等安全办法解冻。

(5) 专瓶专用，留有余压　为了防止化学性质相抵触的物质相混而发生化学性爆炸，气瓶必须专瓶专用，不得擅自改装它类气体。使用气瓶时，不得将气瓶内的气体全部用光、必须留有一定的余压气体。余压一般保持在 50kPa 以上，以便充装单位检验，防止错装。

(6) 文明装卸，妥善固定　气瓶的搬运应轻装轻卸，严禁不负责任的抛、甩、滚、搔等。厂内搬运，宜用专用小车。装在车上的气瓶，要旋紧瓶帽，配齐防震圈，应横向放置，头朝一个方向，并用三角木块卡牢，不得超过车厢高度。卸车时，若直放，应设有栅栏固定，若卧放应用三角木块卡牢。

(7) 经常检查，安全堆放　储存的气瓶应经常检查，发现泄漏，及时消除。防止水、酸碱等物质对气瓶的腐蚀。化学性质活泼的气瓶以及有毒的气瓶，互相有抵触的号瓶，应隔离单独存放，并在附近设有防毒用具及灭火器材。同时，必须规定存放期限，到期及时处理，以防自聚分解而发生事故。高压气瓶的堆放，不能高于五层，而且应头朝一方，不能交错。

(8) 加强气瓶的维护保养，保持漆色、字样清晰、防震圈等安全附件完好　定期由验瓶单位专业技术人员按项目，对气瓶的裂纹、渗漏、变形、腐蚀、壁厚、机械强度等情况进行检验，以保安全。气瓶上应涂有显明的颜色标志，以便识别。

第二节　甲醇生产主要岗位安全操作注意事项

一、间歇法造气安全操作注意事项

造气工段主要由吊炭岗位、操作岗位、巡检岗位构成，各岗位都应该严格遵守本岗位的安全操作要点。

(1) 吊炭岗位　本岗位的工作任务是保证造气炉的炭块供应，在实际操作过程中应做到以下几点。

① 在放罐时要先确认楼下是否有人，在确认无人的情况下，方可放下罐。

② 在吊炭的时候要集中注意力，防止罐挂到二楼楼板。防止罐顶到三楼大梁。左右运行时严禁有人在罐下行走或停留。

③ 在操作电葫芦时，严禁与他人谈笑，严禁一只手操作电动葫芦，严禁精神不集中操作电动葫芦。

(2) 操作岗位　主操主要是操作和控制工艺条件，要求严把操作条件控制在指标内，认真及时的观察工艺条件的变化，及时准确的记录报表。

在实际操作过程中要注意以下几点。

① 在炉况正常的条件下，要尽量做到调节幅度要小，发现问题要早，早发现早处理。

② 严格控制下行煤气温度；

③ 每班要保证四次以上下灰，下灰时班长必须在场。由下灰的质量和数量来调节工艺参数，下灰时必须捅炉，根据炉况来调节工艺参数。

④ 每次下完灰，包炉工都要检查吸引阀是否关好；

⑤ 三楼主操要主动与合成分析工要合成分析数据，及时掌握合成氢气与氢氮比的波动情况，及时与合成主操联系询问合成氢的波动趋势，尽量减少合成氢的大幅度波动。

⑥ 当蒸汽、煤质等原料发生变化时，及时与当班班长或调度联系，首先保证炉况正常。

⑦ 及时、准确的通知吹风气岗位所送吹风气的台数与炉号。

⑧ 如气柜降至低线指标时，主操要及时与当班班长、调度联系，绝对不允许气柜抽负的情况发生。

⑨ 微机操作面板除主操外，任何人不得调节操作参数。

（3）巡检岗位　主要是巡检各阀门、气管、油管等，在实际工作中要注意以下几点。

① 操作工必须做到每小时一次巡检，工作重点在油管、溢流水封、阀门起落是否正常。

② 坚决杜绝炉底带水。

③ 在下灰时，要做到联系准确到位，确认圆门、大、小集尘器关好后方可给信号开炉，坚决杜绝打错圆门的现象发生。

④ 大、小集尘器要严格定时、定期清理。

二、吹风气余热锅炉回收岗位的安全操作注意事项

① 操作人员要按规定执行工艺技术操作要点。

② 进入岗位要按规定执行穿戴好个人防护用品。

③ 设备、管道阀门使用前，必须与有关岗位联系，仔细检查在检修时所加的盲板是否拆除，检修的紧固件是否紧固可靠，确认无误后再开车。

④ 各种安全防护装置、仪表及指示器，消防及防护器材等不准任意挪动或拆除。

⑤ 操作人员必须掌握气防、消防知识，并会使用气防、消防器材。

⑥ 各容器及管道有法兰、机器管口、安全阀等漏气时，不可在有压力的情况下扭紧螺栓。如必须堵漏应报告车间，首先将压力降低至规定的范围，才可去紧螺栓。在未处理前应设立明显标志。

⑦ 如遇爆炸、着火事故发生，必须先切断有关气源、电源后进行抢修。

⑧ 设备交出检修时，必须按车间签发的检修票上有关工艺处理条文执行，并检查对检修需加盲板处设立明显标志。

⑨ 严禁在岗位吸烟及一切违节动火，操作工有权检查本岗位范围内的动火手续及安全措施落实情况。

⑩ 不是自己分管的设备、工具等，不准动用。

⑪ 不经车间领导同意，禁止任何人员在本岗位进行任何试探性操作。

⑫ 非电工人员严禁修理电气设备、线路及开关。

⑬ 一旦发生事故，必须立即报告值班长，不得隐瞒或推托，要积极处理，以防事故扩大，重大事故必须保护现场。

三、静电除尘岗位的安全操作注意事项

① 操作人员要严格执行工艺技术操作要点。

② 进入岗位要按规定穿戴好个人防护用品。

③ 设备、管道阀门使用前，必须与有关岗位联系，仔细检查在检修时所加的盲板是否拆除，检修的紧固件是否紧固可靠，确认无误后再开车。

④ 各种安全防护装置、仪表及指示器；消防及防护器材等不准任意挪动或拆除。

⑤ 操作人员必须掌握气防、消防知识，并会使用气防、消防器材。

⑥ 各容器及管道的法兰、机器管口、安全阀等漏气时，不可在有压力的情况下扭紧螺栓。在未处理前应设立明显标志。

⑦ 如遇爆炸、着火事故发生，必须马上切断有关气源、电源后进行抢修。

⑧ 设备交出检修时，必须按车间签发的检修票上有关工艺处理条文执行，并检查对检修需加盲板处设立明显标志。

⑨ 禁在岗位吸烟及一切违章动火，操作工有权检查本岗位范围内的动火手续及安全措施落实情况。

⑩ 不是自己分管的设备、工具等，不准动用。

⑪ 不经车间领导同意，禁止任何人员在本岗位进行任何试探性操作。

⑫ 非电工人员严禁修理电气设备、线路及开关。

⑬ 一旦发生事故，必须立即报告值班领导。重大事故必须保护现场。

⑭ 静电岗位正常操作时。

a. 必须注意煤气中的 O_2，保证 O_2 含量＜0.6％，否则不得送电。

b. 经常或定期检测设备本体接地电阻值，确保人安全。

⑮ 检查、检修时电除尘器内部时注意事项。

a. 电除尘器内进行检查、检修时，必需切断电源。

b. 在要检修的静电控制柜上挂上警示牌。

c. 若是在开车过程中处理某个静电，必须将要处理的静电前后水封死，水封上部的排污阀流出水为止。

d. 打开上下人孔，进行置换，(用风机或蒸汽）直至在上部取样合格为止，方可检修。

四、脱硫岗位的安全操作注意事项

① 操作人员要严格执行工艺技术操作要点；

② 进入岗位要按规定穿戴好个人防护用品；

③ 设备、管道阀门使用前，必须与有关岗位联系，仔细检查在检修时所加的盲板是否拆除，检修的紧固件是否紧固可靠，确认无误后再开车。

④ 各种安全防护装置、仪表及指示器，消防及防护器材等不准任意挪动或拆除。

⑤ 操作人员必须掌握消防知识，并会使用消防器材。

⑥ 各容器及管道的法兰、机器管口、安全阀等漏气时，不可在有压力的情况下扭紧螺栓。如必须堵漏应报告车间，首先将压力降低至规定的范围，才可去紧螺栓。在未处理前应设

⑦ 如遇爆炸、着火事故发生，必须先切断有关气源、电源后进行抢修。

⑧ 设备交出检修时，必须按车间签发的检修票上有关工艺处理条文执行，并检查对检

修需加盲板处设立明显标志。

⑨ 严禁在岗位吸烟及一切违节动火，操作工有权检查本岗位范围内的动火手续及安全措施落实情况。

⑩ 不是自己分管的设备、工具等，不准动用。

⑪ 不经车间领导同意，禁止任何人员在本岗位进行任何试探性操作。

⑫ 非电工人员严禁修理电气设备、线路及开关。

⑬ 一旦发生事故，必须立即报告值班长，不得隐瞒或推托，要积极处理，以防事故扩大。重大事故必须保护现场。

五、脱碳岗位的安全操作注意事项

① 操作人员要按规定执行工艺技术操作要点；

② 进入岗位要按规定执行穿戴好个人防护用品；

③ 设备、管道阀门使用前，必须与有关岗位联系，仔细检查在检修时所加的盲板是否拆除，检修的紧固件是否紧固可靠，确认无误后再开车；

④ 各种安全防护装置、仪表及指示器，消防及防护器材等不准任意挪动或拆除；

⑤ 操作人员必须掌握气防、消防知识，并会使用气防、消防器材。

⑥ 各容器及管道有法兰、机器管口、安全阀等漏气时，不可在有压力的情况下扭紧螺栓。如必须堵漏应报告车间，首先将压力降低至规定的范围，才可去紧螺栓。在未处理前应设立明显标志。

⑦ 如遇爆炸、着火事故发生，必须先切断有关气源、电源后进行抢修。

⑧ 设备交出检修时，必须按车间签发的检修票上有关工艺处理条文执行，并检查对检修需加盲板处设立明显标志。

⑨ 严禁在岗位吸烟及一切违节动火，操作工有权检查本岗位范围内的动火手续及安全措施落实情况。

⑩ 不是自己分管的设备、工具等，不准动用。

⑪ 不经车间领导同意，禁止任何人员在本岗位进行任何试探性操作。

⑫ 非电工人员严禁修理电气设备、线路及开关。

⑬ 一旦发生事故，必须立即报告值班长，不得隐瞒或推托，要积极处理，以防事故扩大，重大事故必须保护现场。

六、硫黄的制取岗位的安全操作注意事项

① 操作人员必须严格执行工艺指标，严禁超压。

② 操作人员必须掌握安全消防知识。

③ 各管道、阀门必须畅通、开关灵活。

④ 各压力表必须齐全好用。

⑤ 人在放硫时必须站在放硫阀一侧，以防烫伤。

七、合成岗位的安全操作注意事项

① 操作人员要严格执行工艺技术操作要点。

② 进入岗位要按规定穿戴好个人防护用品。

③ 设备、管道阀门使用前，必须与有关岗位联系，仔细检查在检修时所加的盲板是否拆除，检修的紧固件是否紧固可靠，确认无误后再开车。

④ 各种安全防护装置、仪表及指示器，消防及防护器材等不准任意挪动或拆除。

⑤ 操作人员必须掌握气防、消防知识，并会使用气防、消防器材。

⑥ 各容器及管道的法兰、机器管口、安全阀等漏气时，不可在有压力的情况下扭紧螺栓。如必须堵漏应报告车间，首先将压力降低至规定的范围，才可去紧螺栓。在未处理前应设立明显标志。

⑦ 如遇爆炸、着火事故发生，必须先切断有关气源、电源后进行抢修。

⑧ 设备交出检修时，必须按车间签发的检修票上有关工艺处理条文执行，并检查对检修需加盲板处设立明显标志。

⑨ 生产需要开用塔电炉时，首先必须保证安全气量。

⑩ 反应器检修时，必须保证塔内正压，对需用的氮气含杂质$\leqslant 5\times10^{-5}$，以防催化剂氧化超温，特别是甲醇合成塔必须用氮气置换彻底，严防发生羰基镍（铁）中毒事故。

⑪ 开关甲醇阀门时，应戴好面罩或眼镜及手套等，面部不要正对阀门，以防甲醇直接和人体接触。

⑫ 补气升压和放空卸压，严防倒气，升降压不得过快，以免损坏设备或引起静电着火。

⑬ 严禁在岗位吸烟及一切违节动火，操作工有权检查本岗位范围内的动火手续及安全措施落实情况。

⑭ 不是自己分管的设备、工具等，不准动用。

⑮ 不经车间领导同意，禁止任何人员在本岗位进行任何试探性操作。

⑯ 非电工人员严禁修理电气设备、线路及开关。

⑰ 一旦发生事故，必须立即报告值班长，不得隐瞒或推托，要积极处理，以防事故扩大。重大事故必须保护现场。

八、甲醇精馏岗位的安全生产注意事项

1. 甲醇中毒的预防

甲醇在常温下为无色透明液体，稍具酒精的芳香，甲醇为神经性毒物，经呼吸道、肠道皮肤具有明显的麻醉作用，人误饮5～10mL即可导致严重中毒，因此在生产过程中采取措施防止毒物对工作环境的污染，减少接触机会，具体措施如下几点。

① 防止甲醇泄漏是预防中毒的根本措施，提高阀门、泵、法兰的密封性能，发现跑、冒、滴、漏要立即处理，必要时停车抢修。

② 加强厂房内的通风，防止少量毒气在环境中积累。

③ 取样分析样品要妥善保存、处理，跑、冒、滴、漏液体要引走，不得在地沟下水道积累。

④ 在有毒环境中工作中，要戴防毒面具，接触甲醇分析取样时要带好防护用具。

2. 甲醇生产的防火、防爆

① 甲醇常温下是液体，极易燃烧，用水稀释的甲醇在一定温度下仍能燃烧，水分含量15%甲醇在500℃情况下就能引起自燃着火。

② 甲醇的防爆首要问题是防火，要从防火做起，贮存甲醇罐，管线附近要严禁火源，应有明显标记，厂房内不要存放易燃物，地沟要保持畅通，防止可燃液体积累在地沟内，备有必须的防护器材和设施。

参 考 文 献

[1] 宋维端，肖任坚，房鼎业．甲醇工学．北京：化学工业出版社

[2] 张子锋．合成氨生产技术．北京：化学工业出版社．2006．

[3] 郑广俭，张志华．无机化工生产技术．北京：化学工业出版社

[4] 陈五平．无机化工工艺学．第2版．北京：化学工业出版社，2004．